The Domestic Economy of the Soul

Freud's Five Case Studies

灵魂的家庭经济学

弗洛伊德五案例研究

启真馆 出品

当代外国人文学术译丛

本书的翻译工作同时受到了国家社科基金“现象学社会学新流派及其对基层社会的应用研究”课题的资助

The Domestic Economy of the Soul

Freud's Five Case Studies

灵魂的家庭经济学

弗洛伊德五案例研究

[加]约翰·奥尼尔 著

孙飞宇 译

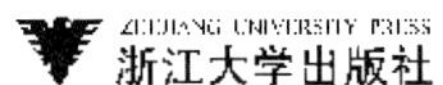

ZHEJIANG UNIVERSITY PRESS
浙江大学出版社

总　序

改革开放以来，国内人文科学领域的研究人员与一些出版社通力合作，对当代外国人文学科的发展给予了较多关注，以单本或丛书或原版影印等多种形式，引进、译介了不少有影响的研究成果，内容涉及文学、历史、哲学、语言学、艺术学、宗教学、人类学等各个学科，对促进国内学界和大众解放思想、观念转变、学术繁荣起了不言而喻的巨大作用。以当代外国语言学为例，其理论发展迅速，新的理论和研究范式不断涌现。目前国内在引进原版著作方面做得较好，外语教学与研究出版社、上海外语教育出版社、北京大学出版社、世界图书出版公司等先后引进了一批重要的语言学著作。相对于原版引进，译介虽有些滞后，但也翻译出版了不少重要的语言学著作，其中包括一些有广泛影响的当代语言学著作。如，20 世纪 80 年代初，商务印书馆翻译出版了一批经典语言学著作，90 年代中国社会科学出版社翻译出版了“当代语言学理论丛书”；近年来，上海教育出版社出版的“西方最新语言学理论译介”丛书，复旦大学出版社的“西方语言学经典教材”丛书，商务印书馆的“语言规划经典译丛”，北京大学出版社的“博雅语言学译丛”，浙江大学出版社的“语言与认知译丛”，世界图书出版公司的“外国语言学名著译丛”、“应用语言学研究译丛”等，都是这方面的成果，总的来看，这些丛书的组织出版大多起步不久，所出书籍种类也相对较少，仍有大量重要的当译之作需要逐步译介。其他当代人文学科的引进、译介情况也大体如此；而有些学科或某一领域，国内学界翻译、研究的注意力和兴趣点，主要集中于该学科该领域的少数几位理论活动在20世纪中期以前的著名思想家、理论家，在极大推进对这些伟大思想家的译介、研究的同时，也有意无意地使当代一些开始产生广泛影响的思想家离开了关注的视野。事实上，20世纪中后期，特别是六七十年代以来的几十年间，当代外国人文科学各学科领域的研究都极大地向前推进和深入了，产生了许多重要的新理论、新思想，出现了不少有国际影响的著名学者。对这些学者及其著作和思想，除了极少数人以外，我国人文科学界关注不多，翻译很少，研究几乎还是空白。选择若干位目前在国际上已经产生重要影响的当代人文学科各领域的思想家、理论家，翻译他们的代表著作，以期引起国内学界的重视，进一步拓宽国内人文学科的研究视野，对于推动我们对外国人文科学研究的进一步深入，促进跨文化研究的有效开展，提升年轻人文学者的翻译和研究水平，应该是有意义、有价值的。

在西方文化传统中，人文学科的概念和范围经历了长期的变化。早期古代希腊时期，人和自然是一个整体，科学也没有分化而是真正意义上的综合。亚里士多德区分了理论、实践和创制三种科学，提出三者之间的一些差异，但并没有明确将人文科学、社会科学和自然科学区分开来。后来所谓的“人文学”（humanitas）概念，据说最早由古罗马的西塞罗在《论演讲家》中提出来的，作为培养雄辩家的教育内容，成为古典教育的基本纲领，并由圣奥古斯丁用在基督教教育课程中，于是，人文学科被作为中世纪学院或研究院设置的学科之一。中世纪后期，一些学者开始脱离神学传统，反对经院哲学，从古希腊、古罗马的古典文化遗产中研究、发掘出一种在他们看来是与传统神学相对立的非神学的世俗文化，并冠以humanitas(人文学)的称呼。大约到16世纪，“人文学”一词有了更广泛的含义，指的是一种针对上帝至上的宗教观念、主张人的存在与人的价值具有首要意义、重视人的自由本性和人对自然界具有优先地位的文化观念和文化现象，从事人文学研究的学者于是被称为人文主义者。直到19世纪，西方学者才用“人文主义”一词来概括这一文化观念和文化现象，形成了我们通常所谓的人文主义思潮。近代实验科学的发展也导致和促进了学科的分化与形成，此后，人文学科逐渐明确了自己特殊的研究对象，成为独立的知识领域，有了自己特殊的研究对象。但这样的研究对象，其分界也只是相对清晰和明确。美国国会关于为人文学科设立国家资助基金的法案规定：“人文学科包括如下研究范畴：现代与古典语言、语言学、文学、历史学、哲学、考古学、法学、艺术史、艺术批评、艺术理论、艺术实践以及具有人文主义内容和运用人文主义方法的其他社会科学。”[①]欧盟一些主要研究资助机构对人文科学的范畴划分略有不同。欧洲科学基金会认为人文科学包括：人类学、考古学、艺术和艺术史、历史、科学哲学史、语言学、文学、东方与非洲研究、教育、传媒研究、音乐、哲学、心理学、宗教与神学；欧洲人文科学研究理事会则将艺术、历史、文学、语言学、哲学、宗教、人类学、当代史、传媒研究、心理学等归入人文科学范畴。按照我国现行高等教育的学科划分，人文科学主要包括文学、历史、哲学、语言学、艺术学、宗教学、人类学等，社会学则在哲学与法学间作两可选择。当代人文科学的研究与发展已出现了各学科之间彼此交叉、相互渗透的趋势，意识与认知科学、文化学等便是这一趋势的产物。

按照上述对人文学科基本范畴的理解，考虑到目前国内对当代外国宗教学著作已有大量译介等原因，本译丛选译的著作，从所涉学科上说，主要是语言学（以英语、德语著作为主）、文学、哲学、史学和艺术学（含艺术史）等，同时收入一些属于人文科学又跨越具体人文学科的著作；从时间跨度上，主要限于第二次世界大战结束后出版的著作，个别在此前出版、后来修订并产生重要影响的著作，也在选译之列。原则上，一位作者选译一本著作，个别有特别影响的可以例外；选译的全部著作，就我们的初衷而言，都应是该学科领域具有代

① 《简明不列颠百科全书》第6卷，“人文学科”条目，北京：中国大百科全书出版社，1986年，第760页。

表性的理论著作，而非通常意义上的畅销书，当然，能兼顾学术性与通俗性，更是我们所希望的。

本译丛将开放式陆续出版。希望它的出版，对读者了解国外人文学科的发展现状与趋势、关注人文精神培育与养成、倡导学术阅读与开放意识、启发从多重视角审视古今与现实、激起追问理论与现实问题的激情，获得领悟真善美的享受，能有所助益。

由于我们的视野和知识所限，特别是对所选译的著作是否符合设计本译丛的初衷，总是心存忐忑，内容表达不甚准确、翻译措辞存在错讹也在所难免，因此，更希望它的出版能得到学界专家同仁和广大读者的批评指教，成为人文学科译介、研究园地中一棵有生命力的小树，在大家的关心与呵护下茁壮成长。

庞学铨

2011 年 6 月　于西子湖畔浙江大学

中译序

我们这个时代的启蒙，已经严重挑战了先前时代的启蒙。这一启蒙因此而使得作为启蒙之子的社会学疲惫不堪，扭曲变形。社会学家们也因此而转向精神分析，以寻求帮助。这就好像在一个家庭之中，长子那受尽伤害的自我知识与对于社会的痛苦屈从，或许会加深孩子们对于世界的自我一理解一样。当今的社会学决意从史前抽身而出，决意对家庭的生活世界弃置不顾，决意从知识及其自由之中剥离出神话与情感。所以，社会学与精神分析渐行渐远，而社会学中的精神分析转向也与这一潮流格格不入。不过，在寻求自由的同时，社会学也草率地裹挟了关于主体性、能动性、律法、理性与想象力、性与语言的种种概念，却并不自知。

然而，在20世纪的下半叶，真正有志于学的社会理论学者，就已经不得不一再打破社会学的自恋，逾越边界，重返诠释学的传统，尤其是精神分析的传统。这一转向有其内在逻辑。我们可以看到，在过去的半个世纪里，社会学向诠释科学，尤其是精神分析的转向经历了从日常语言哲学（Wittgenstein, 1958）到诠释学（Gadamer, 1975），再到批判理论（Habermas, 1971），最后才是重返弗洛伊德的语言学转向（Lacan, 1968）。在上述这些转折中，（无）意识已经在理性的进展中悄然复位了。

毫无疑问，在所谓的学科史视角之下，重返弗洛伊德的研究启发了有关性（sexuality）与性别认同的政治学，带来了文化研究中跨越传统学科界限的新领域。此外，它们还对重新定义学术劳动以及广义上的大学文化贡献良多。

本书扎根于精神分析与马克思主义的传统之中。然而，马克思与弗洛伊德的结合并非易事。它需要同时对精神分析和马克思主义进行同等的深度反思。在这一反思中产生的“弗洛伊德－马克思主义”（Freud-Marxism）将一名桀骜不驯的孩童引入了理论的殿堂。它的核心是要将政治革命缩略为性革命的诱惑（Chasseguet-Smirgel and Grunberger, 1986）。这就要求有另外两种尝试：将经济视为历史性匮乏的源泉，以及将家庭视为与之相应的性抑制之源泉。如此，便可用精神分析来反诘马克思了——将性（sexuality）从（布尔乔亚）家庭中解放出来，就会带来由充足经济所认可的快乐。但是这并没有让弗洛伊德与马克思走得更近。在将二者结合在一起的努力中，我们回到了文明的问题（Tester, 1992），或者说人性本质的问题：人性是生物性的，还是说这一生物性是可变的？文明中的人性是反社会的、阴郁的，还是说社会化的人性及其升华已经证明了人性不过是第二性？这一系列问题，就是马尔库塞（1955）、布朗（1959）与雷夫（Rieff, 1959，1966）等所讨论的问题。而这些问题，也是本书的出发点和讨论的终止之处。

不过，这并非是本书的唯一维度。除此之外，弗洛伊德的那些案例还在现象学的意义上与社会学类似：弗洛伊德的案例最初展示其吸引力的地方，同样是一所激情剧院（Mcgrath，1986）。

众所周知，无意识的工作——无论与文学艺术多么接近——只有在分析师的谈话性工作中才得以被揭示。这是弗洛伊德的发现。弗洛伊德能够作出这一发现，最初是因为他认识到沙可（Jean Martin Charcot）的癔症肖像画注定要保留诊所的特征，因为沙可无法找到病症的语言。而他在案例研究中发现，症状的话语并非是一种“相关声音”，而是一种不能满足其欲望的身体语言（Ménard,1983）。所以我们在这里所要思考的是，如果案例研究只是疾病及其治疗的历史，而非病人的历史，那我们将不会有这一惊世骇俗的、混杂着艺术与科学的，并且如此切近于戏院剧场的弗洛伊德流派的创造。弗洛伊德让他的病人们讲述自己的故事——他们有声音，有激情，现场有其他的演员，包括弗洛伊德自己在内。另外，在案例研究中所呈现的戏剧也隶属于更广泛意义上的西方文学戏剧：从《圣经》到易卜生的传统。所以，对于像萨特这样的戏剧家来说，或者是对于我们任何后来评论家的工作，比如西苏对多拉的评论来说（Cixous, 1983），弗洛伊德自己在演出中的演出，已经是“在那里”了。

弗洛伊德从不透露有关精神分析的故事。正如他所坚持的，他自己知道什么是精神分析——其历史也就是他的历史。当然，弗洛伊德并不意味着精神分析的理性历史并没有被其潜意识的历史所调解，否则，精神分析的实质性发现中将不会获有弗洛伊德的自我分析。不过，在精神分析的初创时期，很难区分疾病的历史、治疗的历史以及在分析中所复原的病人的历史。我们现在仍能阅读这些案例史，乃是因为弗洛伊德的非凡才华：他将所有这些历史，都写进了一篇篇有关人类苦难的故事，使得案例史成了经典的家庭罗曼史。

这同样也是本书的起点。在作者此前的《身体五态》中，曾经提出将研究视域限定在日常生活之中的身体，并且探索了“拟人论”（anthropomorphism）的历史，或者说人变为人的历史，来揭示开放性的身体逻辑丛（body-logics）。这一主张并非是要排除“偶然和冲突”，而是构建起一处空间，以便呈现各种观念与实践在其中的较量。在这一背景下，本书将写作视为一种艺术，以弗洛伊德赖以构建起其精神分析传奇的五篇著名案例为例，同时将文学身体（literary body）既视为其自身，又视为弗洛伊德的身体性写作，并在新的身体性写作中延续这一传统。与此同时，本书将弗洛伊德及其工作，以及精神分析传统，置于更为久远的西方文明史传统之中来加以考察，与此同时经由弗洛伊德，重新理解这一西方文明史的传统。因此，作者不仅将其视为一部研究性的作品，而且本书也不仅仅是一部作者本身的“沟通性”作品，而是一部文明自身生生不息的古今对话的作品。弗洛伊德的这五个案例有其独立生命，各自生长，且能够对抗诠释。这些文本与其创造者弗洛伊德之间有着极为密切的关系。精神分析是弗洛伊德的孩子，而弗洛伊德乃是精神分析的父母。在这些关系与互动之中，弗洛伊德与这些案例史各自成为其自身，同时也表明了阅读弗洛伊德及其作品的通路。而这五个案例之中所蕴含的，更是需要我们重新加以解读的西方文明最核心与最实质的问题，不仅对于弗洛伊德的时代而言如此，对于我们的时代而言亦如是。历史从未远去，也并不会终结。

本书的中译本，作为一种再创造，在何种意义上能够有助于中文学界对弗洛伊德的理解，不仅仅与本书的翻译有关，还在上述的意义上与读者有关。这或许是更为重要而紧密的关联。奥尼尔本人在写作之中、在这一翻译之中成为奥尼尔，并希望这一作品有其自身的存在意志。它生长，并且有其自身的理解以及与传统的对话，正如弗洛伊德的那些作品一样。写作不仅仅是写作，而是关于自身—他者—世界的理解与生成之所在。翻译与阅读，我们希望，也都如此。

约翰·奥尼尔

孙飞宇

2015 年 8 月

参考文献

Brown, Norman O. (1959) *Life Against Death: The Psychoanalytical Meaning of History*. New York: Vintage Books.

Chasseguet-Smirgel, Janine and Grunberger, Béla (1986) *Freud or Reich? Psychoanalysis and Illusion* (trans. Claire Pajaczkowska). London: Free Association Books.

Cixous,Hélène (1983) 'Portrait of Dora'. *Diacritics*, Volume 13, No.1 (Spring 1983):

2-32.

Gadamer, Hans-Georg (1975) *Truth and Method*. New York: The Seabury Press.

Habermas, J. (1971) *Knowledge and Human Interests*. Boston, MA: Beacon Press.

Lancan, Jacques (1968) *The Language of the Self: The Function of Language in Pscyoanalysis*. New York: Dell Publishing.

Marcuse, Herbert (1955) *Eros and Civilization: A Philosophical Inquiry into Freud.* Boston, MA: Beacon Press.

Mcgrath, William J. (1986)., *Freud's Discovery of Psychoanalysis: The Politics of Hysteria*, Ithaca: Cornell University Press

Ménard, Monique David, (1983)., *L'Hystérique entre Freud et Lacan: Corps et langage en psychanalyse*, Paris: Editions universitaires-Begedis.

Rieff, Philip (1959) Freud: *The Mind of the Moralist*. New York: Viking Press.

Rieff, Philip (1966) *The Triumph of the Therapeutic: Uses of Faith After Freud.* London: Chatto and Windus.

Tester, Keith (1992) *Civil Society*. London: Routledge.

Wittgenstein, Ludwig (1958) *Philosophical Investigations*. Oxford: Clarendon Press.

献给苏珊

Contents

目　录

致　谢

感激所有那些参与周二下午研讨课，在我家中和我一起精心研读 viii
弗洛伊德案例史的社会与政治思想的研究生们。研讨课一般安排在午后的几个小时里。略近黄昏时，我们便会越发沉浸于维也纳和伦敦的时空交错中所弥散出的浪漫气息里。我们工作的进展，在相当大的程度上，要感谢社会科学与人文研究委员会基金（SSHRCG）从 1988 年到 1991 年对文本－精神分析研究的资助。

尤为值得一提的是，托马斯·凯普（Tom Kemple）、基奥夫·米奥斯（Geoff Miles）、盖瑞·基诺斯科（Gary Genosko）和皮特·弗兰特（Peter Flaherty）等人都各自完成了富于原创性的学位论文和一系列后续工作。他们的工作都各有千秋。而在过去的这十年间，我所开设的关于精神分析、法律和文化的研讨课，还受惠于以下诸位的创造性贡献：马克·费泽斯通（Mark Featherstone）、史翁·霍洛韩（Siobhan Holohan）、莫里·曼（Molly Mann）、弗兰克·赦勒（Frank Scherer）、伊格·冈却洛夫（Igor Gontcharov）、弗兰克·西米欧（Frank Cimino）、孙飞宇、兰恩·玛特隆（Raan Matalon）和阿德南·塞利莫维奇（Adnan Selimovic）。

与此同时，我对于弗洛伊德文本的解读，也因诸多大学的邀请，而经历了“在路上”的考验。我的行程从夏威夷大学到斯坦福大学，从加州大学伯克利分校到波士顿大学，还有麦基尔大学、多伦多大学、都柏林大学、肯特大学、伦敦大学、剑桥大学，等等。这一旅程终结于伦敦的弗洛伊德博物馆：在伊万·沃德（Ivan Ward）的盛情邀请下，我在这里做了最后一站的演讲。我在距离伦敦只有数英里之遥的地方长大成人，却曾经对其一无所知！

最后，由于我坚持在我的研究中用笔写作，我必须要感激布拉德·金（Brad King）和乔丹娜·罗伯－皮尔斯（Jordana Lobo-Pires）的大力协助。没有他们的帮助，我的手稿无法成印。我当然还要感激苏珊。她以优雅的方式，使我的工作得以付梓。

出版商致谢

感谢伦敦派特森·玛氏有限公司（Paterson Marsh Ltd., London）， ix
以协议的形式惠允我们使用弗洛伊德标准版著作中的图文。

经出版商允许，本书第五章摘录了丹尼尔·保罗·薛伯（Daniel Paul Schreber）的《我的神经症回忆录》（*Memoirs of My Nervous Illness*）。本书英文版由艾达·麦克艾潘（Ida MacAlpine）和理查德·亨特（Richard A. Hunter）编译；塞缪尔·韦伯（Samuel M. Weber）为该译本作了新译序（pp. xviii, xxxvii, 52, 79, 175, 208-210, Cambridge Mass.: Harvard University Press）；1955 年的版权属于哈佛大学。1988 年的前言版权则属于当年由哈佛大学出版的版本。

导　言

本书名为《灵魂的家庭经济学》。它所讨论的，其实是一出关于 1
想象斗争的戏剧。这出戏剧发生在家庭内部，也发生在分析师与屈从的病人之间。成败的关键在于抵抗弗洛伊德建立俄狄浦斯式家庭的努力。这一努力的关键，是重新发现养育式（mothered）家庭，在所有的谋杀与篡夺的遗产之外，对于一名儿童的重新接受。不过，这一接受却也同时存在着痛苦与艰难。

由此观之，在《小汉斯》（*Little Hans*）这部被广泛忽略的作品中，我们就收获了一场呢喃叙事。这一叙述被图解、绘画、童话、动物寓言集和各种各样的梦所不时打断。在此叙述中，弗洛伊德的宝贝对精神分析进行了抵抗。类似的策略也见于多拉（*Dora*）在与那些丈夫们 / 妻子们 / 父亲们 / 母亲们之间的三向斗争（three-way struggle）中。这些人引诱着她，同时也被她所引诱。类似的，极度困陷在其母亲与“情人”（mistress）之间的鼠人（*Rat Man*），则上演了一场不可思议的铁路旅行，完成了一场分离式（onastic）婚姻以便消除母爱。这些案例都相对较短。这或许是由于弗洛伊德急于证明自己那超前的分析能力。不过，狼人（*Wolf man*）却终生都在拒绝弗洛伊德的拥抱。他设定了一个非凡的关于狼群、蝴蝶与屁股的寓言集，以抵抗打着精神分析旗号的同性恋化（homosexualization）。同样，薛伯（*Schreber*）对于他自己那神圣的飞升进入母性（divine flight into motherhood）的记录，则开启了一种与弗洛伊德的教父文本（patristic texts）以及薛伯生父的基督徒行为手册之间奇异的、文本之间的斗争。

尽管女权主义者们批评弗洛伊德从未将妇女作为真正的讨论主题，然而在她们内部，关于永恒的母性 / 女性（*das Ewig-Weibliche*）这一主题，却也是众说纷纭。不过，弗洛伊德的母性考古学永远会返回到自我生殖的男性上帝 / 艺术家 / 科学家，正如我通过小汉斯的表演、多拉的圣母狂喜 / 出神（trance）和薛伯的神佑升天[1] 所表明的那样。弗洛伊德是精神分析的生母。他纵容年轻的多拉与年幼的小汉斯，对狼人则更为严厉，甚至从未倾听过薛伯。不过，这些案例史同时也是关于精神分析之生父的自我纪念碑。我力图表明，这些竞争性的自我概念是如何深深地织入了关于弗洛伊德那些案例史的文本性经济（textual economy）之中。这些案例史都呈现在一种多元声音的文本中。在这种文本里，充满了各式各样的逻辑—科学式叙述，包括生物学、神经病学、化学，以及人类学、考古学与神话学。不过，我们
2 只有通过对这些案例史本身的耐心的 / 作为病人的阅读，才能有此见解。所以，这并非是要揭示弗洛伊德的内在矛盾，正如弗洛伊德本人也并不是必要性的修改、修正与重返精神分析的文本自身之尝试的原因。所以，我要首先仔细分析每一个案例史本身，然后才会考察相关的临床与批判性文献。

由于弗洛伊德的文本总是在被“忽略”和被“修正”，所以它的读者们只好不去以任何一种字面的方式来尝试校正。同理，精神分析运动的历史本身或许也在被书写的同时，带有一种类似的对于修改的允许。在弗洛伊德的文本之中的那些“盲点”（那些被“忽略”之处）确实构成了精神分析理论自身之中的俄狄浦斯维度。这一理论的

① 借用圣母升天（Assumption）一词，以示薛伯本人作为上帝之妻子而升天。——译者注（本书中所有的脚注都为中文译者所加，后文中将不再一一注明）

每一处洞见，都与它自己的盲目纠缠在一起；每一种诠释，或许都要饱受“过度诠释”（*Uberdeutung*）之苦；每一次发现，都会掩藏与遮蔽某些东西。弗洛伊德如是说。然而理论的后裔需要谨慎前行。父性诠释的失败已经被父亲自己注明；它们由这位理论家的自我满足所构成。弗洛伊德坦然承认他的失败，但是却热爱这一工作的激情——这正是精神分析的文本身体（*literary body*）。它属于弗洛伊德式文本的快乐，所以它的运动往来如梭（*nachträglich*），所以它的作者知道它将在何处导引或者误导他自己，在何处会带来洞见，在何处会蒙蔽自己。以此方式，弗洛伊德能够邀请或者回击每一种对于精神分析之基本洞见的抵抗，原因就在于他的对手们、修正者们和批评家们会“忽略”或者拒绝“看到”其最基本的关于无意识的发现，这是他所有的洞见与盲目的创造性源泉。

爱的故事

我视精神分析理论为一种爱人的话语。在这一话语中，充满了不
确定性——除了那些理解和领悟的喜悦时刻。不过，如果想要避免
枯萎凋零，这一话语就不得不摆脱这样的时刻。所思所想，无非都
徘徊于经济 / 秩序和越界之间，踟蹰于优雅自矜和无止无境之间。要
将这些极端的状态分离开，思想需要一条通路、一片森林、一个湖
泊、一处洞穴、一位女神，正如爱欲和死欲必须要二元分立、不能
重叠一样。以此方式，思想或可将**死亡**（Death）或**爱**（Love）设为
自己的目标，作为其灵魂的**女士**（Lady）。不过，灵魂自身当然也会
被它自己的梦境、幻觉和知识所猎取，所困扰。这些梦境、幻觉和
知识从灵魂的无意识亦即它的创造体中生发而出。我决定运用“灵 3
魂”这个术语以强调精神分析的恰当场所，就在于行为举止的心灵
与肉体要素彼此弥合为一处的地方。这一用法并不意味着要“灵化”
（spiritualize）弗洛伊德。相反，它将弗洛伊德关于灵魂的原初现象

学（original phenomenology）复原为意识的与无意识的行为。而这一点，在斯特拉齐（Strachey）的翻译中，却被一种认知主义的假象所遮蔽（Bettelheim, 1983）。在我看来，精神分析与一种关于双重诞生（double birth）的叙述密不可分—— 一种是我们在母体（motherbody）中的起源，一种是给予生命的欲望之起源，或者是像她一样诞生我们，或者是像父亲一样，诞生法律、艺术与科学。我相信单性生殖（parthenogenesis）的幻想居于弗洛伊德的精神分析之概念的核心，尽管它从未完全呈现出来，而仅仅间或闪现在各个案例史中间。我并不认为弗洛伊德主张某种“羊膜怀旧”（amniotic nostalgia, Gunn, 1988: 189），尽管他也从未打碎母性之镜。弗洛伊德确实因父之名而抗拒重返母性之源。但是他也明白，父亲已死，空余一种盲目的乱伦之爱。而这一爱的代价，将会由儿子自己的牺牲来偿还。如此，弗洛伊德在**死亡**中，幻化出了差异的和解（*Versöhnung*），将出生系于终结，并生产出作为精神分析之“时间针脚”（time-in-between）的记忆与无意识。

在精神分析中，我们仅处理一种语言之中的疾病。一种疾病的界限，在于其语言的缺失。一次治疗的开始，是某种症状以另一种语言，在身体之上、在梦中、在言语中或是在写作之中，对它自己的关注。健康是一种表达出来的需求，起始于宝贝的啼哭，并会在未来转变为情人的歌谣。艺术、音乐与文学通过把受难的肉体在智识与共同体的层面上精准表达出来，从而拯救身体—灵魂，使其免于疾病之苦。在这中间，欲望会被任何身体可以丢掉的细微之物所唤醒——那些最微不足道的东西或者恋物。丢掉它会令人绝望；在其中，则会令人欢欣。疾病要求一种神话学，一种表达出来的抱怨。病人就是讲故事的人。分析师则是听众，在聆听中力图重构这样一种家庭：于其中，病人的故事发端，并且作为一种有自身风格的症候学而发展演变。一门小小的艺术，从某种疾病的案例中，抽离出疾病的过程，从病人那里，抽离出诗歌。于是弗洛伊德陷入了与生产之妇女的热恋。就如同神秘主义者一般，她们是受到上帝宠爱的母亲和歇斯底里者。在此，所有的案例史都是爱的故事：

> 这一神秘主义的立场，源自于女性。这些女性从一位缺席的
> 上帝那里，拿到了他并不具有的东西——一具能够满足她们的、
> 带有菲勒斯 / 阳具的身体。从这一立场出发，拉康为精神分析总
> 结出了一个教训：分析师是给予他他并不具有之物的人，也是拒 4
> 绝给予他他所拥有之物的人。精神分析师是爱的生物，而精神分
> 析，则是一种多情的规训，一种爱欲性的理论，一门纯粹享乐的
> 技艺。（Clément, 1983: 143）

弗洛伊德单人只手创造了精神分析。然而，他却常将其说成是一种诞生，并因此而以一种他期待自己如是的女性形象来塑造其命运。与薛伯一样，终其一生，弗洛伊德都献身于女性的命运。那些关注多拉案例的女权主义者们（Bernheimer and Kahane, 1985）在拒斥弗洛伊德对于女性（womanhood）的隐秘内容并不了解的时候，或许过于轻率了。恰恰相反，弗洛伊德从未放弃过探索女性的计划。在男人和女人那里都出现的拒绝女性性欲的倾向，是一则弗洛伊德在终其一生的职业生涯里，都在耐心破解的谜题。正如许多当代批评家所坚称的那样，这当然并非一种性意识形态。另外，弗洛伊德这一名字本身已经表明，女性的欢愉（*Freude*）[①]应该成为他的研究背景。这一点正如他用其他女人的名字来命名他的女儿们，将过去、当下和未来都与精神分析的命运绑定在一起一样（Appignanesi and Forrester, 2005）。因此，精神分析之谜，并不在于女性自身，而在于作为女性们（*women*）的女性（*woman*），也就是说，作为命运三女神（the Three Fates）、作为舞蹈[②]以及作为美惠三女神（the Graces）的掷骰子游戏。

弗洛伊德相信，未来是延迟了的过去。我们的自我理解，并非经由我们当下的所说所做，而是通过我们行为之中的种种缝隙才得以成为可能。这些缝隙能够用“另一种语言”，或者用我们表达中的种种

① 弗洛伊德（Freud）与德文 Freude（快乐，欢愉）仅一个字母之差，故有此说。

② 尼采的舞蹈。详见后文。

特质，来揭示一种过往的愿望/欲望："快乐是一种对于史前愿望/欲望延迟了的（*nachträglich*）满足"（1997）。事实上，弗洛伊德本人就是在同一个考古学隐喻的基础上，建造了他自己的精神分析。在他关于谢里曼之特洛伊的儿童期研究中，关于这一隐喻的实践曾经让他激动不已。无意识的各个层次，成了弗洛伊德的罗马。他梦想着经由精神分析而将其攻克。拉康曾经不无善意地安排了这一"被审查章节"的内容，也就是我们的个人无意识历史围绕其而罗列的内容：

> —在纪念碑中：这是我的身体。也就是说，神经症的歇斯底里的核心。在神经症中，歇斯底里的症状揭示出了语言的结构，并且犹如某种碑文一般被解密。这一碑文一旦被发现，就会在不招致任何严重损失的情况下被破坏；
>
> —在档案资料中：这些是我童年的记忆，正如那些我不明其出处的资料一样无法理解；
>
> 5 —在语义学的演化中：这与词语的储存相应，也与对于我自己特殊的词汇表的接受相应，正如它对我的生活之风格和我的性格的影响；
>
> —最终，在那些不可避免的要由变形而得以保存的线索中，那一不再纯洁的篇章与环绕它的其他篇章之间的关联，使得这一变形成为必然，而这一变形的意义，则将要经由我的注解而被重新建立。（Lacan, 1977a: 50）

精神分析的基石，在于一种早期的创伤会伴随着自然增长的后期经验，而变得重要。这些经验会将其重新置于文本之中，也就是说，与此同时它们将迷失的线索置于一种文本之中。这一文本迫不及待地要给予它充分的重要性。如果没有它，这一线索将依然会是一种令人痛苦的谜语。

每一个案例史都会在关于心灵的经济中打开文学的功能。这是弗洛伊德同时作为一名作家与一名医生的必要性所在——如果这一必要性不是出于弗洛伊德那无法逃避的成为他自己的历史人物这一命运的话。弗洛伊德在写作这些案例史的时候所发现的，是他们的叙事性无法做到坚定不移。正如我们在鼠人的案例中所见的那样，这一故事实属一种无意识性的分枝蔓延（*chorisis*）、东拉西扯和翻来覆去。这些特质持续不断地推迟了它们想要表达的行动。同样，弗洛伊德也无法把握他自己的发现，而我们也不会通过追溯他所留给我们的症候群文本来苛责他。不过，这一“过度”的特征，与弗洛伊德在写作之中的不确定性，是那些伪专家们——如果不是假道学的话——在顽固地运用弗洛伊德的洞见来苛责他自己的观点时，必须要铭记于心的。一位作者，无法在阅读他自己的时候不处于一种写作状态；而为了实现这种写作，他 / 她必须要脱离对于写作欲望的语言学依附（*Sprachiches entgegenkommen*）才得以可能（O’Neill, 2001）。只有在他个人的神话中，弗洛伊德才是弗洛伊德之源。更何况，弗洛伊德是通过一种在各个案例史中所呈现出来的神秘的间接性才为我们所知。科学的神话就在于，任何科学都能够像蛇蜕掉它的皮一样而抛开它自己的历史。如此，精神分析不能自力更生。而我们阅读那些案例史，也要像阅读短篇故事（*wie Novellen*）一样，正如在今天，阅读哲学必须要像阅读精神分析那样，才得以可能。

弗洛伊德强加于精神分析的文本——或者可以说，他与之斗争的文本——就是病人在用词语表达他 / 她的经验时，所经历的同一种限制。这一限制与文学体例无关。相反，“文学”本身是由这些限制构成的——这些限制复述了接受精神分析的人在特定的记录中所做的俄狄浦斯式叙述。弗洛伊德将这种探索永恒诠释的人学，看作足以理解心理疾病现象的自我知识的唯一模式。而那些预见了精神分析之后 6
果的人，则徒劳无功地表示要加以抵抗。另一方面，那些接受精神分析的人，却无法预见其后果。在这一接受与拒绝的历史中，弗洛伊德的文本一直都是精神分析里的那座迷宫。在这座迷宫中，有的道路曾被走过，也有道路从未有人涉足。无论如何，在文本中，我们都永远无法摆脱那些围绕着光线的阴影。我们当然也不能否认自己在对弗洛伊德作出特定阅读时，所负有的责任。当我们通过自己的方式来理解 / 误解这些文本时，这是必然迈出的一步。这一声明似乎并不坦诚。然而弗洛伊德坚持其必要性。原因在于，公众拒绝接受婴儿性欲（infantile sexuality）这一核心发现，也拒绝接受原初场景（primal scene）的积淀。如果弗洛伊德的公众无法相信他们的耳朵，那么他的读者们也就无法相信他们的眼睛。其实，精神分析给教养意义上的意见和常识所带来的侮辱从未减弱过。当然，它也绝无机会这么去做，因为精神分析的关键在于：将思想的起源定位在一种我们最早的身体性探求所建立的有意疏忽上面。公众并不希望在精神分析的家庭浪漫剧之中，看到他们自己。弗洛伊德一次又一次地求诸他的“女士们与先生们”的公正之心，似乎是为了说服他自己：是他以一人之力，创造了一种满怀激情地观看这一原始戏剧的理想观众。在他对小汉斯的治疗中，他冒着被拒斥的风险，将这一原初历史安置到文明化了的观众面前。对于这一若非因他之故则早已被遗忘的发现，这些观众们的反应，却是将弗洛伊德简单视为一种文明化失败的例子。他的科学遭受着各种被边缘化或者被审查的危险。因为这一科学威胁到了文明化的知觉与道德的各种界限。更有甚者，弗洛伊德的“你也一样”（*tu quoque*）这一说法，似乎是一种傲慢而又孩子气的、对于那些精神分析所赖以获得接受的每一代人的非难。然而，一旦幼儿性欲首次作为一个科学问题而被提出、被公开，精神分析就重写了文明史，并缩短了童年（childhood）与成年（adulthood）之间的距离。

弗洛伊德熟悉科学，所以明白精神分析必须要有它自己的故事。因此，弗洛伊德对于那些案例史的故事性忧心忡忡，却并不太在意它们在方法论上的缺陷。这一点可以参照他对于文学故事这一竞争对手所具有的深刻洞见的嫉妒之情。在他看来，文学故事似乎已经事先（*avant la lettre*）掌握了精神分析。另外，那些令弗洛伊德心驰神往的科学与文学的伟大榜样，彼此在风格上要比今天更为接近，而且还
7 分享着相同剧院戏场的公众舞台。所以，沙可的诊所表演对于早年的弗洛伊德来说，尤其具有吸引力。不过，案例史并非剧场演出。他们并不依赖于催眠术，也并不要求身体服从科学的高级神甫。相反，弗洛伊德将精神分析的剧场转变为交谈与梦的亲密空间，分析师必须要在这一空间中对交谈和梦都勤学苦练。他开始解码躯体的脚本。由于

这一脚本中的语言极力抗拒在科学文本层次上的翻译，所以弗洛伊德只有发明案例史这一体例，以便记录构成其实践的各类事件。对于婴儿身体记忆的发现，使得所有种类的艺术与科学的叙事能力都焕然一新。当然，这实际上还代表了弗洛伊德对于人类历史最为伟大的贡献。

我们无法在谈及弗洛伊德的病人时，不去关注他们所遭受的压力：成为弗洛伊德信徒的压力。亦即，在精神分析的早期，同时既成为病人，又成为探索性的分析师。当代的评论家们通常并不允许弗洛伊德在其失误方面，拥有历史性的“折扣权”。他们更乐于根据这位全知全能之父的罪，而向他投掷石块。他们的做法，实际上是真正赋予了弗洛伊德全知全能的属性。当然，弗洛伊德的信徒们在这一实践中并不孤独。使得当代评论家们百思不得其解的是，大量的评论家会同时着迷于宣称这位作者的死亡以及他所有文本的碎片的消亡(O’Neill, 1992a)。然而，这些评论家们不过是重建了纪念碑而已。如此，现代主义者与后现代主义者所评论的事件，就必然要与批判性叙述绑定在一起，正如在弗洛伊德与“他的”病人们的邂逅中的那些事件，必然要与那些让他们“无法被忘记”的诊所案例史紧密相连。在某种程度上，我们是在“重复着”弗洛伊德本人的实践，正如他在艺术与文学中——同时也是在他那个时代的科学中，发现了对于精神分析基本内容与方法的预言。然而弗洛伊德反转事物。他将病人的疾病自身视为“艺术品”，并因此而为精神分析设置了“表达”这一“诊所肖像”的任务。这一“诊所肖像”永远无法从其历史与句法中，完全脱身而出。每一个案例，都会纠缠于在描述中的“溢出”与“碎片化的”记录或“注解”之间的对抗。那些记录或“注解”会将这一“诊所肖像”嵌入到一种同时既是一种疾病史，又是其治疗性建构的解释之中。在传统的案例史中，这一紧张通常并不存在，但是在弗洛伊德的独特实践中，我们立刻就能感受到它的不同凡响。这一实践极富戏剧性，不仅浸染着弗洛伊德自己的生命与生活，而且还使得小汉斯、多拉、鼠人、狼人与薛伯都超越了他们的制造者，而拥有了自己的生命。

只有在法语世界中，这五个案例才单独集为一卷（Freud, 1957）。 8
我所分析的第一个与最后一个案例——亦即小汉斯（1909）与薛伯

(1911)——并未被弗洛伊德分析过。在薛伯的案例中，弗洛伊德所分析的是他的《回忆录》；在小汉斯的案例中，弗洛伊德与小汉斯的父亲合作，共同进行了对这名儿童的分析。相形之下，弗洛伊德与多拉的分析性关系（1900）持续了三个月；鼠人（1909）与弗洛伊德之间的分析性关系，持续了九个月左右；在弗洛伊德与狼人（1918）之间的首次分析关系，则持续了四年。弗洛伊德的家庭罗曼史，必然会编织进了精神分析自身的历史与政治。这一精神分析，诞生于一间静谧的房屋中，并在不久之后，呼啸而出，在世界的诸种艺术与科学之中，开山辟路，披荆斩棘。这五篇案例史，构成了一种关于家庭与家庭的无意识想象，关于家庭的剥夺、嫉妒、愤怒与谋杀的伟大的现象学。我们今天对黑格尔之《精神现象学》的阅读，若不能终止于弗洛伊德关于症状的现象学，就无法真正地理解它（O'Neill, 1996c)。

如果这些案例史仍然是诊所实践的典范，那是因为弗洛伊德将他自己那超凡脱俗的症状史，与其读者们自身作为诊所分析师而发展的历史，交织在了一起。在每一个案例中，弗洛伊德的艺术与他的科学都并无二致。我们再也找不到这样的精神分析了：病人栩栩如生，分析师身陷其中、不能自拔，而读者则焦虑不安、激动不已。这些效果，全部都内在于弗洛伊德精神分析的日常实践当中。这一实践的发现，同时又经由这些效果而历史化与“罗曼化”。当然，案例史已经引发了大量的批评，并且也以同样的方式教给我们批判的阅读态度。案例史可以做到这一点，是因为他们避免粗劣地将社会、历史与政治力量引入这些其实是由他们自己的背景所微妙形塑着的故事，并且假定人们会对那些弗洛伊德通过比喻和引用而小心翼翼地引入这些案例的线索，明察秋毫。这些案例史是家庭的罗曼史，是发生在或小或大的家庭之中的爱与恨的故事。在这些家庭中，激情交织着疾病，家庭政治铰合进了更大范围的政治史。而这一政治史，对于家庭史以及与之相关的疾病来说，有着程度各异的重要性（O'Neill, 1996a)。

精神分析的身体—灵魂

弗洛伊德发现，癔症的身体并不具备对于自身的直接知觉。这一知觉只有经过其欲望的种种符号才得以可能。然而，对于身体各种空间而言，这些符号却并非以一种简单的模式而存在。因为这些空间只 9
是依次由欲望或者厌恶所开发的；而这些欲望与厌恶，则来自于一种该癔症患者或多或少痛苦地居于期间的诸种关系的历史。这些关系，仍有待于从各种身体的无意识层次中被唤回。而通过其身体的幻觉与麻醉，癔症患者不再拥有（*has*）一个身体，而是（*is*）一个身体—灵魂，无法去爱，或者无法爱并且婚嫁，甚而无法观看或自我满足。这样的身体屈从于他者，重复着其幼儿式的依赖，无法将其自己再次接合，直到它重新整合进入家庭的罗曼史之中——于其中，它备受苦楚，却也从中重新获得了欲求的能力。与此同时，这样的身体会将其故事的碎片存入某个肢体、某次痉挛、某次疾病。但是我们必须解码：这一身体—灵魂通过其肢体所诉说的到底为何，或者在某一疾病的历史中所牵涉的到底是什么故事；这一故事的开始、转折和复发嵌入到了病人的家庭经济当中，而非他 / 她的体质之中。如此，在该家庭的情感秩序中，兄弟姐妹之间的错位，可能是一次“抱怨”之契机。这一“抱怨”将会被肉体化并如其所愿地得到失败地治疗，直到这一失望之爱的故事在分析师那里被重演。此即精神分析的形体。这一身体—灵魂的面纱被掀开，显露出了由其苦难所守卫的秘密。若非如此，则精神分析就不会有案例史，而只是一种被设计出以消解转化症状的诊疗服务，由任意一种确定下来的实践艺术来完成（David Ménard, 1983）。弗洛伊德自己必须要在这一苦难的精神生理学还原（psychophysiological reduction）与对由这一受苦身体所告知的家庭罗曼史所进行的精神分析式检索之间作出选择。这一受苦身体的世界完全被痉挛、咳嗽与跛行所铭刻。这些痉挛、咳嗽与跛行遮蔽了另外一种享乐的场景；这种享乐的要求从未被完全遗忘，却也永不能再次像在旧日的时光中那样自由地获得满足——无论那一时光在逝去之前有多么短暂。

家庭身体的初次罗曼史为精神分析提供了其自身的罗曼史。出于同一原因，精神分析本身也成了一种家庭科学。严格说来，疾病并非它的客体对象——苦难与狂喜才是。弗洛伊德所谓的灵魂的家庭经济（*psychischen Haushalt*），乃是精神分析的首个剧院。身体当然不是生理性身体，否则弗洛伊德就不过是一名医生了。幸运的是，弗洛伊德的野心在于攻克当时医学尚未知晓的领域。如此，癔症的身体—灵魂、梦的身体以及倒错的身体——亦即，其病理学对于日常生活仍属未解之谜的身体—灵魂——成了弗洛伊德的探求领域。他与他的“科学女士”（lady science）在其中寻觅着成功之路。这一精神分析的身体当然是苦难的身体。但它同时也是一种愉悦的身体。在这一身体中，痛苦与快乐交织在一起；在这一身体中，每一方都在一种症状语言中预设着另外一方的声音；这一身体、它的梦与它自己的言说，都是正在等待着译者的原始文本。但是这一身体语言并不是根据任何解剖的编码或者心理学编码所刻画出来的。它所回应的并非眼睛，而是耳朵。如此，它言说，然而它的语言却并非那种理性的或常识性的语言，对于后者来说，它不可理喻。为了作出这一发现，弗洛伊德必须要将思想与性交织在一起。为了让性可以思考，他必须要发现其语言。不过，为了做到这一点，他就必须要精确发现它的语言是在何处失效的；因为它的性不可思考，不可言喻，径直飞入症状或梦境。若非如此，弗洛伊德就不过是补充了一种关于性的话语，其中有着身体教育学，却完全不存在将性移置进入灵魂剧院的关于欲望与无意识机制的精神分析。毋宁说，他探究了这样一种组织。在这一组织中，灵魂会被转变为肉体性，会在一种不被冀求的关系中，生产出某种癔症性身体或者谵妄式语言——会在肢体的瘫痪中，或者是某个词组的虚妄荒诞中（它们只有在灵魂欲望的层面上才会得到解释），模仿它们的不可驾驭性。如此，在多拉的案例中，或者在鼠人的案例中，我们就能够看到那母性的要求（父亲的斥责）是如何被嫁接到了婴儿记忆之中，它的梦与它在成年时的行为，几乎使得生活无法承受，除非依靠它那苦难的遗产。

拉康对于案例史的解读深刻有力。这一点我将在薛伯的案例中加以探讨。不过，我认为弗洛伊德的诊疗技艺却并不那么精湛，因为这一技艺仍然无法将患者的欲望与其苦难分离开来。他在这么做的时候，其实明显是这位分析师的欲望在以赢得精神分析之名，而征用其患者的欲望。在这一方面，拉康自己的欲望富有价值，尤其是因为其中有一种类似的欲望，要让精神分析超越它自己的沟通实践。然而，弗洛伊德的奠基性欲望本身，在其文本中，模仿了一种相同的过程——亦即癔症患者的欲望通过身体而表现出来的过程。这一身体的沟通性动力学，对这位分析师的诠释性力量提出了挑战。不过在各个案例中，都不存在着能够支持这一拟态的模型。毋宁说，倒是存在着一种苦难的模型、一种困顿的模型。然而我们只能将它们从一种家庭史的碎片中，搜罗并装配进一种个体性神话里。这一个体性的神话将自己铭刻在身体的感性模式中，以及身体关于苦难和欢愉的特殊语言之中。身体的各种面具作为中介，将其生命运送至疾病的另一阶段。在这些阶段里，这一生命的故事只有在某次分析中才能获得成功解读。 11
而这一分析工作所身处其中的背景，就是关于人类苦难的宏大合唱了。

我们知道，对于许多人来说，将精神分析学说看作一种“苦难学派”（school of suffering）或许显得有点古怪。然而要用“灵魂的家庭经济学”来讨论它的关怀，则显得更为离奇。因为普遍认为，精神分析是在文明化社会的废墟之下，发现了那个快乐的倒错身体（pervertible body）。然而，这一见解其实很难在弗洛伊德的文本中得到证实，因为如果它并非一种关于快乐与痛苦的、职责性与惩罚性的肉体之纠缠不休的结——而肉体对于它的回应则是充满感情的、不可或分的身体性与精神性，那么对于身体—灵魂之文明化的刻画就几乎不可能。简言之，在那些身体将他们自己的历史刻画于石头之上，并因此而同时既是对历史的庆祝又是毁灭之前，文明已经被刻画于身体之上了。在这里，我们又一次遭遇到了弗洛伊德在力图解码癔症性身体之时，所面临的那同一个交谈之谜了。我们已经建构了一种文化。在这种文化中，心灵统治着身体，正如我们文明化了的当下，在其代表性的父性与父权制图景——其间还有医生——中，统治着其原初性的过去那样。如此，我们的医学就是要统治疯癫，或者是要将其化约为神经病学与还原性的化学疗法。弗洛伊德自己并未免疫于这一医学大潮。但幸运的是，他能够倾听到神话学，以及这一身体自己的交谈——于其中，时间 / 空间与逻辑都以他将要发现的种种方式，被悬置了。

重要的是，要努力去重新发掘弗洛伊德是如何让自己直接面对病人们的苦难，而不受实验室、诊所或护士与作为惯例的医学这种媒介的影响的。他在自己的家里会见病人。而且，在私人约定的基础上，开始在男人和女人们那肆无忌惮的灵魂之海中，展开了一系列非同凡响的旅行。在这其中，他自己的形象与我们的形象，就必然会被折射出来。为了修正疾病的身体，弗洛伊德必须要经过一种编目的阶段——根据他的首次“性地理学”或考古学的进化原则，而将疾病分编给身体的各个部分。然而，弗洛伊德关于叙述性身体的发现，消解了任何此类对于疾病的地域化。叙述性的疾病是对关于现场灵魂之历史的重构。在这些现场中，愉悦与苦难几乎占据了压倒性的地位，因为它在那个时候的经验，还不能根据心灵与身体的双重记录来加以定位。换句话说，弗洛伊德发现，他的病人们——在此，我们会想起小汉斯的表演——通过他们的身体来诠释其世界。该诠释的价值在于，这一世界自身并不归属于身体，而是相反，会在任何一个方面都超越
12 于它。在最为日常的客体与情境中，弗洛伊德自己的癔症性身体，被指向了狂喜 / 出神（ecstasy）的另外一个场景；可以说，狼人在那关于美味底部的、巨大的、像牛奶一样的月亮的密码术中，重构了其欲望的结合与分离。在那些对于过去的远古守护神和来自东方的沉默挂毯的环绕中，弗洛伊德与他的病人们（当然，薛伯是“写信给”他的）必须要相互学习如何回忆起那些被遗忘的伤害与被禁止的快乐。这些东西彼此缠绕在一起的方式，使得他们的生活无法忍受，直到他们偶然相遇的那一天。每个人都要去发现，他们的故事消解了身体的痛苦。这一痛苦，是他们的症候学与梦的工作（dream work）曾在另一种表达中，在意识的层面之下，并且似乎是超出于语言之外所表达出来的。在发现心灵的过程中，他们发现身体与灵魂彼此投射。这一投射是经由欲望之屏（screen of desire）以及在冲突中对它的禁止和误解而实现的。这一冲突遮蔽了灵魂的双性问题、双重爱恋和它在对我们的劳动之家庭分工的逾越之中，单性繁殖（parthenogenesis）的梦想。

第一章　弗洛伊德的宝贝——小汉斯（1909）

小汉斯——《对一名五岁男孩恐惧症的分析》（*Analysis of a* 13
Phobia in a Five-Year-Old Boy, 1909）——这个案例让精神分析焕发了生机。这个案例让我们可以在清晨曙光中，目睹一段原初历史。在其他案例中，这一历史只能以回顾的方式来加以推断；更何况，有时候这一回顾还不免局限在反常的类型之中：

> 确实存在着这一可能性：通过直接观察儿童，从而观察在生活之中刚刚萌芽的性冲动与欲望。在成人那里，这些都是我们需要从自身的零星碎片中，通过辛苦挖掘才能获得的东西。尤其是，我们相信，它们是所有人的共同财富，是人之构造的一部分，只不过是在神经症的案例中被夸大或扭曲了而已。（SE x: 6; PFL［8］: 170）

弗洛伊德的这番话似乎表明，他那曾经的考古学激情已经让他精疲力竭，迫切需要寻求新的灵感。在经年累月的为伍于神经症患者与癔症患者之后，在不断地挖掘那些人所严密保护的污秽之余，弗洛伊德想象着，一种幼儿分析或许能够带来某些“新鲜的”

(Lebensfrische）东西，以期在儿童对于“[男] 人”的展露之中，揭示人性的最初图景。不过，这名儿童当然从未外在于他持之为镜的这个社会。这名儿童的长辈们也并不希望在其儿童之性中，看到他们自己。弗洛伊德并未详述小汉斯的父母，尽管其父母对于精神分析的忠诚，已经构成了一种特殊的家庭环境。弗洛伊德那“新鲜的”样本，就成长于这一环境中。作为替代，弗洛伊德声称自己忠实复述了父亲的记录，以便保存“其天真烂漫与看护的直接性”。如此，我们就进入了一个基于看护的故事。该看护是这一新鲜的精神分析的主要构造。在这一故事中，人类历史在其中得以揭示，就仿佛其历史材料是来自于人类的第一缕曙光那样。但是，它所揭示的，不过是在某个世纪之初，生活在维也纳的一位弗洛伊德的儿童。

在他的《儿童性欲理论》(*The Sexual Theories of Children*, 1906—1908）一文中，弗洛伊德运月另外一种比喻，通过将研究对象从客观方面向主观方面的转换，从而获得了一种关于人类之性的新鲜视角：

14 如果我们能够脱离自身的肉体性存在，作为一种纯粹的思维性存在——如外星生物——用一种全新的眼光来观察地球上的事物，那么最令我们震惊的，或许是这样一种事实：在人类之中存在着两种性别；尽管他们在其他方面彼此都十分类似，但却用极其明显的外部符号，来标示他们之间的不同。(SE ɪx: 211–212)

这一弗洛伊德的火星式幻想假定：在外星球上或可有科学而无生物——或者是，作为整体的科学性生物存在的前提，生物性并不需要具有反思性，所以不会在其性别化差异的行为中，或者是在任何种类的符号里表达出来。不过，在一位幼儿“访问者” 看来，这一共同体与人类共同体并无区别，因为这位幼童的长辈们会合谋向他隐瞒性差异的图景，尽管这一差异无所不在。简言之，只要有人在尚未知晓答案的情况下“到场”，那么关于性别的禁忌（taboo）就无法不让自己陷入疑问。这一疑问就是第一个子女迟早要向父母提出来的问题，而一旦第二个孩子诞生在这个家庭里，那么这一问题就更要被提出了。在假想的共同体中，关于性别的问题无论在何种程度上被均一的技术能力与科学意识形态所消除，也都总会伴随着那些爱与情感的重要偶然时刻，而具有现身到场的危险。在人类共同体中，这一点也不例外。尽管父母会合谋而坚守其均一性的前线，来面对“它们”的孩子——用鹳鸟这一共同的信仰来表达，然而在这一父母的铠甲之上，却会出现情感性的裂缝。毕竟，他们爱着自己的宝贝，而他们的宝贝也爱着他们。当然，婴儿会在某一时刻发现父母彼此相爱，甚至还爱着他们的下一个孩子，所以每一个年长的孩子总要忍受其情感性的失位（displacement）。奇怪的是，这位婴儿必须要在一种谎言与欺瞒的氛围中，到达这一时刻，这就产生了其首次不信任的经验（Billig, 1999）。但这是一种在“他 / 她”自己的家庭内部而非朝向外人的不信任，由此种下了代际冲突与隐秘的种子。在家庭早期伊甸园中的这一裂痕，促进了个体化的出现。即便如此，它仍然既令人痛苦不堪，又十分危险，因为它可能会使得一个在家庭经济中受到必需的失位之困扰的儿童，在智识与情感成长方面都受到扼杀。

> 在这些感受与忧虑的促动下，这名儿童开始思考生命中的第
> 一个重大问题；他自问道：“孩子们都是从哪里来的呢？”——这
> 一问题无疑会以如下形式出现：“尤其是这个入侵的宝贝是从哪 15
> 里来的？”在不可计数的神话与传说之谜中，我们似乎听到了这
> 第一个谜语的回响。（SE ix: 212–213）

这位婴儿理论家不是一位神话学家。毋宁说，是社会，是存在于为人父母的那些人当中的社会，采用了现成在手的鹳鸟一类的神话作为回答，以回应那现成在手的谜题，平息这一提问——无论这一神话对于儿童来说多么令人无法满意。这名儿童对于“他的 / 她的”（hir）智识性好奇心的压制，却来自于家庭内部的某种接受的情境，或者至少出自于“良好表现”的要求。但是如果这并不足以击败儿童，那么

由于“她/他”（s/he）只能通过“其”身体，并参照围绕在“其”周围的种种面纱来思考“其”问题，那么“她/他”则必然得到错误的答案。当“他”要经由自己的阴茎而获知，那（父亲的）阴茎必定与洞入母亲—身体（mother-body）有关时，他的那个理论——即母亲的身体与他自己的身体一样，都是阳具崇拜式的身体——则阻碍了他对于这一必然的洞/见（site/sight）的理解［二者都入洞，行不通］。他仍然对那种“第三者”莫名其妙，因为到目前为止，他仍对女孩一无所知，所以他仍然一头雾水！这一婴儿的身体还暗示了另外一种生产婴儿的方式：通过母系的排泄（maternal excretion），伴以父系排尿的“播种”的方式，或者是通过其他在父母之间粗略混乱的方式。这是一种“情感性侵入”的展示，其结果就是一位现今能够在“其”自己那里目睹此类事情的儿童。尽管有这些错误的理论，或者毋宁说，正是由于他们无法发现母亲的身体，这一宝贝谜题之中的孵卵/沉思（brooding）与怀疑，却提供了“与后来针对问题之解决相关的所有工作的原型”。

我们要感激我们的文明所具有的那种集体性的神话。这一神话那难以令人满意的性质，在我们当中的某些人那里所引发的好奇心，激发了那作为文明及其不满之标志的各种艺术和科学：

> 汉斯：“妈咪，你也有（尿尿的）小东西吗？”
> 妈妈：“当然了。怎么？”
> 汉斯：“我只是想一想。”
> 在同一年，他曾去过一个牛棚，并见到一头母牛正在被挤奶。“哦，看！”他说道，“有奶正从它的小东西里出来！”
> （SE x: 7; PFL［8］: 171）

我们就此进入了弗洛伊德的幼儿园。这里没有玩具，也没有童话，然而却有故事在发生。小汉斯正在思考着他的身体，正在将其与他妈妈的身体以及动物的身体进行比较，不过，他是要通过各种身体来思考身体，而非通过童话或者通常的幼儿园玩具来思考身体。然而，在这

所幼儿园中还有其他的人出现，也即精神分析的观察者们：父母与 16
弗洛伊德。尽管弗洛伊德宣称自己并未参与其事，然而他的呢喃却在继续。只不过，这一呢喃心不在焉。弗洛伊德竭力地将其发现概括总结成为“一般儿童之性发展的典型”。他参照了多拉关于口交的想象（我们将在下一章中讨论这一点），以及他自己将其向拇指——吸吮与乳头吸吮中的婴儿式快感的还原。这在乳房与“下面”（undder）之间建立起了关联。这一“下面”在形式上与功能上都被作为（妈妈的）乳房；然而实际上却是阴茎占据了那个位置。弗洛伊德并未留心妈妈对于小汉斯之问题的回复。她是要通过说明那个小东西是极其普通 / 普遍以至毫无意义 / 旨趣而分散小汉斯的兴趣呢？还是要努力承认小汉斯那关于身体的兴趣，但是却同时要打消他那关于这一问题的“理论性”探索？在后一种情况中，她的回答充满了问题。因为小汉斯可能会认为，她当然也有这样一个小东西，亦即，不仅在功能上，而且在形式上都如此，尽管其位置并不如小汉斯的小东西或者是那头母牛的“下面”那样显著。而这后一种区别可能会使得小汉斯向他妈妈的提问成为一种对于阴茎之差异性而非其类似性的追问。在这一点上，那对受到了精神分析启蒙的父母的出发点，其实是阻碍了小汉斯对于性差异的原初探求。而弗洛伊德呢？他看起来要么是对此颔首赞许，要么就是乐得有这样一个机会，以便在接下来展示他自己的理论功底。

我们必须要学会等待弗洛伊德自己理论的出场。这一理论的出场，要由弗洛伊德本人的里程表来加以衡量，亦即，作为弗洛伊德案例史之标志的、在年代学上的最初五年。因此，斯特拉齐在一处注解中加入了年表，意在帮助读者“弄明白这个故事”：

> 这个纪年表基于来自于案例史的资料，或许会有助于读者理解本文。
>
> 1903 （4月）小汉斯出生。
>
> 1906 （3岁至3岁9个月），第一次报告。

（3 岁 3 个月至 6 个月），（夏季）首次到格姆登。
（3 岁半）阉割的威胁。
（3 岁半）（10 月）汉娜（Hanna）出生。
1907 （3 岁 9 个月）第一个梦。
（4 岁）迁至新公寓。
（4 岁 3 个月至 4 岁半）（夏季）第二次到格姆登。咬人之马的插曲。
1908 （4 岁 9 个月）（1 月份）马匹跌倒事件。恐惧症发作。
（5 岁）（5 月）分析结束。

17 在 3 岁半时，小汉斯表现出了对于其“伙伴”（member）的触觉式兴趣。在发现他把手放在了他的“阴茎”上时，他妈妈用如下的话语来威胁他：

“要是你那么做，我就会让 A 大夫来剪掉你的小东西。那你将用什么来尿尿呢？”

汉斯：“用我的下面。”（SE x: 7–8; PFL［8］: 171）

妈妈的这一严厉回应，与《释梦》（*The Interpretation of Dreams*）以及其他弗洛伊德的作品和神话 / 迷思里的“阉割情结”建立了一种并不那么自然的关系。弗洛伊德并未对此作出任何评论。在 1925 年添加的一处脚注中，弗洛伊德否认，与母体的分离、与乳房的分离、在分娩之中的分离或身体性的遗失（排便），也都必须要被视为一种阉割的构成性因素。弗洛伊德不仅坚称只有阴茎的丢失才是阉割恐惧的基础，而且他还通过小汉斯父母的报告佐证了这一理论。除此之外，他几乎没有解读小汉斯的回答。不过，这是由于他利用了小汉斯自我触摸的性诠释——小汉斯的“伙伴” / “阴茎”反映出了弗洛伊德本人的错位。尽管汉斯妈妈的威胁，受到了对于婴儿自体性欲——或者说这是一种对父母之交配的模仿——的传统反应的事先启发，然而她的话语却促使小汉斯想到了一种替代性的“小东西”。

比起他妈妈自己对他的回应，小汉斯对他妈妈的回答要更为友善，因为这一回答在他们之间保留了底线以及继续进行理论探索的起点。但是，弗洛伊德无法将这一母性身体作为一种研究场所，所以他将我们带到了动物园，在那里，小汉斯看到了一头狮子的小东西；从动物园又到了车站，在那里，小汉斯看到了蒸汽机在撒尿；然后又回到了家里，在家中，小汉斯的比较性学（comparative sexology）在如下发现中作出了总结：

“一只狗和一匹马有小东西；一张桌子和一把椅子没有。”

弗洛伊德在此加入了评论。这一评论的大意是认识意义上的分类在性分类中有其根基。这意味着性探索乃是智识性探索的基础，此外，为了后者这种文明式的发展，这一婴儿性欲应该被加强，而非得到抑制——哪怕是在弗洛伊德的模范家庭中，它也受到了抑制。即便如此，小汉斯的父母仍保持着对于小汉斯的性探索的原初拒斥，并且，在他 3 岁 9 个月大的时候，报告了如下的交流：

汉斯（3 岁 9 个月）：“爹地，你也有小东西吗？”

父亲：“是的，当然。”

汉斯：“但是当你脱衣服的时候，我从来没有见过它。”

另外一次，当他妈妈在上床前脱掉衣服时，他专心地注视： 18

“你在看什么呢？”她问到。

汉斯：“我只是想看你是否也有小东西。”

母亲：“当然。你难道不知道吗？”

汉斯：“不。我原以为你这么大，你应该有一个像马那样的小东西。”

在此，弗洛伊德仅仅说，小汉斯的最后这句评论，要留待以后进行重要的讨论。不过，在此有几件事情确实值得讨论。首先，小汉斯与他父亲之间重复了那一交流，毫不担心他妈妈曾经对他的阉割威胁。而这一阉割威胁也并未在这一交流中被提出。无论如何，小汉斯并未被威胁不要向他妈妈重提这一问题。在这两种情境中，他父母的回答都包含了他们对他的期待：他已经看到了他们不允许他看的东西，也就是他们之间的性差异，以及他与他妈妈之间的性差异。小汉斯对于这一双重约束的回应是复杂的，因为它包含了一种针对隐藏妈妈—身体的"游戏"的元评论（metacomment）。他因此而沉溺于父母的指导，实施了对于动物的性研究，并报告了他的结果——（当然）妈咪必定也有小东西，而且根据一种比较性的尺寸，它应该像马的小东西那么大！

在他"刚好"3 岁半的时候，小汉斯的生活里发生了"一件大事"——他的小妹妹汉娜出生了。很明显，他父亲记录下了他在听到妈妈痛苦分娩声音的时候，所作的即刻反应：

> "妈咪为什么咳嗽？鹳鸟今天一定会来。"（SE x: 10, PFL[8]: 174）

他父亲认为，小汉斯的推测，有着父母关于鹳鸟故事的铺垫，因此他会将异常的呻吟声与鹳鸟的到达联系在一起，尽管这一呻吟会让他推测，这名宝贝其实与他妈妈有关，而非与鹳鸟有关——正如他明白那杯茶是为他妈妈而非为了远道而来的鹳鸟准备的一样。非常明显，当小汉斯通过床边盆中的血而总结出，在他与他妈妈之间必然存在着些许性方面的差异的时候，这一父母性的故事（parental story），却被他所忽略了：

> "但是我的小东西里并没有血流出来。"（SE x: 10, PFL[8]: 174）

他父亲意识到，小汉斯完全看穿了鹳鸟的故事——"毫无疑问，他对
19 鹳鸟的首次怀疑已经生根了"——但是，他却并未对小汉斯解决那个
问题的工作有所洞察。就此问题来说，父母的意见一直都在进行着系统性的误导。弗洛伊德对于这一发挥作用的禁忌的认知性地位也未

置一词。应该注意到，我们无法决定小汉斯的回复是否是针对失位的，也就是说，针对他在家庭孩子们当中的位置，从第一位移到了第二位，或者尤其是针对一个妹妹的失位。这个妹妹的性别表明，在他的父母与他之间，性别确实在发挥着作用。当然，关于性别的理论概念无法在字面上，从关于生殖器差异（性）的“事实”那里“观看”到。在某种意义上，它也无法被父母在脱衣时的谨慎或者是关于鹳鸟的故事所隐藏。心理—文化实践会为每一次的性活动而诠释性别，而人类的性则并不会在与此无关的情况下被“给出”。

对于弗洛伊德来说，真正的精妙绝伦之处在于，他观察到了小汉斯的性学研究是如何将其送入精神分析之手的。小汉斯尝试理解他的小妹妹的方法是，通过把他自己的名祖（eponym）的一部分交换出去，并且赋予汉娜她所缺失的部分，来裁决她实际上是“小的”。而汉娜实际上缺失的那部分，正构成了在“汉斯”（Hans）与“汉娜”（Hanna）之间的“那个差异”，亦即，对于“同一个名字”的男子气概与女性气质的形式：

> 不久以后，汉斯看着他七天大的妹妹洗澡。
>
> 他评论说：“但是她的小东西还是很小”，然后他又用安慰的语气：“当她长大了，它就肯定会变得更大。”

在此，弗洛伊德有一处值得注意的脚注。在脚注的开始部分，弗洛伊德记录了另外两个男孩在首次看到他们的小妹妹（我们必须假定，他们所看到的是她们的“生殖器”）时的类似言语。然后弗洛伊德告诫我们说：“有人可能会对孩子们在智识尚未成熟阶段就显露出此类堕落的征兆感到惊恐”，然而他自己却将性好奇视为精神生活的开始。他提问道：“为什么这些年幼的探索者们并不报告他们真正见到的东西，即，根本就没有小东西？”但是我们难道不应该认为，他们所看到的，乃是耻骨（*pubis*）吗？说他们“看到”小女孩并没有“小东西”，意味着她没有阴茎，是要确认一个可能的疑问：她是否能够用耻骨来小便——正如汉斯相信，人可以用下面/屁股来小便一样，这是一个针对人没有阴茎就不能小便的说法所进行的争论。

到目前为止，小汉斯所有的性探索都已经表明，他的父母都有小东西，亦即双亲都有用来小便的东西；不过，由于他们并不展示自己
20 的小东西，所以小汉斯不得不假定，它们与他自己的小东西类似。然而，到目前为止，这并不意味着他的小东西就是阴茎，亦即性差异的标志。尽管如此，弗洛伊德却还是希望将这位被其他人视为低俗的小汉斯，提升到哲学家的地位，因为他那关于本不存在的小东西的“错误认知”，其实来自于他良好的归纳能力，亦即只要是有机物就都有小东西。不过，弗洛伊德那小小的笑话，用意却更多地在于精神分析而非哲学上面。[1] 弗洛伊德并没有说，小汉斯“看到了”一个阴茎的原因在于，在无意识层面上，他不能承受“看不到”有一个阴茎在他所期待的“那里”，而且在小女孩那里所缺失的阴茎，会带来关于他自己的阴茎的可能命运[2]的不适焦虑感。相反，弗洛伊德将小汉斯的“性探索”，与大量关于小女孩的异乎寻常的生物学错误混淆在了一起。他说，小汉斯将一个小东西赋予他的小妹妹，作为对看不到某物的回应，其实是有道理的，因为实际上：

> 小姑娘们确实有一个小东西，我们称之为阴蒂，尽管它不会长大，而是永远保持矮小。（SE x: 11–12, n.3）

不过，阴蒂当然不是小东西——完全不是。它既不撒尿，也不射精——但是，*敬爱的弗洛伊德*，它确实贪吃。然而它并非是“矮小的”阴茎。《钱伯斯20世纪英语大辞典》（*Chambers Twentieth Century Dictionary*, Kirkpatrick, 1983）将阴蒂定义为“女性身上的阴茎类同物”。因此，对于阴茎来说，阴蒂就好比鲸鱼的鳍状肢，或者好比对应于鸟的翅膀的人类上肢——“具有相同实质的性质，在相关位置、一般结构与倾斜性上，都一一对应”！在此并未得到说明的是，尽管

① 详见弗洛伊德“小汉斯”案例中关于另外两个男孩、小汉斯以及冯堡学派的脚注。参见PFL (8): 175–176。

② 即弗洛伊德的阉割的典型状态。

阴蒂并不便于被观察，尽管有其“相关位置”，然而它的存在却并不会因此而受到质疑，正如阴茎不被其所有者看到，却并不意味着它不存在那样！在这种意义上，阴蒂或许会授予女性在精神方面的优势。但是，弗洛伊德与小汉斯一样，都将优越性授予了那个焦虑的阴茎，因为它能够“生长”。无论有多脏，小男孩们都比小女孩们更具发展性，因为他们拥有某种能够促使他们思考的东西。因此，小汉斯绝对不会像她的“小妹妹”那样“小”；而后者则由于她那“更小的”小东西，已经注定要成为配角。

弗洛伊德转而讨论了小汉斯父亲那幅关于长颈鹿的画（图 1.1）。小汉斯的父亲报告说，是小汉斯要求他草绘这样一幅带有小东西的画的。游戏再次开始了。父亲要求小汉斯自己来画，而这名儿童则以短短的一划为开始，后来又将其延长，并评论说：“它的小东西要更长一些。”在看到一匹正在撒尿的马时，小汉斯观察到它的小东西像他的一样，占据了同样的相关位置。在观察他三个月大的小妹妹，以及在检查了他的玩偶之后，他再次总结说，他们确实都有小东西，无论这个小东西有多么的小。令人惊奇的是，弗洛伊德再次将小汉斯视为 21
一位年轻的认识论学者。这位学者致力于发现有机物与无机物客体之间的范畴性差别；尽管玩偶是没有生命的，却也是“有性别的”。我们目前尚不知道原因何在。为了一个与哲学有关的玩笑，弗洛伊德忽略了小汉斯所关注的是在生命物之间的性差别，而非在生命物与无生命物之间的性差别。我们或许也会疑惑，为何弗洛伊德只字未提这对父母合谋向小汉斯掩盖那种他们期望他能够自己在街道上看到的东西——假定他的父母与动物类似，而他自己也与父母中的一位类似，而与另外一位不像。弗洛伊德并未对此作出说明，而是继续描绘小汉斯。他的方法是通过强调小汉斯的自体性欲而匡正那施加在他身上的“不公”。然而，为了做到这一点，弗洛伊德转而讨论了这个小男孩与其他那些年长于他的儿童之间的“爱的关系”。在这一过程中，小汉斯表现出了“一种令人吃惊的反复无常的程度以及一种多配偶制的倾向”——这一点是因为他把自己的玩伴称呼为“我的小姑娘们”；而当小汉斯抱着他那 5 岁的堂兄并且说“我是真喜欢你呀”的时候，他

图 1.1　小东西，SE: x: 13

又表现出了“第一次同性恋的痕迹”。弗洛伊德承诺要为小汉斯正名，然而却似乎将其打造成了“各种堕落的绝对典型”；弗洛伊德在此还继续讨论了小汉斯针对那些他所爱恋的女孩们强烈的“长距离之爱”，又或者是他那种“对待女孩子们的最富侵略性、最富男子气概和最为傲慢的方式，如热忱地拥抱并亲吻她们”。

22　关于小汉斯扮演成年人的游戏，弗洛伊德未置一词。弗洛伊德并没有评论小汉斯对于他所观察到的、在其父母之间的那种行为——这可能与那个关于鹳鸟的谜语有关——的模仿，弗洛伊德反而选择了在一个下流游戏中，作为一名成年人而与汉斯嬉戏。这一游戏在如下序列中达到了高潮：在这一序列中，通过在一出戏中戏的表演（在我们称之为“餐馆场景”的那段故事里，小汉斯在其父亲的教唆下，爱上了一个 8 岁的小女孩。在此，这段戏中戏在不经意的情况下得到了重复），小汉斯锁住了其父母的良知所在。一天晚上，当小汉斯被放到床上的时候，他问玛丽德是否能和他同床共寝。在这一要求被拒绝之后，小汉斯提议，她与他的父母一起睡，但是他也被告知，她只能和她自己的父母一起睡觉。小汉斯然后说，他要去找玛丽德，和她一起睡觉。在这里，他的妈妈对于他要离开自己床铺的这一危险，作出了如下回应：

> 妈妈："你真的想离开妈咪，睡到楼下去吗？"
>
> 汉斯："哦，我会在早晨再上来吃早餐并尿尿。"
>
> 妈妈："好，既然你真的想离开爹地和妈咪，那么就带上你的外套和短裤并且——再见！"（SE x: 17; PFL［8］: 180）

如此，小汉斯受到了他妈妈的以父亲之名而作出的（分离）威胁。此前，她还曾以阉割来威胁过他。弗洛伊德与这对父母保持一致，也支持他们"偶尔"让小汉斯与他们同睡一床的举动。不过，在评论任何儿童在此情况下都会感觉到的这一爱欲情感之时，弗洛伊德将小汉斯刻画成欺骗他的父亲或者母亲的形象[①]，并用一种极具伤害性的表扬，来结束了他自己的想象：

> 尽管他有了同性恋的开始，小汉斯在面对他母亲的挑战时，表现得却像个真正的男人。

接下来的两件事情表明了小汉斯是个"真正的男人"。一件是当他母亲在为他洗澡的时候，他徒劳无功地试图引诱他的母亲用手触摸他的阴茎，尽管她像往常一样，拒绝了他，因为"那样很肮脏"；而小汉斯更为成功的尝试则与他那富于理解能力（"穿透力"）的父亲有关——在外出散步的时候，他曾帮助小汉斯解开裤子，敞露出他的小东西，并由此明显建立起了他那同性恋性质的固恋。弗洛伊德通过小汉斯父亲的观察，总结了他对于小汉斯的"介绍"：到了 4 岁半的时候，小汉斯已经抑制了他那种早期在女孩面前的裸露癖，而且在看到他的小妹妹洗澡时，他会大笑不止。对于这一点，小汉斯解释说：

---

① 弗洛伊德在《小汉斯》一文此处的评论中，认为在此处"我想要玛丽德和我一起睡"的愿望背后，还存在着另外一个愿望：想让她成为我们家庭的一员。在 20 世纪 20 年代斯特拉齐就此处译文询问弗洛伊德时，后者确定地回答在此处的这段评论，来自于小汉斯的父亲。详见 SE x: 17; PFL(8) : 181。

23 “我在笑汉娜的小东西。”

“为什么？”

“因为她的小东西太可爱（*schön*）了。”

弗洛伊德留给我们的，是小汉斯父亲关于这一交换的反思：

> 他的回答当然并不坦诚。实际上她的小东西在他看来很可笑（*komisch*）。另外，这是他首次以这种方式认识到在男性与女性生殖器之间的不同，而不是否认它。（SE x: 21; PFL［8］: 184）

接下来，小汉斯的父亲报告了这名儿童对于美泉宫(Schönbrunn)动物园里动物行为的变化。他开始避开长颈鹿与大象，并且惧怕鹈鹕，反而热爱小动物。他的父亲如此向小汉斯解释后者的表现：他对于大型动物的害怕就是对于大的小东西的惧怕，这一点极有可能来自于他对于马匹的检视。然后父亲总结到，这只不过是因为大动物有大的小东西、小动物有小的小东西。这名儿童就此回应道：

> 汉斯："并且每个人都有小东西。并且我的小东西将要随着我长大而长大；这是确定的，当然是。"（SE x: 10; PFL［8］: 196）

在此，弗洛伊德解释道，小汉斯的回答并没有受到他对于那些小东西之惧怕的指引。恰恰相反，他们对于他来说，意味着一种令人愉悦的兴趣之源泉，不过，某种尚未得到解释的东西已经改变了他们的心理效价（valence），所以他的性研究，已经变得令他痛苦了。弗洛伊德认为，小汉斯的妈妈在他刚刚 3 岁半的时候，对他所作的阉割威胁，已经作为一种“延迟效果”（*nachträgliche Gehorsam*）而出现，显露在他关于其小东西会“长大到位”（fixed in）这一焦虑的表面，并由于得到了女性没有小东西这一“启蒙”（弗洛伊德似乎并未考察这一破碎的经验，尽管该经验似乎仅仅是由于父亲扮演医生的角色而出现的）而被强化。弗洛伊德随后描绘了小汉斯对于如下事实的抵抗：亦即有可能成为一只没有小东西的动物，亦即，不是男人，而是女人（*Weib*）。小汉斯抵抗了这一生命的事实，因为从阉割威胁的角度来看，这可能意味着他自己会被“制造”成一个女人。

案例史与对于恐惧症的分析

弗洛伊德通过小汉斯父亲的报告而重新启动了这一案例史。这名
父亲报告说，小汉斯已经发展出了一种神经性失调——害怕有一匹马
会在大街上咬他。他对于这匹马的庞大阴茎——小汉斯认为他妈妈也
有这样一个大阴茎——的直觉性害怕，如他父亲所推测的，明显植根 24
于“由于他妈妈的亲切温柔而引起的过度性兴奋”。然而，弗洛伊德
却并未理会当下的问题，而是对材料进行回溯性的检阅。不过，尽管
这位父亲也会抱怨小汉斯会在如此年幼的时候，就为他们出了如此的
谜题（*Rätsel*），然而弗洛伊德却对这位父亲对其妻子的行为百依百顺
的表现未置一词。在他 4 岁 9 个月的一天早晨，小汉斯哭着醒来。他
给出的原因是：

> “当我在睡觉时，我以为你走了（*fort*），我没有妈咪（*Mammi*）来抱我了（*Schmeicheln = liebkosen*）。”（SE x: 23; PFL［8］:186）

斯特拉齐的“哄”（coax with）[①] 这一翻译有些莫名其妙。我认为更好的翻译是“宠”（*pet*），因为在此所牵涉的，是小汉斯的回归、他妈妈对他的爱抚之证明，以及他从父母交流那里所学到的“甜言蜜语”。不过，只要他悲伤地表现出失去母亲的可能性，或者是他的父亲会离开，他妈妈就总是会将他带到她的床上。我们或许已经注意到了，这名儿童的“挽歌之作者”，已经在此将父母之去 / 来（*Fort/Da*）[②]，从他们的到来与离去之视角，转变为以永久失去父亲这一代价，而获得

① 奥尼尔在此使用的英文译本是由斯特拉齐所做的标准版英文译本，本句的译文是：“When I was asleep I thought you were gone and I had no Mummy to coax with.”

② 参见弗洛伊德在《超越快乐之原则》中关于一名儿童去 / 来之游戏的讨论。

对母亲的占有之经验。小汉斯害怕自己会在上街的时候，被一匹大马咬到。这一害怕只能被来自于他母亲的宠爱所安抚。与此同时，当与他母亲一起在床上的时候，他还告诉她说，那位曾见过她为他洗澡的姑妈说：

“他有了一个亲爱的小东西（*ein liebes Pischl*）。”

弗洛伊德在这里加了一个脚注。他在脚注中认为，此类与儿童的生殖器相关的甜蜜话语，是一种常见的行为。小汉斯还向他妈妈忏悔说：尽管有她的禁律，然而他还是会在每天晚上都将手放到他的小东西上。

弗洛伊德认为，我们必须要将小汉斯的马匹恐惧症，与他那失去母亲、失去他们所享受的宠爱之情的焦虑区分开来。汉斯的基本状态，存在于他对他母亲的深情里，存在于他对她的引诱中，也存在于对他自己阴茎的崇拜里——这一阴茎既得到了他姑妈的赞美，也是他再次向他妈妈所主动奉献的东西。他会失去母亲之爱的可能性，在他离开她的时候已经出现了，这就足以引发焦虑而与马匹恐惧症没有任何关系。能够证实这一点的，只有她将他带到自己的床上这一行为，尤其是当他父亲没有与他们一同待在那个度假房屋里的时候。现在，
25 汉斯甚至在他与他妈妈在一起时，也会焦虑。唯一能够解释这一谜题的方法是，我们假定这一抑制已经开始，然而他的渴求却依然存在，因此他的焦虑必然是从关于丢失母亲的可能性，转变为害怕被一匹马咬到。那么这一马匹恐惧从何而来？难道就像是小汉斯通过对于马匹与妈妈的小东西之比较所暗示的那样，马匹是妈妈的替代物？但是这样一来，我们就无法理解他为何要害怕这匹马晚上会进入到他的房间里。如果我们将这一点视为无稽之谈而加以放弃，那么我们也就不过是自作聪明的愚人罢了。然而神经症的语言绝非愚人之谈。我们也不会像家庭医生那样，将小汉斯的手淫视为其焦虑之源。这有点过于儿戏了。首先，焦虑并非来自于手淫，而恰恰来自于要打断这一习惯的企图。在小汉斯享受这一习惯一年多之后，这正是他要力图保持的习

惯。而从他妈妈的立场上来说，如果要责怪她过于溺爱孩子的话，那么我们还不如谴责她威胁自己的孩子呢。

弗洛伊德与小汉斯的父亲决定，应该告诉小汉斯那个马匹的故事是“无稽之谈”，他真正想要的，是被带到妈妈的床上。要告诉他，他对马匹的害怕是出于他对那些小东西的过度好奇心，而他已经认识到了这样做并不对。弗洛伊德还建议这位父亲，对他儿子的“启蒙”要到达如下的程度：告诉小汉斯，正如他能够从汉娜、从他的母亲，以及从所有女性那里都看到的那样，她们并没有小东西（*Wiwimacher*）。他则要在某个由小汉斯的提问所带来的恰当机会中，告诉后者这一知识。

一个月过后，小汉斯恢复了行走能力。然而，他还是会强迫性地去看马匹，以便受到惊吓，尽管在此前，他曾因为害怕而不敢观看它们。在一场流行性感冒让他卧床不起达两个星期之后，早先的恐惧复发了；这一恐惧症在他再次卧床之后，变得更为恶化。不过，这一恐惧已经变为担心一匹白色的马会咬他的手指。他的父亲认为，小汉斯不想去触摸的，并非是那匹马，而是他的小东西。小汉斯坚持认为，小东西不会咬人。（弗洛伊德的注解是，这名儿童对于［生殖器方面的］“我痒”的表达，就是“它咬我”）。汉斯与他的父亲继续尝试通过这名儿童的自慰行为来解释这一马匹恐惧症，父亲显然并没有告知小汉斯关于女性没有阴茎的这一主题。不过，在赖兹（Lainz）的某个宁静的周日散步中，当小汉斯感激上帝为他除掉了那些马匹时，那个“启蒙”的时刻终于到来了。他的父亲抓住这个机会，告诉他说：无论是他妹妹还是他妈妈，还是所有的女性，都没有小东西。

> 汉斯（停顿之后）：“但小女孩们怎么尿尿，如果她们没有小 26
> 东西？”
>
> 我：“她们没有像你那样的小东西。在给安娜洗澡的时候，你没有注意到吗？”（SE x: 31; PFL［8］: 194）

尽管这一消息似乎让小汉斯欢欣鼓舞了一段时间，但是他很快就做了这样一个梦，在梦中，他一边看着他妈妈的小东西，一边在进行自慰性的行为。弗洛伊德认为，尽管有着他妈妈的威胁，小汉斯还是拒绝放弃他那单一小东西理论（single widdler theory）；这或许是因为这名儿童仍有其他理由来质疑他父亲的故事。不过，这一切都不是构成小汉斯那个疑惑的来源。这个疑惑就是：假如女性没有和小男孩一样的小东西，那么她们应该如何来尿尿呢？。那个成人的故事，并没有区分尿尿、自慰与性交之间的区别。因此，这位“婴儿”卡在了一种早熟之性的属性方面；在这一阶段里，这一小便的仪式性或神秘性，或许对于这位婴儿理论家来说，全都至关重要。虽然弗洛伊德建议告知小汉斯小女孩们没有小东西（*Wiwimacher*），然而这一告知也只是加剧了他的疑惑，即如果她们在小便的时候，手中一无所有，那么它们用什么来“小便”（*Wiwi*）呢？

从该父亲的报告中可以看到，接下来就是小汉斯的长颈鹿之梦，以及这位父亲与其儿子共同解决它的努力：

> 在夜里有一只巨大的长颈鹿在房间里，还有一只皱巴巴的；那只大的叫了起来，因为我从它那里取走了皱巴巴的那一只。然后它停止了叫声；然后我坐在了那只皱巴巴的上面。（SE x: 37; PFL［8］: 199）

父亲认为，这是一种由这些动物所出演的幻想（在汉斯的床头，有一些关于长颈鹿与大象的照片），而事实上，这一幻想所表达的，是小汉斯有能力绕过他父亲的抗议，而让妈妈将他带到她的床上——而妈妈的生殖器，正是他想要去玩弄的。弗洛伊德补充说，除了那个他通过坐在妈妈身上以占有她的想法之外，这个梦还表明，小汉斯的“胜利”（*Sieg*），就在于挫败了他父亲阻止他占有妈妈的企图，尽管他可能还担心他妈妈会因为他的小东西“比不上”（斯特拉齐的译文是“无法与其相提并论”[①]）他父亲的小东西。不过，这仍然无法

① 本书作者的译文是“no match for”；斯特拉齐的译文是“not comparable to”。

解释马匹恐惧症。对于该恐惧症的理解，要等到他们（父子）访问弗洛伊德办公室的那一次，当弗洛伊德“玩笑式地”询问小汉斯那匹大马是否戴着眼镜的时候。小汉斯说，“没有”。不过，当问到他父亲是否也戴着眼镜——他父亲确实戴眼镜——时，他的回答也是“没有”。弗洛伊德然后问他，是否“在那匹［马的］口鼻周围的黑色”是指他父亲的胡子，也就是暗示其实他所害怕的，正是他的父亲，因为他非常喜欢他妈妈。他证实说，汉斯没有必要害怕他的父亲。他父亲是爱 27
他的，而且他的父亲“在他来到这个世界很久以前就知道”，小汉斯会爱他的妈妈，并会因此而害怕他的父亲。但是他的父亲打断了弗洛伊德，问小汉斯，既然自己从未苛责过他或者打过他，那小汉斯为何会对他感到愤怒。汉斯提醒他说，有一次当自己用头撞了他腹部时，他曾打过他。不过，弗洛伊德在下文中忽略了关于腹部的象征性或对其的元评论，而是沉浸在了对于小汉斯之疑问的喜悦里——就是那个关于弗洛伊德是否会跟上帝对话并由此预知事情的疑问。假如弗洛伊德并没有一开始就在他那玩笑式的自吹自擂中，向汉斯暗示了答案的话，那么弗洛伊德在从这位幼儿那里听到这一说法时的喜悦之情，就完全可以再加上自豪之心。无论如何，从这一次开始，这位父亲开始按照弗洛伊德预先设定好的建议来照顾汉斯了。

这位父亲的报告，仍然基于他自己的解释框架，亦即他是小汉斯所害怕的那匹马。小汉斯害怕他，虽然他爱自己的父亲，可是他想要完全占有他的母亲。每当公车到来，每当他的父亲要出远门去公务旅行时，他都会非常高兴。

> “爹地，不要从我这里驶走（trot away）！”
>
> 我很吃惊他说的是“驶”而非“跑”，并回答说：
>
> “哦嗨！所以你害怕这匹马从你身边驶走。”对此他笑了起来。（SE x: 45; PFL［48］: 207）

然后他父亲报告了一些细节，甚至还提供了一份关于装卸台的草图（图 1.2）。从这一站台上，汉斯能够看到拉车的马匹们来来去去，而

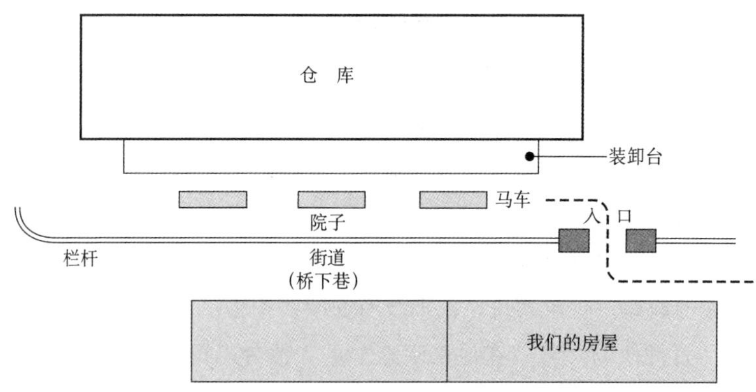

图 1.2　仓库（SE x: 46）

28 且父亲也注意到，汉斯会特别害怕大一些的马车（*Wagen*），尤其是当这类马车起步、加速、返回或者离开食品税务局仓库的时候。

他认为，小汉斯害怕马车的移动，是希望在父亲离开时，自己可以被留下，以便占有他妈妈的欲望的表达。借助草图，他认为，汉斯害怕当自己要从车上跳到卸货台上去玩耍，也就是摞起那些盒子的时候，马车会驶离，其实是一种"对于某些其他愿望的符号性替代"；"那位教授"能够对此给出更好的理解。接下来的提问表明，在拉货车的马匹中，最令小汉斯害怕的，是那些嘴上有着"黑色东西"的马（图 1.3）：

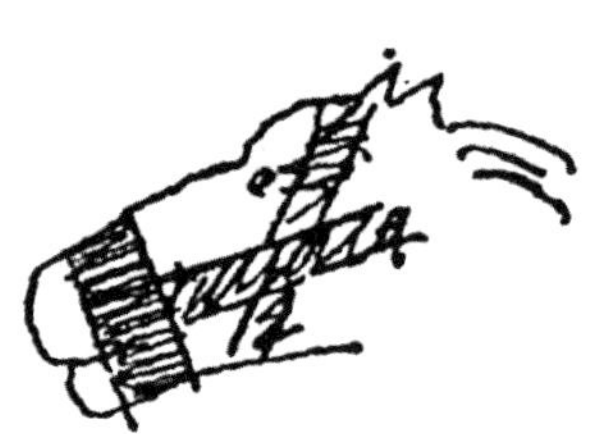

图 1.3　马的头部（SE x: 49）

他非常担心这匹拉着沉重货物的马会跌倒，"用蹄子乱踢"（*Krawall*），或许还会死掉。弗洛伊德在此处同意他的父亲，也认为在这一扩散性的马匹恐惧症的背后，是一种关于他父亲死去的愿望；不过，他还是让我们耐心等待，以发现这匹跌倒之马的马腿在空中乱踢的重要意义。

小汉斯开始扮演马匹，甚至像一匹马那样跺脚——这是他在愤怒而非游戏的时候，和在必须要用便壶来小便的时候的表现。至此，治疗似乎进展不利。弗洛伊德预感到他的读者们会感到无聊，就宣称说，在这里的分析之后，将会有一个高潮，小汉斯就要显露真章了。汉斯接下来的故事是与他妈妈的“内裤”（女裤）有关的。它们让他大为恼怒，并且往地板上吐唾沫。他父亲在一个先前的场景中，曾经将“黄色的”内裤与黄色的粪便（*lumpf*）联系在一起。但是小汉斯仅仅对“黑色的”内裤感到恼怒。与他妈妈有关的谜题，让他将她与厕所联系在一起。在厕所里，他乐于看到妈妈脱下内裤来大便。汉斯继续将自己认同为马匹，并将某些关于马车与马的游戏和其他的孩子们联系到一起。在这些游戏中，他通常扮演“马”，并且会被“因为这匹马”（‘cos of the horse’［*Wegen dem Pferd*］） 29
的表达方式所激怒，在这一表达方式中的，“因为”（cos, *Wegen*）会被他听成“马车”（cart, *Wagen*）。弗洛伊德并未追究与“腹部”（*Magen*, the stomach）有关的关联，尽管汉斯曾用头撞过他父亲的腹部——他可能是在以自己的方式来模仿他所理解的父亲为了制造孩子而对待母亲的腹部的方式。妈妈和爸爸在一起的话，当然就像是马匹和马车那样。问题是“怎样”，尤其马还要走在马车的前面！但是小汉斯的理解似乎是，马车或许也能够合理地走在马匹的前面——在装货的时候。再来看小汉斯对他妈妈的内裤的调查。小汉斯的行为，尤其是他的“吐唾沫”（spitting, Spucken, Speien）的反应，以及这一反应的言外之意，即射精或呕吐，都并未得到评论，尽管这一行为揭示了他对其父母之秘密的模仿。在这里，弗洛伊德牺牲掉了汉斯对于研究与行动演示的结合，以便迎合他自己的戏剧学理论。在这一理论中，弗洛伊德将汉斯刻画得在整个内裤事件中都“掩饰”自己，以便隐藏他在那些恶心行为中所获得的快感。在这一点上，汉斯提供了如下的解释：

> “我吐唾沫是因为黑色内裤的黑色，就好像便便，而黄色的像小便，然后我就想我必须要小便。”（SE x: 63; PFL［8］: 224）

汉斯的父亲研究了他的质疑。但是这一研究所获甚微，不外乎是汉斯将“乱踢”（*Krawall*）——不要忘记那匹马用脚以及他自己用脚踩的方式所做的踢踏——与冲刷厕所中的大便以及与小便的流淌关联到了一起。弗洛伊德在此处插话，告知读者，这位父亲由于询问了太多的问题，而一无所获。

在 4 月 11 日，小汉斯进入了他父母的房间，并且像往常一样被送了出来。他后来报道说：

> “爹地，我想到了某些事情：我正在洗澡，然后水管工来了，并把螺丝拧开了。然后他拿着一个大的钻孔器，并戳进了我的肚子里。”（SE x: 65; PFL［8］: 226）

与此相关，汉斯还记得他的另外一种不快，即在洗澡的时候必须要坐下或躺下，而不能跪着或者站着。他对此的解释是，他担心妈妈可能会让他的头落入水中，而他父亲的猜测则是，他可能是在期待他的妹妹汉娜也遭受这一命运。后来，汉斯表示，他担心汉娜可能会从阳台上跌落。由于某位分离派金属工人（*Schlosser*）的不实用的设计，阳台上有巨大的空隙，以至于父亲不得不用金属丝将其填充起来。他妈妈设法让他承认，他不想再有个小妹妹。这样一来，事情就更为清楚了，汉娜就是他所沉迷其中的“大便”。更为明确的是，他一直都在
30 四处搜寻——在皮包里、盒子里、车厢里以及在厕所里搜寻，以发现婴儿是从哪里来的，因为那个鹳鸟的故事从未让他满意。他关于汉娜出生的回忆，即汉娜在床上躺在妈妈身旁，也被提了出来。比较起那个流行的影射——也就是他的动机主要是乱伦性质的，结合着针对他父亲的谋杀行情感，这一回忆有助于我们更好地理解他自己的欲望。弗洛伊德认为，汉斯被生与死之谜所困扰。不过，这当然是弗洛伊德自己扎根在俄狄浦斯故事之中的理论。

与此同时，小汉斯继续着他的奇幻旅程。在旅程中，全家人和在一个盒子（*Kiste*）里的小汉娜，坐在一辆由马车夫或者是他自己所驾驶的车上，而汉斯则和他的妈妈坐在马车里面（Broser, 1982）。这个故事当然令他父亲困惑不已，因为这位父亲试图通过将自己认同为

马，而找到自己在其中的位置。在这一点上，弗洛伊德认为，这一盒子—幻想可被视为对鹳鸟故事的评论。

> “如果你真的期望我相信鹳鸟在 10 月带来了汉娜，然而早在夏天，在我们去格姆登旅行的时候，我就已经注意到了妈妈的肚子有多大，那我就也期望你相信我的谎言。”（SE x: 70-71; PFL [8] : 231, 楷体为弗洛伊德本人所加）

汉斯与他的父亲探讨了在鹳鸟故事中的种种矛盾之处，尤其是这只鹳鸟如何在不被人发现的情况下，进入屋里或者是从烟囱里下来，将婴儿放到小床上或是妈妈的床上。由于让事情发展到了这一程度，而且父亲也受到了精确的“打击”(*frotzeln*)，弗洛伊德坦言，他忘记了告诉父亲，小汉斯可能会通过自己那肛门生殖的婴儿理论，来进行他的性探索；而他对于排泄物的兴趣就反映出，他将大便等同于婴儿及其起源了。因此，弗洛伊德本人批评这位父亲迄今为止仍然无法阐明他儿子的案例。然后就是两人之间长长的对话，小汉斯向他父亲表明了自己的欲望，也就是殴打他妈妈的下面（*Popo*），因为她曾经威胁过要这么对待他。这大概是汉斯的另外一种策略，以求从她那里发现怀孕妇女（*gravide*）的秘密，而不仅仅是一种虐待狂的表现。我相信，对于小汉斯的性探索与挫折的情境来说，这后一种讲法过于强烈了。有趣的是，怀孕（*gravide*）这个词与格拉迪瓦（迈着轻盈脚步的少女[①]）这个词非常接近。格拉迪瓦当然是一位保有童贞的未孕少女，这也反过来提醒我们注意弗洛伊德关于他自己母亲那纤细身材（至少是在各个孕期之间）的想象。以同样的理由，小汉斯的大部分恐惧与针

① 格拉迪瓦，Gradiva，是新雅典 (Neo-Attic or Atticizing) 风格（公元前 2 世纪兴起，至 2 世纪达到顶峰）浮雕作品的典范。浮雕的主题是一位正在走路的妇女。德国的剧作家与小说家威廉 · 延森 (Wilhelm Jensen，1837—1911)，在 1903 年发表的小说 *Gradiva: EinpompejanischesPhantasiestück* 之中运用了这一形象。1907 年，弗洛伊德发表了对于这部小说的分析 *Der Wahn und die Träume in W. JensensGradiva*（1907），这也是他在《释梦》里的部分章节之后，首次发表对于文学作品的分析。弗洛伊德拥有一份格拉迪瓦的浮雕复制品，并将其悬挂于伦敦寓所的书房墙壁上。

对他父亲的愤怒，都代表了他要努力将父亲置于那个“怀孕情结”
31（*Graviditätskomplex*）之中，尽管他已经有了那个鹳鸟的故事，尽管他的父亲曾声明过，他从未给过汉斯任何对自己愤怒的借口。

小汉斯不得不努力想方设法地去破解生命的秘密，因为他的父母向他隐藏了他本已准备好了去接受的诸种关于生命的事实。他们越是拒绝对他进行性启蒙，他就越是用尽方法模拟各种双亲期望他所作出的发现。所以，他会将直接的外科手术和鸡与蛋的故事结合在一起；方法就是直接切开橡胶玩偶，以检查其内部，与此同时联想起他在格姆登的时候，在其他儿童面前扮演一只小鸡，还有他们如何在寻找鸡蛋的时候，发现了一个小汉斯！不过，小汉斯仍然困惑不已的是，他的妹妹汉娜是属于他，属于他妈妈还是属于爸爸？父亲告诉他，汉娜属于他们大家，同时并没有告诉他性关系的本质以及女性生殖器的情况，结果只能让他继续一头雾水。所以，最终，他的父母在“特定的程度”上向他解释，儿童都在他们的妈咪身体中成长起来，并且是通过被挤压的方式来到这个世界的，“就像大便一样”，但是非常痛苦。小汉斯对此的回应是，从另外一个方向来提问，父亲是如何在生产婴儿的过程中行使他的职责的。双亲的神话再次提防住了这些问题，而只是回答说：只有当上帝想要一个婴儿的时候，妈咪与爹地才会有婴儿。小汉斯再次回到了他的幻想之中，也就是当一名带着幼儿的妈妈，以免他们替换掉他与他作为妈妈的长子而体验到的美妙时光。以类似的方式，在他与装载盒子和卸下盒子有关的幻想中，他已经表演出了他那关于婴儿是如何从妈妈那里出来的幼儿式理论，尽管这一幻想还与他那排泄物式生殖的假设重叠。但是，有一天，在花了许久的时间宣称他是他那些小孩子们（他的玩伴们）的妈妈之后，他告诉他父亲，他的妈妈才是他们的妈妈，而他的爸爸是他们的祖父，又补充说：有一天他会长大，并且会像他父亲那样有孩子，而父亲的妈妈会成为他们的祖母：

> 这位小俄狄浦斯已经发现了比命运之预定更为快乐的解决方法。他没有将他父亲踢出局，而是为他提供了自己所欲求的同样快乐：他把他变成了祖父，并且也让他与他自己的母亲结婚了。

（SE x: 98; PFL［8］: 256）

由于将俄狄浦斯之谜化解为一种跨代际的繁殖之律法，小汉斯进而制造出了两种想象，以便将他自己的管道工程与他的性探索结合在一起：

> 水管工人来了；开始他用一对钳子（*Zange*）取走了我的 32
> 后面（*Podl*），然后给了我另外一个，然后同样是我的小东西（*Wiwimacher*）。（SE x: 98; PFL［8］: 257）

几天之后，小汉斯的妈妈给弗洛伊德写信，以表达她对小汉斯之康复的喜悦之情（*Freude*）。一周之后，他的父亲又补充了一份后记。在后记里，他指出了几处不那么重要的事实，并强调了当时的焦虑发作是多么的严重：若非如此，他们本来可能只会通过痛揍他一顿的方法来让他走出去。总而言之，他的焦虑似乎被移置到如下这种性情倾向里：询问事物是如何被造出来的，而他则仍然对父亲和儿子之间的关系感到困惑。关于这一点，弗洛伊德补充说：小汉斯在“水管工幻想”里已经由于阉割情结而解决了这一焦虑。但是，至于其余的问题，这位年轻的研究者仅仅发现，无论问题解决得有多么早，“所有的知识都是拼凑物”，每一次的回答都会留下有待解决的疑问。

将马车放在马前面

弗洛伊德对于案例材料的总结性分析构成了第三部分的扩展性“讨论”。这些讨论围绕着三个论点组织起来。第一个部分主要是互文性的分析，如果对《性学三论》（*Three Essays on Sexuality*，1901—1905）一无所知，那就无法彻底理解这一部分。弗洛伊德声称要就小汉斯的案例来检验他早先的发现，而我们则要尤为注意弗洛伊德对他自己案例的讨论。在第二个部分里，弗洛伊德评价了这一案例材料在一般意义上对理解恐惧症行为的贡献。在最后的部分里，弗洛伊德考察了小汉斯的案例能够为我们理解一般意义上的儿童行为与当今的教育实践提供何种教益。

在第一个部分里，弗洛伊德认为这一案例与他此前的发现完美吻合。但是，弗洛伊德并未考察，这一案例在多大程度上揭示了在他的理论性视角当中那冥顽不灵的偏见，而是在致力于反驳汉斯是一个“道德败坏的”儿童的判词——这些批判之词认为，这个精神分析所能够表明的，不外是弗洛伊德经由父亲而灌输给某位易受影响的儿童的“诸种偏见”而已。弗洛伊德回复说：这些讨论的基础是对于在此发挥作用的“暗示”这一概念的含混理解，此外还牵涉了关于儿童的易感性（impressionability）的沿袭成见。他认为，在儿童与成人之间没有太大的区别。原因在于，无论他们是谎话连篇、表里如一还是过于放纵自己的想象力，从精神分析的角度来说，重点在于这一行动
33 在其经验的整体经济中的分量。这一经验的整体经济功能，就是要在被报告的那些经验的特定阶段里，制造内部的检查与平衡：

> 在精神生活中不存在随意性。

因此，不可能根据在某一阶段所出现的那些荒诞不经或性倒错的因素，来判断某位儿童或成人的整体特性。这些因素可能会发生在任何人的生命史当中，其意义只能通过案例史分析的方法才能辨别。当然，无意识的发现意味着在病人的所说与所思之间会发生分裂。然而，这并非有意的欺骗，而正是精神生活牵涉进了无意识进程的标记。这些无意识的进程反过来又是决定我们在社会中的命运的必要经验。可以说，它们是家庭生活的材料，我们所有的人都必须要以某种“被给予的”性来与之打交道。尽管关于这种性的意义，正如我们从小汉斯的案例中可以看到的，也只能被赋予或者“学到”。

至于有的反驳意见认为，有必要告诉小汉斯那些超出了他那独力表达能力的事情，弗洛伊德则回复说：只要它牵涉了背离“他者”，

那这就是一种位居于神经症之本性中的界限。结果是，这位病人无法自己走向“我们”想要他去发现的东西，除非是我们介入到他呈现给我们的材料之中，以指导他发现那些无意识进程，并由此减少他的内在冲突。因此，弗洛伊德承认这一干涉的效果，但却认为这是为了实现治疗效果而必须要去做的：

> 因为精神分析并非无偏无倚的科学研究，而是一种治疗方法。

弗洛伊德坚称，尽管小汉斯不得不同意两位稍微有些不那么协调的分析师的意见，然而他却独立发现了那个水管工幻想以及“大便”之谜与他自己那与“阉割情结”有关的性发展之间的恰当关系。不过，弗洛伊德并未做进一步的辩解，因为没有必要再去劝说那些并不相信无意识进程是一种客观实在的人——弗洛伊德是基于一种“快乐的知识”而作出这一决定的。这就是他认为相信无意识进程乃是一种客观实在的人的数量，正在稳步增长。所以在这里，弗洛伊德的儿童科学开始蹒跚学步，自信地向其科学上的“他者”转过身去，以便专心探究它自己的泥巴 / 势力范围（turf）。

弗洛伊德再次重构了小汉斯与小东西有关的思考。小汉斯的假 34
设是，小东西的出现区分了有机的生物与无机的客体，而小东西的大小，则与生物的大小相对应。因此，成人与大型动物有大的小东西。然而，弗洛伊德对于小东西在生殖与小便这两种功能方面的区分未置一词。而只有作出了这种区分，小汉娜和妈妈才会有与阴茎无关的尿道，并且小便。同样，弗洛伊德过分强调了小汉斯对于他自己的“小东西”的兴趣，而并未指出这一“阴茎”同时具有小便与射精的功能。在这里两性之间的不同，并不是两性之间的所有区别。但是弗洛伊德通过忽略此类区别，而将小汉斯塑造成一名性早熟的儿童。当弗洛伊德忽略了两性之间的交配功能，而不是忽略了小汉斯想要与他父母睡在一起的自体性欲的影响之时，小汉斯就时而呈现出“同性恋”的危险，时而具有“多妻制”的倾向了。弗洛伊德沉溺于这样一种戏剧性反讽效果里，也就是将小汉斯塑造成了一位“性的探索者”，并通过自慰来获得自我满足，直到他解开了人类之性的秘密。然而一个人无法完全从这种被性化（being sexed）的困境里抽象出性的问题，因为这一困境必然会使得幼儿在提出“婴儿们从哪里来”这一存在论问题的同时，提出“父母们是如何性交”这一性科学的问题。将这两个问题完全分开，就会否认在它们之间的无意识关系。不过，在重建这一关系的时候，必须要注意不要投射（罪恶的、性倒错的）知识，它们只能导致副作用。事实上，这就是弗洛伊德所发现的“后遗性”（*Nachträglichkeit*）的实质，这一“后遗性”行动的历史，会在儿童性发育的过程中，要求一个重建的阶段。在这里的部分关键点在于，这对“非常优秀的”父母（分析师），知道不能用性的问题来覆盖这名儿童的问题——直到时机成熟为止。然而弗洛伊德更乐意破坏他那更好的知识，以便增加他这份小故事的趣味性。在这里，正如在其他地方一样，弗洛伊德牺牲了诊所的精确性，以照顾其戏剧性或者文学性效果。因此，当他将小汉斯描绘为一位向其父母表达了他“遗憾”从未见过他们的小东西的孩子时，弗洛伊德是将一种成人心态赋予了小汉斯，所以这一心态才能去思考一种（不）可能的经验——就好像错过的是没机会看到尼亚加拉大瀑布一样，或者是另外一种只要坦诚就会很容易被实现的愿望一样。由于沉溺于这一效果，他努力在这样一种
35 论证中来实现它：小汉斯的所有早熟性，都包含了他需要在与自己的身体的比较中来理解这个世界的需要之中。然而，他从未完全从小汉斯的性好奇以及一些小小的快感之中，区分出后者那具身化的好奇性。小汉斯有时会为了这些小小的快感，而故意用自己的“研究性阴茎”来探索他妈妈的身体，并与此同时戏谑性地重提这一在手的问题。

尽管汉斯有着强烈的自体性欲，而且还只熟悉男性的生殖器官，然而弗洛伊德注意到，汉斯同时向小男孩们和小女孩们展示出了情感，并且在“多妻制”方面的倾向要略微多于同性恋。弗洛伊德再次牺牲掉了小汉斯的生命史，以成全他自己关于人类历史会在每个个体的各个发展阶段中重复的想象。他的目的，当然是要将这一儿童的初期行为，安置进一个从原始社会发展到文明化状态的连续性历史里。在这一进化修辞的光怪陆离部分之外，它仅仅致力于说明了如下一

点：一旦儿童在与他妈妈共眠，并因此而被唤醒了皮肤触觉［即摩尔[1]所说的“接触欲”］之后，他就会想要与女性同床共寝，以重复这种“极乐感觉”。弗洛伊德的进化论修辞学，比起摩尔的系统命名法来毫无优势。弗洛伊德对这一系统命名法敬而远之，但是他却绝不会因此而产生使得幼年老成或者是成年人幼稚的拟科学的效果。

对于弗洛伊德来说，具有实质意义的是，将小汉斯塑造成为一位普适性的儿童，也就是说，塑造成一个生活在我们之中，或者是我们每个人都曾经是这样子的一个儿童。所以，他再次宣称，汉斯的案例证实了他自己早先的俄狄浦斯理论，而事实上，他所针对的是他对于小汉斯的初次评论，所以他不过是在自我重复而已！

> 汉斯不愧为一名小俄狄浦斯。他想要让他的父亲“出局”，想要干掉他，以便自己可以单独与他那美丽的母亲相处，并与她同床共寝。（SE x: 111; PFL［18］: 269）

这一假设的基础是弗洛伊德的失语。汉斯希望他的父亲离家旅行，以便他能够与妈妈独处。而弗洛伊德则将这一愿望诋毁为一种针对父亲的犯罪愿望（要求建构无意识），其目的不仅仅是要与妈妈在一起，而且还要与她做爱。在为精神分析而对小汉斯做了如此宣判之后，弗洛伊德将他送回社会，声称他并不是一个坏小子，反而是一位心地善良、充满爱心的小男孩，即使他偶尔会对他所爱的人表达愤怒并具有攻击性，他也与其他人没有任何区别。为了说明这一点，他编织了一组错综复杂的故事网，其中的每一个故事都与妈妈有关：

（i）俄狄浦斯的故事； 36
（ii）小汉斯的案例；
（iii）作为小俄狄浦斯的小汉斯。

① 阿尔伯特·摩尔（Albert Moll），1862—1939，德国心理学家，现代性科学的奠基人之一。

“人的感情生活通常是由数组矛盾所组成的……”因此，小汉斯对他的父亲或者妹妹同时具有爱和恨的感情并不罕见，因为事实上——并非仅在故事里——每个人都由爱恨交织的矛盾性思想与情绪构成。为了说明这一点，弗洛伊德又做了如下的引用：

> “事实上，我并非故事里虚构的完美角色；
>
> 我是人，有着人所具有的全部矛盾。”（C. F. Meyer, 1872, XVI, ‘Homo Sum’）

小汉斯致力于保卫的，是他对于他妈妈之注意力的幸福独享。他妹妹的出生让他失掉了原来的地位。他开始寻求重新抓住他妈妈，要谋杀他的爸爸并且在娶上妈妈之后，过上幸福的生活，身边围绕着自己的孩子。

至于汉斯的马匹恐惧症，其实属于“焦虑性癔症”，弗洛伊德指出，这其实是儿童期最为常见的神经症。与其相伴出现的，通常是某种不易破除的恐惧症。小汉斯是幸运的，因为他的父母是通过精神分析的方法而非任何其他简单粗暴的教育法，来协助他发现那潜伏着的被抑制之物的。弗洛伊德担心这一案例史过于冗长且含混不清，因而会让读者们无法忍受，所以他回顾了其主要的事件。我们有必要认真讨论在小汉斯的恋母和转向与妈妈有关的焦虑这二者之间的情结。无论马匹恐惧症的可能性动机，是在于对手淫行为的惩罚还是对于双亲的矛盾性情感，小汉斯将焦虑展示在马匹之上的努力，似乎都来自于他妈妈那阉割威胁的后遗症效果。而这一点又在治疗过程中，通过告诉他女性没有小东西而被加重了。弗洛伊德为这一治疗性的退步进行辩护，理由是精神分析的主要任务就在于，运用它自己的诠释性语言（*Deutekunst*），将无意识的进程带入到意识中来，尽管这一诠释性语言，部分来自于该病人所使用的表达——否则就无法有效帮助他从自己的无意识里发现那个“抛锚停泊”（*where it is anchored*）的无意识情结了。因此，小汉斯才能够在不久之后，生产出他的长颈鹿幻想，以及那些违反律法的幻想。所有这些幻想共同揭示了他针对母亲的乱伦性欲望和要除掉父亲的欲望，或者是想要让父亲作他的同谋的欲望。

在汉斯的“关于性交的符号性想象”的基础上，弗洛伊德冒险对 37
这个孩子说：他在期望他的父亲死去。因为那匹马以及它不堪重负而跌倒的可能性所代表的，正是他那（戴着眼镜的、有着黑色胡须的）父亲。弗洛伊德再次为精神分析在疾病发展到这一阶段时所做干涉的恶性后果进行了辩护。他认为，在抓住并且绞死盗贼之前，必须先要画出盗贼的样子来。因此，他对于案例材料的“夹叙夹议”使得我们注意到了在那决定了小汉斯的无意识进程的母性乱伦背后的弑父。因此，我们也就可以看到，在这个孩子专注于“大便”的现象里，存在着一种在重负的马车与他自己憋住大便然后排泄的身体之间的类比。我们还可以说，这一点再加上他对小东西的兴趣，小汉斯可能是带着某些快感在模仿“宝贝进来，宝贝出来”这一更大的事件。我认为，这一点可以让我们将水管工幻想联想为生殖幻想（*Zeugungsphantasie*）。虽然弗洛伊德坚持认为，水管工幻想已经被阉割威胁所扭曲了，然而他解读这一幻想的角度，完全是阴茎功能以及当这名孩子在家庭的生殖秩序中失位时该功能的攻击性复现：

> 汉斯想象自己身处其中的一大浴盆水，是他母亲的子宫；那个被他父亲在一开始认为是阴茎的“钻头”，是在与“被生出来”的关联中才被提及的。我们被迫对这个幻想所做的解读听起来当然很奇怪：“你用你的大阳具‘钻’我”（即，“把我生出来”），“并把我放入我妈妈的子宫”。（SE x: 128; PFL［8］: 285）

从生殖想象出发，弗洛伊德现在让我们看到了汉斯的兴趣在于负重的事物，而它们的溢出或者清空则至少代表着一种对怀孕的妈妈与行将死去的爸爸的同等关心（*der Graviditäts Interesse*）。这一点在小汉斯的坚持里可以看得更为清楚。小汉斯坚称，汉娜曾经与全家一起旅行，甚至在她出生前的那年夏天就已经如此了……“与他正式的表达完全相反——在他的无意识里，他知道这个婴儿从哪里来，以及此前她在何处”……这就是为何他如此蔑视他父亲的鹳鸟故事，以及为何要戏弄和殴打那匹老马的原因。事实上，汉斯甚至可以用他的玩偶制作出一个横面截图，以向他的父母表明他们关于生育的排泄理论不过如此！在许多符号性的“行动”如敲打马匹以及与他所心爱的橡胶玩偶（Lodi）玩耍之外，小汉斯最终交出了一份“结构性分析”，也就是通过让他的父亲与祖母结婚，以便他自己可以与妈妈结婚的方
38 式，以解决他的俄狄浦斯情结。弗洛伊德宣称：“伴随着这一幻想，他的疾病与分析都达到了完美的结局。”

然而弗洛伊德并未结束他的案例分析，反倒是就此进入到了他特有的故事讲述的高潮。他将这一快乐一直留待此刻。这一时机表明了他才是这一案例史的掌控者，他会根据自己的观看时机，保留或者释放出他的材料，由此创造出又一部艺术 / 科学的作品。在这样的作品中，没有人能够否认，精神分析就是弗洛伊德的孩子。

我们现在可以想象，小汉斯在大约 4 岁至 4 岁半之间，被迫从他父母的房间里“流亡而出”，饱受了失去母亲那全部之爱的痛苦，以及他自己被新出生的妹妹汉娜所取代的痛苦。由于先前在父母床上的快乐被摧毁了，甚至他在暑假期间的小伙伴们也都不见了，小汉斯只能用玩弄自己的小东西的方式来安慰自己。在维也纳孤身一人的小汉斯，开始思考孩子们从哪里来的伟大谜语——这个谜语的重要性并不亚于忒拜的斯芬克斯之谜。他已经注意到，妈妈的体型在分娩之前膨胀了起来，而在分娩之后又变得苗条了。这使得鹳鸟的神话毫无意义。因此，他首先假定，孩子们是粪便（*lumpf*），是从人的下面来到这个世界上的——这是令人享受的一件事情，而且也让人有理由相信，一个人自己就可以生孩子。但是小汉斯的这一生殖幻想被其他的事情干扰了。那就是他父亲宣称，这两个孩子都是他的，即使他们都是经由妈妈的那里来到这个世界上的。在这一点上，小汉斯怀疑他父亲所编造的鹳鸟神话，是为了保卫自己在妈妈床上的位置，因为他显然会嫉妒小汉斯出现在那里，想要保留住那个心爱的位置，而那正是小汉斯在他离开的时候，所享有的地方。小汉斯当然也热爱他的父亲，因为他会陪他玩耍，会照料他。然而，他更爱他的母亲，并将他的父亲视为情敌而痛恨他。如此，小汉斯就身陷于这样一种冲突里：

他对父亲的痛恨被抑制了，而持续出现的是他对母亲的爱。他也感觉到，他父亲关于孩子起源的知识，与他的那个大东西有关——因为只要有了某种进入到妈妈身体的念头，他自己的小东西就会变得兴奋起来。将他推向“阴道假定”的感觉会让他浑身颤抖；然而他却退缩了，因为他早先关于妈妈的小东西的假设阻碍了他对事物的理解。因此，他要与妈妈做爱的欲望以及他对父亲的仇恨，都潜入了他的无意识，并同时在情感上与智识上，都让他无能为力。

这就是我们在讨论马匹恐惧症之前，对于我们的“小俄狄浦斯”
所做的必要诊断性刻画。马匹恐惧症可以通过许多种因素来进行探 39
讨。他的朋友弗雷泽（Fritzl）在扮演马匹时受伤与投射到他父亲身上的死亡愿望之间的关联，并不是充分的原因，我们还需要讨论小汉斯与他妈妈分娩有关的情结——它重新塑造了马匹恐惧症。因此，我们很难将他惧怕马匹会咬他的手指，与他妈妈威胁要割掉他的小东西区分开来，因为这两者都反映了他对母亲的欲望亦即对父亲的仇恨。但是在小汉斯的案例中，胜利（*Sieg*）偏向了抑制他那作为 / 扮演马匹之愉悦的一方，所以他限制了自己的行动，原因在于这些行动有着黑暗的、爱欲的一面。他只是让自己与所爱的妈妈共处一室，以此保持他那早期的热恋。

在弗洛伊德所宣布的“成功”之中，为他自己庆祝的成分至少和为小汉斯庆祝的成分相当（西格蒙德，胜利的口气[1]）。然而，他却从未宣布个人性焦虑的最终阶段是什么，唯恐他的结论会滑向阿德勒（Adler）。在这种情况下，弗洛伊德的所有成就，就是用小汉斯对于针对父亲的敌意本能的压抑与针对他母亲的虐待性本能的压抑，来解释他的恐惧症。弗洛伊德回应说：他相信所有的本能在其驱向表达方面，都是进攻性的，所以他没有理由来改变自己的观点，也就是进攻性（仇恨与虐待狂）属于性力比多（libido）的实质组成部分。

但是还有一事未明。弗洛伊德回到了小汉斯的案例对于儿童教育学所具有的应用意义问题上。他感到有必要再次回复这样一种评判

[1] Sigmund, triumph-mouth: Sigmund 这一名字来源于 Sigismund，含有胜利者之意。

之词：即人们很难从一位如此下流不堪的儿童那里，总结出任何对于正常儿童富有教益的结论。他这么做，是因为他担心如果人们得知小汉斯那位漂亮的母亲，曾在少女时期患过神经症，并且被弗洛伊德诊疗过，那么小汉斯就会被视为糟糕的案例而不名一文。尽管弗洛伊德似乎认为偏向于神经症的性情倾向会遗传，但他却在汉斯的案例中拒绝了这一可能性。无可否认，从报告的研究来看，这名男孩是性早熟的——尽管或许并非根据美国的标准，也不是根据许多“伟大”人物的标准。不过在许多情况下，性早熟与智力早熟之间是有关的，而且它们通常会发生在天才儿童身上。汉斯的独特之处，或许仅在于他在育儿室里就接受了对于自己的恐惧症的治疗，而这对于其他儿童来说非常罕见。对于其他儿童来说，恐惧症会留存下来，成为成人的神经症的表象，不然就会被对于惩罚的惧怕所压抑，而这是绝大多数儿童的教育状况。在后者的情况里，家长通常会要求孩子不要烦扰自己，却不会为儿童考虑。弗洛伊德指出，在这种情况下，小汉斯恐惧症
40 的有益之处在于，将家长的注意力引向儿童的经验，并且要随时解决它。吊诡的是，那些从事儿童教育的人们，一方面会倾向于让宠物乖乖地躺在那里，另一方面却又不得不依赖于弗洛伊德的工作来理解他们无比恐惧的儿童性欲。正如本案例所表明的，精神分析并未使小汉斯堕落，反而治愈了小汉斯的恐惧症，并且使得他与父亲的关系密切起来，而父亲也从他的儿子那里赢得了相应的自信。更深刻的事情在于，分析的效果是要用更高等级的（*seelische*）谴责意识（*sie ersetzt die Verdrangung durch die Verurteilung*），来取代无意识的抑制，因此而将生命 / 生活置于一个更为稳固的基础之上。弗洛伊德坦承，如果由他来进行分析的话，他会教导小汉斯关于阴道与性交的知识，因为他并不相信此类知识会改变这名儿童对他妈妈的爱，也不相信此类知识会玷污了他那天真无邪的童年。在此后的年代里，由于绝大多数教育的基础是对于本能的抑制，并需要花费极大的力气，来面对着绝大多数同时也是最为例外的儿童，所以基于精神分析的教育，在使儿童文明化的同时，极有可能比当前的常态教育状况更少一些苦楚。

由于弗洛伊德不断地在反思小汉斯的案例，所以我认为有必要回

顾一下他关于焦虑问题的一般性思考。幼儿期的动物恐惧症为讨论提供了最佳的材料，所以弗洛伊德在讨论狼人的童年时，回顾了小汉斯的案例，以作比较之用。弗洛伊德在《抑制、症状与焦虑》（1925—1926）中不再将自我视为一种比他我及其力比多的客体倾注更无力的组织结构。这一点非常重要。他我及其力比多的客体倾注属于积极的或消极的俄狄浦斯情结——在小汉斯的案例中，或者是他对母亲的爱，或者是他对父亲的恨——出于对阉割的恐惧而必须被抵制。尽管这两种动机互相关联，但是只有对于仇恨与攻击的抵制才决定了症状的形成。如此，通过将阉割焦虑转移为惧怕被马匹咬到，小汉斯得以去除与他（同样也热爱的）父亲的冲突，而且还削弱了这一自我的焦虑，因为他可以通过和他所爱的妈妈待在室内的方式，来避开那些马匹。假如他姐姐不让他观看的话，狼人本也可以避免观看那本画有威胁性狼群的图书。对于阉割的恐惧，无论是作为焦虑的基本因素，还是像兰克（Rank, 1924）说的那样，仅仅作为一种从出生创伤就开始的、更具有生存性质的焦虑之表达，都在弗洛伊德的心中悬而未决。然而，弗洛伊德拒绝了兰克的观点，除了他要在这一主题中宣示自己 41
的优势地位之外，他的理由还在于，婴儿的自恋性过强，无法体会到任何其他的客体 / 对象。因此，分离与聚合，是在儿童发展过程中的后遗效应（after-effects）。儿童会在每一个关键的阶段体会到这一后遗效应，包括在其口腔期、肛门期与性器期当中。婴儿对于与母亲分离的恐惧，似乎是持续不断的，因为在这种情况下，婴儿无力满足自己的需求。母亲的缺席会带来无法获得满足的焦虑，而这又会反过来激发其哭泣以获得关注与帮助。后来，阉割焦虑会重复这一早期婴儿与母亲分离的恐惧，只不过这是在生殖器的意义上；再后来，这一焦虑会被转化为道德与社会性焦虑，以作为儿童社会化的构成性特征。

这样就可以重述焦虑的内部源泉与外部源泉之间的关系了：

> 一匹狼可能会攻击我们，不论我们对它做什么；然而一位陷入热恋的人却既不会停止热爱我们，也不应当用阉割来威胁我

> 们，如果我们并不抱有某种特定的感情与意图的话。如此，这类本能性的冲动就变成了外部危险的决定因素，其自身也因此而变得危险。所以，我们现在就可以通过解决内部危险的方法来设法解决外部危险。在动物恐惧症中，危险似乎仍然被完全感受为一种症状之中的外部性安排。在强迫性神经症中，这一危险更为内在化了。与超我有关的那部分焦虑，是社会性焦虑的构成部分，仍然代表了一种外部危险的内部替代物，而另外一个部分——亦即道德性焦虑——已经完全是灵魂性的了。（SE xx: 145–146）

以同样的方式，我们可以认为，弗洛伊德关于焦虑的反思，部分是由于感受到了来自于奥托·兰克在精神分析方面的竞争威胁而作出的反应性表达。我们注意到，弗洛伊德的讨论是在有意修正他自己对兰克关于出生创伤之工作（Rank, 1924）的期待。尽管只要是一种确定的精神分析之角度，就必然意味着他比阿德勒的地位要高，然而他还是拒绝了兰克的特定假设，即出生创伤的强度会决定所有后来的分离焦虑。弗洛伊德拒绝的理由是这一假设缺乏它所需要的对于出生的观察性资料的支持。但是，弗洛伊德当然更加反对兰克的那个暗示：与力比多性的焦虑、自我的压抑机能以及在抵抗无意识中的重复性相比，出生创伤更具基础性。在某种意义上，他认为在焦虑中，自我是在预先为自己注射预防针，以便承受更少的苦楚。自我这么做的内在理路，就是精神分析所要作出的发现了。

42 弗洛伊德总结认为，严格地说，他在此案例中的发现，无一不是他此前在年长的病人那里久已知道的东西。无论如何，小汉斯的案例仍具有其价值：它可以作为在所有的成人分析中可供追溯的幼儿情结之模型。13 年以后（1922 年），弗洛伊德为这一案例添加了一个后记。一位魁梧的年轻男子拜访了他。尽管人们曾经认为由于这位年轻人的清白已经被精神分析所玷污，并因此而会有着可怕的未来，然而他却告诉弗洛伊德，他安然度过了青春期，甚至安然经历了他父母的离异与再婚。他与父母都保持着良好的关系。不过由于他独自居住，所以他怀念那位他曾经十分喜爱的妹妹。他告诉弗洛伊德，尽管他读了他自己的案例史，他却完全无法认出其中的自己，直到他读到了那段去格姆登度暑假的旅程。所以，正如梦一样，这一分析已经被忘却了！

第二章　打开多拉的案例（1905［1901］）

43 众所周知，多拉的案例是弗洛伊德首次尝试将他关于癔症的理论发现，与作为这一理论之基础的诊所治疗材料共同发表出来的努力。由于弗洛伊德希望精神分析被视为一门科学，所以他十分重视在科学方法论方面的一般程式性礼仪。不过，他也感到有必要在此表达某种良心上的不安，因为发表这一诊所治疗的证据可能会破坏医疗保密原则，而这一点同等重要。由于他的病人是一位年轻女性，所以这一问题对于弗洛伊德来说就显得尤为重要。发表上述的治疗记录会出卖那些在分析过程中所得出的发现，而这并不是一件十分体面的事情。这些发现还会被视为是该医生在对她的性剥削中所具有的虚假兴趣的结果：

> 我注意到——至少是在这个城市——有许多心理学家（尽管这看起来有些恶心），在阅读这类案例史的时候，会将其看作供他们私下娱乐的纪实小说（*romanàclef*），而非是对研究神经症的精神病理学的贡献。我可以向这类读者保证，在今后所发表的每一份案例史，都会用类似的隐私保护，来回击他们的聪敏，哪怕这一做法必然会在选择材料方面，让我困难重重。（SE VII: 9; PFL［8］: 36）

从一开始，多拉案例就预示着其中立的形式，乃是一种“关于一个癔症案例分析的片段”。弗洛伊德努力要盖住这个在他看来是潘多拉的盒子的盖子。这可以从发表的日期（1901 年与 1905 年，及 1924 年的后记）以及对这位病人的化名（多拉，Dora）这两方面得到证明。许多人相信，这位病人是精神分析被迫收下的礼物（献祭 / 牺牲）——如果这一礼物不是派给女权主义的话。他对多拉的（珠宝）盒子的着迷，同样也重述了那个古老的潘多拉（Pandora）的故事：从那个被禁止打开的盒子里，逃出了所有令人类受苦的疾病，除了希望。像多拉一样，潘多拉也是因为一个盒子而出名的，而这盒子甚至并不属于她。自从赫西俄德在《工作与时日》（Hesiod，*Works and Days*）中将其刻画成我们所有罪恶的起源那一刻起，针对她的厌女症就从未停息过。这一传统有各种面貌。如，在与厄庇米修斯（Epimetheus）共同生活时，潘多拉打开了一只盒子（*Ilios*），从中涌出了所有的善良 44
与邪恶，而人类就是它们的后裔。不过，这只盒子是一件家具，并不是属于潘多拉的化妆盒或首饰盒。我们并不清楚潘多拉打开这只盒子是仅仅出于好奇心，还是出于对知识的欲望。多拉 · 潘奥夫斯基与艾文 · 潘奥夫斯基（Dora Panofsky and Erwin Panofsky, 1962）认为，伊拉斯谟（Erasmus）可能将赛姬（Psyche）的神话与潘多拉的神话融为一体了，这才使得潘多拉的盒子的形象成了所有灾难的源泉。在后来的传统之中，潘多拉的形象融合了爱娃（Eve）或者是其他被视为所有美好之来源的形象（如玛利亚［Mary］），甚至是胆怯的处女形象。作为其美德之表现，这位处女不知晓男人将会如何对待她，并且用一种无花果树树叶（我们将会发现，它还有可能是一个钱包）所代表的盒子，来表现其端庄稳重。

弗洛伊德为他的病人所取的化名（多拉 / 礼物）[①] 再次利用了她的秘密，而保密是在关于案例史的科学发表中所必需的。进而，尽管他从一开始就以足够的小心谨慎，力图隐藏这一案例，但多拉的案例很明显还是脱离了他的掌控，也脱离了那个用尽心机要将多拉置于弗

① 潘多拉在希腊神话中有礼物之意。

洛伊德之手的家庭圈子。这一文本解释了弗洛伊德同时作为艺术家与科学家这两者之间的斗争，每一方都力图形塑生命/生活的纠缠牵连与瓜葛；于其中，权力、秘密与性共同为精神分析提供了一个幸运的时刻，以便其展示自己对于不幸的掌控：

> 迄今为止，这是唯一一篇既通过了医疗裁量权的要求，又不会受到恶意环境之影响的案例史。在本文中，我将尽量坦诚地讨论性的问题，以确切的概念来称呼性生活中的各类器官及其功能。心地纯良的读者将会从我的描述中发现，哪怕所面对的是一位年轻的女性，我也曾毫不犹豫地用此类语言来展开这类话题。那么，我也要为这一点来进行自我辩护吗？我将只作为妇科学家来申明自己的诸种权利——或者更谦逊一些，还可以再加上一点：只有极少数性情乖张、有意作对的淫秽好色之人，才会把此类谈话想象成一种激起或者满足性欲的有效方式。（SE VII: 9; PFL［8］: 37）

从本段中，我们可以发现，弗洛伊德坚持要用确切的名字来称呼事物。然而，这位病人却无法获得恰当的名字，因为在该案例史里对于性的揭露，可能会有损她的名声。由于性一般都会与肮脏和下流联系在一起，所以弗洛伊德就此作了辩护。他用一种妇科学家对待妇女的方式来对待性。然而使用拉丁文，就算是“得体的”来谈论性或生殖器的各个部分，或者是给予其“恰当的”名字吗？即使我们诉诸拉丁术语，那就会比法语，例如将其称为铲子（spade），猫（cat），猫
45 咪（pussy）或者是像简·盖洛普（Jane Gallop, 1982）所喜欢用的词“阴户”（cunt），更好一点吗？由于这一治疗所涉及的身体性接触，仅包括双方口头/听觉（oral/aural）意义上的性/交流（intercourse），所以弗洛伊德假扮成一名妇科医生，是有些演过了。在这里存在着一种双重危险——正如任何讲下流笑话的人都会招致的危险那样，即，要么他那形式化的艺术会得到承认，要么这一下流笑话的内容就会被映射到他自己身上。假如弗洛伊德无法以炉火纯青之技艺来建构起这

一案例史，那他就会被认为是在制造医学的下流故事，然而如果他的工作过于巧妙，人们就会批评他只不过是在写作一种性爱小说，是在为他的读者们提供一个可供窥视的钥匙孔，而非显微镜。后一种批评尤为令人苦恼，因为我们稍后将会发现，弗洛伊德本人提供了可以打开保存多拉的（性）秘密之盒子的钥匙，并夸口说精神分析乃是多拉案例的钥匙/关键（key），亦即那个我们无法对其无动于衷的著名问题的钥匙/关键：一位妇女是否是“打开的/开放的”（open）？

弗洛伊德的序言在双重意义上与打开一个案例有关，也就是案例的开放性以及诱惑的可能性，和在科学与生活/生命中的背叛——这是我们在薛伯的“案例”中也会关注的问题。他竭尽全力将这些因素聚拢在“医疗裁量权”的问题之下。但是这一策略并不能控制住所有这些主题，因为它在精神分析中的实践从未超越它为我们所提供的故事（Cohn, 1999: 38–57）。除了无法区分繁殖性的、交配性的与生殖器官在心理/爱欲与生理/医疗等方面的不同，弗洛伊德在努力纠正他与这位同时是他的病人、客户、交谈对象的年轻女性之间的关系时，也将窥阴癖与医疗性检查交织在一起了。尽管如此，他还是宣称自己已经保护了多拉的隐私，其方法是将故事场景从维也纳转移到一座偏远小镇，只与他的一位同事（弗里斯［Fliess］）讨论她的隐私，在四年之后才发表这一案例，以及最后还将这一案例发表在只供专业人士阅读的科学性期刊上面。简而言之，弗洛伊德声称自己想尽了一切方法，将下流的读者驱逐出“这一场景”。他说，哪怕是多拉本人，如果曾经浏览过这本期刊，也不会受到冒犯，因为她对这一案例史中的一切，早已了然于胸。

不过，弗洛伊德在这一关于多拉发现她自己故事的想象里，却拒绝承认写作这一案例的技巧性。这一写作的技巧性完全可以使得多拉成为弗洛伊德的首位隐秘的读者，并因此而重塑他已经破坏掉了的移情。因为弗洛伊德曾经提到过，他有意在分析（破裂）之后，立刻发表这一案例史。就此他还针对转译/抄写的技术性（此词为弗洛伊 46
德所强调）困难做了评论。在这里，读者会明白，她/他并没有一份

“留声机意义上的”确切记录，也就是说，某人的耳朵并没有完全在钥匙孔上面，而是在每次治疗之后，根据对梦的当场叙述的记录，而构建起了这份案例（Crapanzano, 1981）。那两个梦为记述的其余部分及其诠释提供了一处可供停泊的场所。诠释只能在治疗结束的时候才可以进行，而这一治疗是与其他的案例同时展开的。因此，重点在于考察弗洛伊德是如何构建起这两个梦的报告的。多拉的案例，就是围绕着这两个梦被加以详细解读的。

弗洛伊德对他的病人们所欠良多，这在很大程度上与隐私问题无关，而是由于他们那些极其著名的故事，为精神分析增辉添色，更是由于这些故事的发表，成了弗洛伊德本人的精神分析故事中及其在征服科学的与公众的听众过程中，具有实质意义的一步。这里的讽刺之处在于，弗洛伊德从经验里创造出了一种关于秘密的科学（science of secrets），然而他的批评者们却相信这些经验只能支撑起一种秘密科学（secret science）——这一科学之中其中充斥着梦、性欲和神秘主义：

> 那不仅仅需要艺术与科学，
> 在这一工作里还要有耐心。
> （Goethe, *Faust*, Part I, Scene 6; SE VII: 16, n. 1; PFL［8］: 45, n.1）

正如在小汉斯的案例中一样，弗洛伊德对多拉的分析，是与她父亲合作展开的。弗洛伊德甚至因此而要帮助她父亲实现其愿望：将多拉与弗劳·卡交换，也就是说弗劳·卡[①]归他，而多拉则与赫尔·卡在一起。弗洛伊德并没有因此而拒绝这一案例，而是接受了这一挑战，开始与这位对“医生们”有着极深成见的病人打交道。因此，多拉要让人注意到精神分析之框架的企图，在弗洛伊德的支配性行动下，反而被精神分析的框架所湮没了。不过，正如埃莱娜·西苏（Helene Cixous, 1983）所说，弗洛伊德本人在此与多拉完全一样，也深陷于

① 弗劳和赫尔本是德语中太太和先生的意思。在英文标准版译文以及各类研究性著作中，全部都统一使用 Frau K. 与 Herr K.，所以中文译本也循此例，而将卡夫妇翻译成弗劳·卡与赫尔·卡。

这一游戏之中。在案例的结尾，多拉运用将妖怪释放出盒子的方法，拒绝让弗洛伊德来结束案例。非常明显，这一做法激怒了弗洛伊德。此外，由于他自己无法实现前述监护人的要求，因此他为这位抵抗的潘多拉取了一个佣人的名字——“多拉”[①]。毋宁说，这一案例史是一份关于其中所有角色的忘恩负义之行径的出色记录——包括弗洛伊德 47
本人在内。当然，若非弗洛伊德，我们也就无法读到这些故事了。

多拉的案例在我们可以称为弗洛伊德的合法之声的方面，也极为出色，正如后来的狼人案例一样。弗洛伊德坚称这位病人是一位自作自受、谎话连篇的人。精神分析师所从事的是一种揭示具身化的（embodied）和为人所熟视无睹的真相的艺术；对于这样的艺术家来说，多拉这类行为的后果本身就是一种明显的症候，其性本质同时就是那些关于性的伪装与虚饰的成因和治愈方法。多拉的咳嗽与对她父亲的抱怨表明了她对父亲的爱；她同时还相信，她的哀愁也要归咎于父亲在别处的不忠。然而还有一种可能，那是一种想象出来的、在多拉的父亲与弗劳·卡之间的口淫 / 舐阴（*fellation/cunnilingus*）场景，重新激发了在本案例史中由于母亲相对缺席而被排除在外的母性诱惑，并在多拉对弗劳·卡的洁白身体的崇拜中，被重新发现了。如此说来，这一双重的故事使得该案例史如此的淫秽不堪，以至于弗洛伊德自己的写作都从医学语言堕落为色情文学——且看看那从德语到法语的转换吧：“*J'appelle un chat un chat*”（PFL[8]: 82）[②]。但是，什么样的话语才会谈论“小猫 / 阴户”？我们怎么来称呼其作者？而读者们又会如何来定位“他 / 她自己”？是维也纳、巴黎还是其他的什么地方？我们如何来避免在弗洛伊德重返弗洛伊德之中的快乐，也就是重返一种通过语言的力量而在身体之上所达到的破贞（*de-*

① 在《日常生活的精神病理学》一书中，弗洛伊德提到过为何要为该患者取名为多拉。名字来源于弗洛伊德妹妹的女佣。该女佣的真正名字叫作 Rosa，然而由于弗洛伊德的妹妹也叫 Rosa，所以该女佣改名为 Dora。对于弗洛伊德来说，采用这一名字的用意之一在于这两位多拉的共同特点：“不能保有她们自己的名字”。见 SE: *The Psychopathology of Everyday Life*, pp. 308, 309。

② 弗洛伊德在文中此处用了这一法语俗语，意为将猫称为猫，本意是要说明他用直接的语言来进行直接的沟通。

adoration）的科学？

在此，我们目睹了一种存在于父母话语权力之中的、要剥开女儿秘密的诱惑；然而若非经由弗洛伊德本人的技术，我们也无法发现这一诱惑。进而，通过多拉对于该家庭联姻的暴露，弗洛伊德向全世界表明了这个女儿的性困境。然而他用多拉自己的话来对付她，揭露她在这一家庭指责游戏中的合谋性——“小猫 / 阴户”（pussy）是一位“跟屁虫”（copycat）——这名儿童永远离不开那产生其症状的关系。弗洛伊德在他本人所卷入的这个游戏中，不断挖掘出多拉的秘密，而且在这方面固执己见、我行我素，因为他从来没有彻底弄明白多拉究竟想从他这里得到什么，所以他要像个母亲一样来聆听。然而，多拉也曾将她的妈妈弃之不顾，而且在投向弗劳·卡的时候，恐怕也并不清楚她自己的欲望到底是什么……那么，对多拉的描绘或许就要从她将自己置于何处入手：她站在拉斐尔的那幅较大的《西斯廷圣母》的绘画之前——在这一空间里，家庭的苦难在母亲与孩子的荣耀里被悬置了。这一空间在弗洛伊德那里出现的频率，并不少于多拉。我们对此将拭目以待。

借用弗洛伊德的绝妙术语，正是灵魂的家庭经济学润饰了神经症
48 的整个框架。因此，多拉的肖像就是家庭肖像。在我看来，其他的案例史也都如此。在治疗之初，弗洛伊德就说，多拉的故事并不仅仅是一种“轻度癔症”（*petite hysteria*）的案例——呼吸障碍、神经性咳嗽（*tussis nervosa*）、失声、偏头疼、抑郁、癔症性孤僻以及可能存在的厌世（*taedium vitae*）情绪。比较起这个案例来，许多其他的癔症案例更为有趣，也都有着比本案例更多的细节记述。然而那些案例史都无法增进我们对癔症的理解。所以，弗洛伊德安于这个最为普通的案例，认为他能够解开其秘密——这秘密总是某种不为患者所知的性紊乱；而且，只要其家庭对于孩童的（性）清白有共识，那么他们也必然对这一秘密一无所知。多拉的家庭圈子，包括比她大 1 岁半的哥哥，都受父亲的支配。他们的父亲是一位富有天分而又成功的制造厂商。多拉爱她的父亲，而且同时因此很早就对她的父亲极富批判性。在多拉 6 岁至 10 岁之间，她的父亲患了肺结核、单眼视网膜脱落、精神错乱（confusional attack）、瘫痪以及轻微的精神障碍

（mental disturbances）等疾病。在多拉父亲结婚以前，弗洛伊德曾经为他治疗过梅毒（syphilis）；这也是为何后者会在多拉 18 岁时，“在确认患有神经症”之后，请弗洛伊德来为她治疗。在一处脚注中，弗洛伊德详细说明了他的看法。他认为梅毒是这位少女偏向于神经症的性情倾向的重要原因之一（SE vii: 20-21; PFL［8］: 50-51, n.1）。出于这一原因，弗洛伊德忽略了多拉的母亲，将其视为一位无聊而且有洁癖的家庭主妇，并理所当然会被她女儿和丈夫所忽略。弗洛伊德坦承，他从未见过多拉的母亲；不过，弗洛伊德认定无法对这位母亲进行精神分析，因为她的洁癖已经到了无法被反思的程度了。不过，从弗洛伊德自己的文本中，我们发现事实并非如此。多拉的母亲明确意识到了在其家庭中的“污点”，或者是意识到了其丈夫传染给她的，以及由此可能传染给他们女儿的糟糕后遗症。在此，多拉自己错失了进行妇女联合的时机。然而，她一直在模仿的那位哥哥，却站在了母亲一边，并因此而与她疏远。多拉与他父亲的结盟还包括了她那位死于消瘦症（*marasmus*）的姑姑以及她那位一辈子都是单身汉的叔叔奥托·鲍尔（Otto Bauer）。

在 8 岁的时候，多拉就已经出现了严重的呼吸障碍症状。她会从哥哥那里感染常见的儿童疾病，然而哥哥的症状却往往比她的要轻。弗洛伊德注意到了她对于这一关联的强调，并向我们提示了他在后文中所作的一个假设，即在这兄妹二人之间所存在的共同手淫行为（SE vii: 82, n.1; PFL［8］: 199, n.1）。作为一种选择，弗洛伊德还考察 49
过上述那种类推，即多拉的母亲从她父亲那里感染了某种疾病，而这又构成了多拉体质的基础之一。这一假设直接指向了那被交换的“礼物”的符号学——在多拉的家庭经济学中，妇女不仅仅是被交换的，而且还在这一交换中收到了父亲之恶的糟糕种子。弗洛伊德对那些梅毒症状——脊髓痨、麻疹、呼吸障碍——进行了医学化处理，而没有直接使用更为恰当的性术语。弗洛伊德向来如此，以便让自己与读者神秘化，并进而沉溺于他自己作为一个医生的那个形象。从 12 岁起，多拉就已经饱受神经性咳嗽之苦，还有失声的症状（失语症）。她因此而接受了医学治疗，然而这些治疗只不过激发了她对医生的嘲讽以及弃绝。在这里，我们预感到了弗洛伊德在面对着这位“富有独立判断力的年轻女性”时所遭遇的困难。尽管弗洛伊德在此冒险与医学专业人士结盟——至少在术语方面都使用了拉丁文，然而，在事实上，弗洛伊德却有意要用自己的精神分析法，去超越那些医生们在方法论方面的失败。同样，弗洛伊德也从一开始，就在与多拉父亲，以及在后来与其父亲的朋友赫尔·卡之间的交往中，牺牲了其医生—病人的联盟。换个角度说，他以不甚为然的态度，写下了多拉给她的家庭所带来的负担——态度的多变性、不合作性、孤僻以及热衷于参加“女性之友一类的讲座以及相关的严肃研究”。尽管提到了多拉的聪颖，然而弗洛伊德却对多拉在智识方面的兴趣并未感到好奇，因为这一方面会在后来从性好奇中得到体现。在父母发现了一张（在某种程度上无法解释的）自杀便条，以及当多拉在某次由于和父亲的简短交谈而发生了晕厥之后，这位父亲将多拉带到了弗洛伊德那里。当时的多拉，“正值青春年华，是一位聪明伶俐又有着迷人外表的女孩”。

在这里，又发生了一次戏剧性的进入！一位美丽的年轻女性，在了无生机之际，被她所爱的父亲绝望地送到了另外一位男人那里。这位年龄足已做她父亲的男人，许诺让她重新获得自己的生活，条件是她要用她本已经决意带入坟墓、绝不外泄的那些秘密来交换。弗洛伊德认为，读者们对于这些离奇细节的理解能力是有限度的。为了能够提供一种坚实的框架，以便将那些足够多或者足够少的细节编织起来，以符合在这一案例史中发挥作用的艺术性与科学性的天赋，就必须要赋予这些事件某种结构。从一个原始三角（*primal triangle*）开始，来描述一下弗洛伊德的方法，对于读者们或许会有所帮助。这一原始三角在后来的家庭三元组（familial triads）中不断被历史性地重复，而这一家庭三元组则又决定了，并且自身又被那些关于这一原始三元组的回忆所事后决定（*nachträglich*）：

50 在多拉的案例中，正如我已经不止一次提到过的，由于她父亲的机敏之故，我就没有必要再去四处搜寻在病人的生活环境与其疾病的最新形式之间的连接点了。（SE VII: 24–25, n.1; PFL［8］: 55, n.1）

当多拉的父亲在小城镇（B）中进行肺结核疗养时，他和他的妻子与一对夫妇——赫尔·卡与弗劳·卡——熟悉起来。这对夫妇在照料久病不起的多拉父亲的时候，赫尔·卡曾与多拉攀谈过，并偶尔会送她礼物。作为回报，多拉则“几乎”成了他们孩子的“妈妈”。在此，我们已经能够观察到一种双重的三元组在寻求第三种三元组（图2.1），以便解决这一多拉于其中被刻画出来的家庭动力学。这一寻求沿着情感/钟爱与不满/不忠的线索，既有其共谋性，又勉为其难：

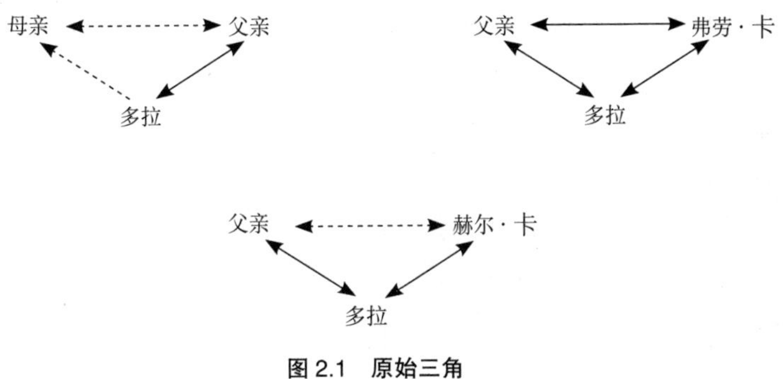

图 2.1 原始三角

我在这里使用三角测量法（triangulation）这一工具，当然不仅是为了图解弗洛伊德在自己的各种三角之中（Appignanesi and Forrester, 2005）的复杂叙述里的多拉案例中那纷繁复杂的关系。到目前为止，作为一种超脱性的注释，这个三元组包含了他人对于每一位成员的俄狄浦斯化——所以没有谁是单独的行动者；恰恰相反，一位女性不过就是她与所有其他女性的关系以及她与所有其他男性的关系；而这些男性，也不过都是所有他们的男性与女性关系的历史化主体：

> 认同作用是癔症症状机制中极为重要的一个因素。它能使病人在症状中不仅表达自己的经验，而且还能表达许多其他人的经验。认同作用能够使得他们仿佛感受到了一大群人的痛苦，并且独力扮演所有的这些角色。（《释梦》，SE IV: 149）

51 弗洛伊德时而将这些社会学现象理解为生物现象——作为遗传，时而将其理解为历史现象——作为一种发展史。然而，如果没有三角化主体（triangulated subject）这一概念，这些案例史也确实无法理解。这些三角化主体的历史，将他/她带入了诊所情境；在这一情境中，这一三角化的后果就成了一种对主体前后反复不断发生着作用的后果（*nachträglich*）（Ragland, 2006: 75）。进而，在这一主体对于社会关系之中的诸种困难的躯体化（somatization）里，某种疾病被历史化并且被抑制，而由此导致的（无）意识则只有通过俄狄浦斯化了的身体才能得到最佳地理解。而这一俄狄浦斯化的身体，则竭力要处于这一三元组合的三个尖角之处，正如多拉寻求在每一个与她互动的家庭中以及当然是在与弗洛伊德的精神分析性互动中，各自要成为一位母亲、父亲与孩童那样。

因此，多拉就成了一出戏剧中的多重主角。在这出戏剧中，她勉为其难地扮演着各种角色，早已不堪重负，直到有一天，当她站在《西斯廷圣母》（母亲—妻子与儿童—妻子二者所欲求的重合［desired fusion］）前，心力交瘁。这一刻的复杂性，我们将在后文中加以讨论。因此，多拉的身体是每一个身体的苦难的癔症性场所，这一点直到她去世为止。关于多拉革命性地抵抗其处境的所有女权主义的解读，都务必要将这一点作为界限而牢记于心。她的享乐，毋宁说存在于她的苦难重负之中，也存在于她对弗洛伊德那粗拙的治疗努力——弗洛伊德试图通过表明多拉希望通过成为她的父亲，以拥有她的母亲（或者是成为她的母亲，以便拥有她的父亲？）——的拒斥之中。

在对卡夫妇家庭的拜访中，当多拉被要求留下，比她父亲多待一段时间的时候，这些家庭关系的隐秘逻辑达到了顶点。稍后，她向她母亲提出的借口是，当她与赫尔·卡某次沿着湖边散步时，后者曾向她求婚。由于多拉坚持要让她母亲告知父亲此事，所以多拉的父亲与叔叔曾经打电话给赫尔·卡以求澄清此事。然而，赫尔·卡否认自己曾经有意引诱多拉，并且责怪多拉对性事过于好奇，由于读过曼特加扎的《爱情心理学》（Mantegazza，*Physiology of Love*，1875/1936）一类的书籍而最终在湖边的时候不能自已。多拉的父亲并没有像多拉所祈求的那样与卡夫妇断绝关系，而是站在了赫尔·卡的一边，责怪多拉沉迷于性幻想。与此同时，他并不想由于苛责赫尔·卡不道德而让弗劳·卡陷于困境，尽管他对前者的评价并不高。多拉的父亲因此而恳求弗洛伊德尽力帮助多拉恢复理智，以免她破坏存留在他自己与弗劳·卡之间的情意：

> 我们不过是两个可怜又可悲的人，同病相怜、相互慰藉而已。你也知道，我太太对我毫无助益。（SE VII: 26: PFL［8］: 57）

弗洛伊德注意到，在对多拉行为的解释里，多拉父亲在两种选择之间 52
犹豫不决。多拉的行为是由于继承了自己的顽固，还是由于多拉母亲的所作所为让所有人都变得疯狂？我们发现，多拉后来将会再次听到在这段话里的那个重要评价，即他妻子对他“毫无助益”，只不过主角换成了被赫尔·卡解雇的一位佣人。多拉父亲的话是否完全具有性意味是值得讨论的，因为根据他对弗洛伊德所说的话，他的健康状况几乎不允许他与弗劳·卡有任何“错误的”关系。不过，我们很清楚，多拉的母亲并没有得到同情式的对待，而且在这一阶段根本就不在游戏之中。

在此，弗洛伊德在旁边（在一处脚注中）评论说：赫尔·卡与多拉之间的插曲，已经为他与布洛伊尔（Breuer）在许久以前所作的那个判断——即癔症的基础线索在于心理创伤——提供了支持材料。与此同时，他认为有必要超越布洛伊尔，放弃关于“催眠状态”（hypnoid state）的假设，因为在多拉的案例中，创伤并不足以解释她那种特定的总体性症状。因此，他不得不在多拉的儿童期中寻找比赫尔·卡的求婚更为久远的事件。这一浮现出来的事件，就是在两年以前，也就是多拉 14 岁的时候，赫尔·卡曾设法引诱多拉到他的办公场所。在那里，他抱住了她，并且吻了她的嘴唇。然而多拉并没有由于自己的初吻而感到“性兴奋”，反而“感受到了强烈的厌恶之情”。尽管他们继续见面，而且多拉也保守着这一秘密，但她却总是确保不和赫尔·卡独处。基于这一小小的忏悔，弗洛伊德坚持认为，多拉已经是一名癔症患者。这一点的彻底暴露，要归功于她自己所展示出来的“感情之颠倒”（*reversal of affect*），以及她的性感觉从生殖器到喉咙部位的移置——“在此种情形下，多拉作为一名健康的女孩当然能感受到”。弗洛伊德对多拉在“亲吻场景”（kiss scene）中的反感 / 厌恶所作的医疗化重构，掩藏了他自己的性归罪（imputation of sexuality）。这一重构本身如果不算令人作呕的话，那么至少也是极为偏颇的：

> 被位于消化道入口处的黏膜组织的不适感觉——也就是恶心——所占据了。（SE VII: 29-30; PFL [8]: 60）

在这里，弗洛伊德那种极具曲解之能事的散文体本身，按照他自己的欲望，就像症状一样地发挥着向前推进的功能，构建起了一个位于赫尔·卡与多拉之间的场景。在作了一个荒诞可笑而又无关紧要的评论即多拉的恶心并未变成永久性的症状（然而弗洛伊德却还是试图将其与她的“不喜欢食物”联系起来）之后，弗洛伊德联想起来，多拉曾
53 经承认过，自从那次亲吻之后，她一直都能够感觉到赫尔·卡对于她的“上半”（upper part）身的拥抱所带来的压力。根据他的移置假设（displacement hypothesis），弗洛伊德立刻得出了他的结论，让多拉患上了一种具有普遍性的恐惧症：对那些似乎已经性欲高涨的男性的恐惧。

> 我自己想象着重构了这个场景。我相信，在那位男士的激情拥抱中，她不仅感觉到了他在自己嘴唇上的亲吻，同时也感觉到了他勃起的部位给她身体带来的压力。这一感觉让她感到厌恶。它被从她的记忆中清除了出去，受到了抑制，并被在她胸部的无伤大雅的压力所取代，而这又反过来从其被抑制的源头获得了一种额外的强度。（SE VII: 30; PFL [8]: 60-61，重点部分为本书作者奥尼尔所加）

弗洛伊德自己的移置再次发挥了作用，以便于引出他对这一亲

吻的“重构”。难道不是热情如火的拥抱，都会伴随勃起吗？只不过当事人以及他的女友都不会感到尴尬罢了。弗洛伊德忽略了引诱者在这一类事件中的密码。然而，他同样在这位年轻女性对于亲吻和拥抱的健康正常的反应问题上，模棱两可。事实上，他想象着多拉仅仅被动接受了这位已婚并且同时是他父母朋友的老人的勃起对她的压力。他的想象力要求多拉，作为一名 14 岁的女孩，立刻就能够接受摩擦（*frottage*）的快感，并且对潜在的引诱无所畏惧。弗洛伊德并未反思他自己的想象力对于分析的帮助，反倒让自己与多拉的厌恶疏远开来。他将这一厌恶化约为她无法控制的身体痉挛；然而，这一厌恶却更可能是她对赫尔·卡侵犯她一事在感情方面恰当的道德表达。另外还有一种可能，由于这一引诱事件毕竟不太像是一种能够迈向婚姻的浪漫起点，所以在该事件中，这一道德表达也事关她有可能会陷入其中的堕落。弗洛伊德对于在亲吻场景中这一生理行为的医疗性隔离（medical isolation），泄露了多拉在这出家庭戏剧中的孤立，也暴露出他在探求这个年轻女孩之困境的时候，已经放弃了精神分析的视角。此外，它还表明弗洛伊德试图站在赫尔·卡一边。后者曾经与多拉的父亲一起拜访过弗洛伊德。而弗洛伊德则认为，赫尔·卡“仍然非常英俊，外表极富魅力”。或者是弗洛伊德在他自己长期没有性生活之后，过度陷入 / 认同了少女多拉以及她的初吻？无论如何，弗洛伊德重新开始了关于多拉症候学的蹩脚的伪医学报告。在报告中，弗洛伊德尤其难以提及多拉在乳房部位的感觉，而只是将其描述为她的“胸部”（*thorax*）或“身体上部”，并且通过将我们指向后文以及文本中的脚注，在文本的意义上重复了对多拉之移置 / 失位的检查游戏。在这一移置 / 失位之中，多拉将赫尔·卡的“勃起部位”对于她的压力，从“口腔区域”转移到了 54
阴蒂与胸部：

> 为了表明对故事作出此类补充的可能性，我非常谨慎地询问了病人，她是否知道男人在身体方面兴奋的具体表征（physical sign）。（SE VII: 31; PFL［8］: 62）

所以此处就打开了多拉性知识的源泉之谜（*Rätsel*）。鉴于她有着各种各样的性幻想，她是否真的像赫尔·卡所争论的那样，是一名性早熟的读者？这一习惯是否仅仅是早期婴儿之“快感式吸吮”习惯的延续？正如弗洛伊德在追溯她对于“亲吻”——这一亲吻实际上被显然是勃起了的阴茎符号所遮蔽——的移置时所预设的那样？还是说，在赫尔·卡之外，另有其人要为多拉早期性知识的来源而负责？或许此人与多拉阅读曼特加扎的《爱情心理学》一事有关？总之，我们无法判断，多拉是否在“体质上”有倒错倾向，也不能断言她在早年是否多少出于自愿地被引诱。我们知道，遗传性退变的观念在关于癔症的医学论著中颇为流行，而且既然多拉的父亲是一位梅毒感染者，那么她就必然有患上神经症的倾向。弗洛伊德当然并未简单地采取这一讨论线索，因为总体来说，他关于癔症的理论是要将创伤放置在一个当下的家庭史里。然而弗洛伊德潜心从事于一种文明化了的幻想，亦即，他将我们（人类）对于性的特定厌恶，追溯到了我们尚未有能力在性交器官与排泄器官之间作出审美式区分的年龄。这二者之间的距离，在我们的幼年阶段并不遥远——“人皆生于屎溺之间”（*inter urinas et faeces nascimur*）。不过，在一处脚注中，在他刚刚注明了人类之性的漫长历史的地方，他又引入了一个观察结果，即癔症在很大程度上要归因于女性对于勃起之阴茎的惧怕，或者至少是对绷紧的裤子所展示出来的阴茎的惧怕，而这一点是她们“惧怕式社会”（dreading society）的基础。（SE vii: 32, n.1; PFL[8]: 63, n. 1）在此，弗洛伊德那裁缝式的想象力，要远远低于他关于文明之假设的水平。他关于文明的假设，基本上认为存在着各式各样的、编码化了的对身体化功能的文明式关注或者不关注。这一点在大体上是没有问题的，并且也不存在性别化的问题。不过，要论证女性由于可能会注意到勃起物——忽视拥有者的失礼——而“惧怕”社会性的集会，并因此而可能缺乏社会性，弗洛伊德就必须选择一种狭义上的文化史了。在这一文化史中，男性衣着甚至能够暗示他们自己已经陷于其中的幻想。

55 回到该案例中来。弗洛伊德评论到，他很难让多拉将注意力集中到赫尔·卡身上；她已经将后者抛之脑后了。她的思绪已经全部被激怒了她的父亲所占据，因为后者仍然同赫尔·卡保持着联系；而且，她还确信，父亲同弗劳·卡也保持着“那种恋爱关系”。多拉会注意到一切能够证实她自己疑虑的证据，然而却永远不相信她父母的回应。在她看来，他们都是骗子。因此，与她母亲不同，多拉并不相信父亲所说的故事，即他对弗劳·卡心怀感恩，因为后者曾经劝说他打消了自杀的念头（弗洛伊德提醒我们，多拉也有类似的企图）；而当父亲与弗劳·卡各自将卧室搬到了两家共住的旅馆套房中彼此相对的两个房间之后，多拉被他们的肆无忌惮震惊了。他们回到小镇上之后，她父亲继续与弗劳·卡的每日约见——尽管人人都对此不满，甚至连赫尔·卡都跟多拉的母亲抱怨过此事。此外，多拉父亲还不断公开地给弗劳·卡送礼物——这些似乎都无助于他的休养生息。这两个家庭之间的关系场景最终从 B 小镇转换到了维也纳。在这里，他们继续保持着密切的关系，她父亲不必再去 B 小镇了。B 小镇的优越环境，曾经让多拉父亲的咳嗽症大为改善，也曾帮助弗劳·卡的疗养得到了类似效果。在这些事件发生的过程中，赫尔·卡曾经在长达一年的时间里，每天都向多拉赠送鲜花，还曾送给她价值不菲的礼物，并想方设法地与她共处。不过，多拉的父母从未怀疑过他的行为与“求爱”有任何关系。

在此，弗洛伊德乐见于这样一种可能性：多拉对其父亲怀有敬意的指责，被夸大了——如果这一指责并非对于因自己可能的顺从而产生的自我指责的进一步移置的话。这一可能的顺从，会带来家庭关系的再度三角化，也即女性的交换（图 2.2）：

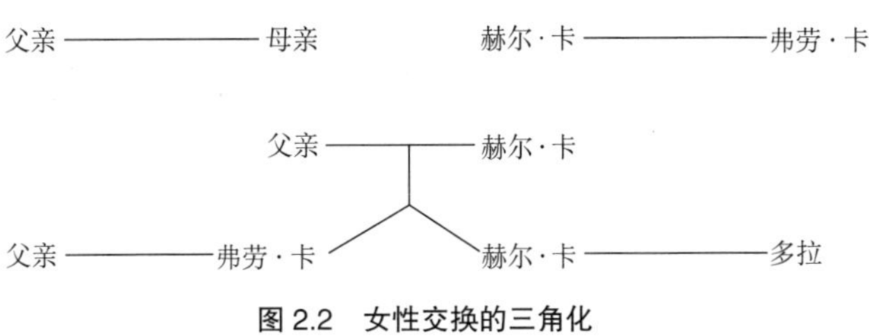

图 2.2　女性交换的三角化

这一性经济同时被礼物的互换所传递。经由这种礼物的交换，多拉的
56 父亲与赫尔·卡承认了对彼此女人的征用。在这一经济里，接受一份礼物，就意味着被交换。多拉的母亲并未参与流转，因为她的性欲已经消退。以同样的方式，这位对男性“毫无助益”的女性，被他们认为是所有其他人寻求快乐的原因。不过，多拉的母亲却绝非搅局之人，恰恰相反，在这一多拉本该是奖品的游戏中，她最终成了游戏的次品（spoil）。这是因为，她曾首先从她丈夫的梅毒病源那里，收到了那份糟糕的礼物，并因此而再也无法清洁自己以及她的房屋。到目前为止，多拉母亲一直都隐藏在精神分析的界面之下；她“出局”的原因在于她那种对于身边腐烂肮脏事物的持之不懈的强迫性行为，而并没有寻找妥协的方法以适应其丈夫。

弗洛伊德无意于从这位年轻女孩的角度来理解这一局面。在这一视角中，成年的人们似乎都联合起来，在一张充满了谎言与欺骗的大网中，来对付她自己，并意图陷害于她。从这一视角来说，多拉就是一位清白的巾帼英雄，奋力抵抗着一个堕落腐化的性联盟。在这一斗争中，她的清白要被牺牲掉，而代价就是她自己的精神健康，除非她愿意顺从，愿意半推半就地承认自己的堕落。在案例的后半部分中，我们拥有了一个退变家庭的悲剧故事，于其中，弗洛伊德本人也作为外部联盟而加入了这一家庭促使多拉就范的政治之中。但是他又通过翻转要怎么办这样的问题，将其变成好像是病人向他提出来的问题一样，从而把自己抽离出来，以便消弭针对她自己而非其家庭的进一步指责。接下来所浮现的情况是，即使多拉的前任家庭女教师向多拉告知了其父亲的风流韵事，多拉也对其听之任之了。这位老姑娘的广泛阅读，在弗洛伊德看来要为多拉本人的独特兴趣负有很大的责任。不但如此，这位女教师还催促多拉的母亲不要容忍她丈夫与弗劳·卡之间的关系。多拉对此的反应是坚持要解雇这位女教师。她认为后者已经爱上了她父亲，并为了在他们之间的私情而欺骗多拉。我们现在就可以发现在女人之间的另外一种交换与背叛的结构了（图 2.3）：

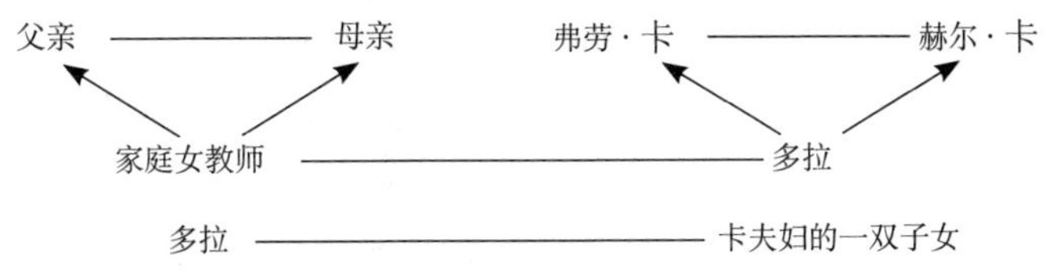

图 2.3　交换与背叛的三角化

在此，多拉与她的教师并无二致，都爱上了一位已婚男性。尽管这一 57
点无人知晓，然而假如他们并非相互爱恋的话，那么她们两人也都将爱恋隐藏在了对孩子的爱背后。在揭开了这层骗人的帷幕之后，弗洛伊德通过在一处脚注中重返他那关于该剧之谜语的原初版本，而使得这出戏剧再度上演——他擅自将赫尔·卡勃起的“粗鲁形式”置换成多拉对后者的回应，而非后者对多拉的威胁。恰恰相反，弗洛伊德反而将其视为“既老练又得体”！

> 问题由此出现：如果多拉爱过赫尔·卡，那么她在湖边事件中为何要拒绝他呢？或者至少，为何她采取了如此粗鲁的拒绝形式，就好像她痛恨他一样？此外，一位恋爱中的女孩怎么可能会因为一次既老练又得体的求婚而感到耻辱呢？（SE VII: 38, n.1; PFL［8］: 70, n.1）

弗洛伊德的菲乐斯 / 阳具崇拜（phallicism）理所当然地会制造出优秀的剧院，哪怕他仅仅拥有蹩脚的谜语。因此，比起多拉来，他更值得拥有舞台的荣光——他更愿意将责备指向多拉。

分析的下一个阶段所针对的是多拉对其父亲的指责。多拉认为，她父亲的疾病不过是为了满足他自己下流愿望的借口而已。弗洛伊德在此所使用的方法表明，多拉的抱怨不过是掩藏了“她自己的所有私密历史”。某天，多拉在到达弗洛伊德的诊所时，抱怨自己的胃部疼痛得厉害，目的只不过是为了让弗洛伊德询问她，她是在模仿谁。她在前一天拜访过她的堂姐妹①，其中的妹妹已经订婚，这使得姐姐患上了胃病。多拉与其堂姐之间的联盟大概是出于对自己无法获得的幸福的嫉妒。另外，多拉还注意到，弗劳·卡会在她丈夫外出归来之际生病，而在他外出旅行之际改善病情，并由此而逃避了“她极为厌恶的夫妻义务”。多拉也从中学到了如何利用疾病来逃避自己不喜欢的关系。在询问之下，弗洛伊德发现多拉健康状况的好坏转换与赫尔·卡的出现与缺席有关，其原因恰与后者妻子的原因相对——原因即多拉隐秘的爱恋。出于同样的原因，多拉会在赫尔·卡外出时无法说话（失声），然而在与他共处时，却可以流利对话。因此，多拉的癔症症状包括了一种肉体性顺从（*somatic compliance*），要理解这一现象，就必须要寻找病人“遁入疾病”的动机为何。在此，其动机主要是逃避冲突，其次是要俘获某人。不过，在这里，弗洛伊德强调说，他颇为确信，如果多拉的父亲告诉她，自己愿意为了她的康复而
58 放弃弗劳·卡，那么多拉的诸种症状就会消失。然而他并不愿意让这一强有力的武器掌控在她的手里。因为在灵魂的家庭经济中，存在着各种无意识动机，可以阻止家庭成员通过疾病来勒索并实现愿望。而且家庭成员的疾病也无法逃脱常识性的关注，更不必说那些具有神奇洞察力的工作者了。在多拉的案例中，她的苦楚在于，她父亲并没有出现在她与赫尔·卡的那个湖边场景中。这一缺席的想象，无疑成了许多事件的基础成分之一。然而弗洛伊德并没有解决这一谜题，而是将其推迟到了对于多拉第二个梦的分析之中。

在这一阶段，多拉持续不断的咳嗽，伴随着她对父亲的抱怨，使得考察最初引发这些病情的性状况（*sexual situation*）成为必然。线索来自于多拉的一个口语。多拉坚持认为，弗劳·卡爱她的父亲，仅仅是因为他是一个“有钱/能力的男人”（*ein vermögender Mann*）。而她的表达方式（很不幸，弗洛伊德注明他并未对其进行记录）则透露出，多拉的意思恰好相反，即弗劳·卡爱他的父亲仅仅是因为他是

---

① 作者奥尼尔此处原文为“她父亲的堂姐妹”，为笔误。在弗洛伊德原文中，多拉所拜访的应该是其姑姑的两位女儿。参见 PFL (8): 70。

无能的（*unvermögend*）。当弗洛伊德指出她对父亲的指责明显自相矛盾的时候，也就是说，她父亲与弗劳·卡之间的风流韵事，是基于他父亲的无能之时，多拉颇为通晓人事地回答说，这一点可以通过其他方式来解决：

> ……结论必然是：她的间歇性咳嗽，一如往常，是为了兴奋性刺激而发痒的；伴随着这种咳嗽，多拉想象出了两位乱伦之人用嘴（*per os*）来获得性满足的场景。（SE vii: 47; PFL［8］: 81）

尽管并未明言多拉所想象的是舐阴还是口交（*cunnilingus* or *fellatio*），弗洛伊德的建议至少产生了治愈多拉咳嗽的效果！然而，弗洛伊德在这一点上却故作自谦之态。原因之一在于，多拉的症状在过去经常自发性地出现或者消失。还有一个原因是，他认为他不能如此轻而易举地说服多拉，他并非她所面临的问题的一部分。

［幕布升起］弗洛伊德步上舞台，向他的科学听众们致辞：

> 这一段简短分析可能已经激起了医学读者——实与其所谓的怀疑无关— 震惊与恐惧之感。在此，我想要讨论这两种反应，以便明了其合理性。震惊或许是因为我竟然胆敢同一位年轻女孩谈论如此棘手而又令人不快的话题——或者同任何一位性活跃（sexually active）期的妇女讨论这一话题。而恐惧则无疑是因为不具有性经验的女孩可能会由此知晓此类行径，并对此念念不
> 忘。在这两点上，我都要建议适度与理智。无论从哪方面来说， 59
> 都不存在令人愤怒的理由。（SE v: 48; PFL［8］: 81-82）

在此，弗洛伊德内在化了那些反对他治疗流程的人，并且，通过让他们发声来反对自己，而继续以自己的方式来掌控这一案例，同时因此而宣称他自己尊重绝对客观公正的科学精神。他采取了妇科学家的姿态，以一种精确避免任何在他自己与病人之间产生爱欲关联的方式，

来探索女性的生殖器与乳房。如果医生小心谨慎而又直接地谈论相关的身体部位，那么此类检查就能达到最佳的效果。但是很不幸，尽管弗洛伊德的免责声明里提到了避免暗示性言辞的说法，然而他采用法语“*J'appelle un chat un chat*”（我将女性生殖器称之为小猫）的做法，却几乎无法掩藏与“阴户”之间的关系。他强调，在对癔症的治疗中，几乎无法避免性的主题，就好像要做煎蛋卷，就必须要打破鸡蛋一样：“*pour faire une omelette il faut casser des oeufs*”（SE VII: 49; PFL[82]: 82）。尽管弗洛伊德自己无法从爱欲化与医学化的话语中解脱出来，但他还是继续为自己澄清，认为在此类情况下根本无法引诱一位毫无性经验的女孩堕落，原因在于，她的无意识对于那些言辞关系并不会产生共鸣，否则的话，也就不必讨论她的清白问题了！

在为自己所遭受的第一种抨击亦即他的行为令人震惊作了澄清之后，弗洛伊德继续检视对于其病人性早熟之恐惧的正当性。他接下来讨论了“男性医生”在处理性“变态”问题时，所要面对的文化方面的问题。否则的话，他就会犯下一叶障目不见泰山的错误！所以，无须奇怪，多拉曾经听到过“吸吮男性器官”之类的话。然而，就她的情况而言，可能无须任何外部知识就会获得此类想象，原因在于她多年以来吸吮大拇指的习惯。在她父亲于她 4 岁或 5 岁的时候打断这一习惯之前，她一直十分享受于此种行为。在其他医学报告的基础上，弗洛伊德得出了一个十分具有“创造性的”结论。这一结论正是许多普通人认为精神分析令人恐惧的原因，即它从婴儿吸吮乳头的天真无邪的场景，联想到了吸吮大拇指的快感，继而又联想到了吸吮阴茎：

> 因此，只需要些许创造力就可以将当前的性对象（阴茎）替换成原来的性对象（乳头），或者是对其履行了义务的手指；并且将现在的性对象置于最初获得满足的地方。所以我们发现，这一令人极端厌恶与倒错的吸吮想象有着最清白无辜的起源。（SE VII: 52; PFL[8]: 86）

在此，弗洛伊德的语言，从再度创造他一再重复其名字的那一恐怖场 60
景中所汲取的创造性力量，比起从他的推测性假设中所汲取的力量，不遑多让。这一推测性假设，就是认为性倒错中有重返纯真的成分。不过，弗洛伊德忘记了表明，多拉在其想象中，将其父亲描绘成了弗劳·卡所吸吮的乳房。而弗劳·卡自己的乳房，却正是为她所欲求的。还有一种可能是，弗劳·卡在她父亲的乳房（母亲的乳房）那里的位置，使得她自己受照料的欲望不得实现。弗洛伊德的论证如下，多拉的“过量”（supervalent, [*überwertig*]）想法是，要占据她母亲与弗劳·卡的角色，扮演她父亲的妻子。为了进行这一解读，弗洛伊德还调用了俄狄浦斯的传说。这一以父亲为对象的隐匿之爱被唤醒的缘由，是她看到了弗劳·卡爱他，还是赫尔·卡在湖边事件中的所作所为？从任何角度来说，在这些爱情的三角关系中，多拉的处境都会让她痛不欲生（Kaës, 1985）。然而，答案可以从她说“不！”的力量中探知——她的无意识对任何能够让她回想起对赫尔·卡之爱的暗示或事件，都会抛出这一回答。

然而，弗洛伊德却转向了另外一个方向，让这一故事更为复杂化。这使得本案例读起来越发像是一部小说——尽管他一直在尽力牺牲所有的艺术性，遵守科学方法论的规则，以确保本案例的的确确是一份医学报告。他声称，如果他所从事的是艺术而非医学，那么他也就不会有以下的行动了：

> 我现在必须要转而考察更加复杂的情况。**假如我只是一名作家**，为了写作短篇小说，而致力于创造此类的精神状态，假如我并非一名致力于精细解剖的医生，那我当然不会这么做。（SE VII: 59–60; PFL［8］: 94；强调部分为本书作者奥尼尔所加）

即将引入的复杂性，使得“美丽而又富于诗意之冲突”变得晦暗不明了。而多拉正是在这一介于对父亲的爱与对赫尔·卡的爱之间的冲突中，才找到了她自己。这也是弗洛伊德迄今为止的努力之所在。此外，一般的小说家只会成为心理学家审查的牺牲品。然而这名心理学家致力于描述真正的现实。这就要求他处理更为复杂的各类动机之间的联结：

> 在多拉关心她父亲与弗劳·卡之间关系的过量想法的背后，隐藏着以那位女士为对象的嫉妒之情——一种只能够基于多拉自身、针对与她同性别之人的感情。（SE VII: 60; PFL［8］: 95）

所以，这一爱情故事的情节，从两位女性争夺一位男性，变成两位可能彼此相爱的女性，在争夺同一位卑劣男性的过程中，发现了自己真正的所爱。

61 让她们得出这一发现的重大原因，最终并非“勃起物”——既非赫尔·卡在湖边场景中的勃起物，亦非在想象中他父亲与弗劳·卡进行口交场景中的勃起物。我们的故事变成了一个更为异常的倒错——女同性恋。为了支持这一可能会受到抵制的新假说，弗洛伊德利用进一步的注解来揭示多拉的这个侧面；然而，这一注解只有当多拉中断了分析工作之后，才会是完整的。多拉中断分析一事让弗洛伊德就好像一名不再受到需要的佣人一样。弗洛伊德为此心痛不已，而他的“片段”中也同时充满了忧虑之情。因此，他回想起了一位女教师。后者曾与多拉非常亲密，直到多拉发现自己不过是她与父亲之间关系的中介物。多拉也曾同样对其表妹态度冷淡，原因是多拉发现，在湖畔与赫尔·卡的事件发生后，当多拉拒绝跟随父亲离开那个湖居以后，是那个表妹在陪伴着父亲。从这些事件中，弗洛伊德发现多拉曾与弗劳·卡共居一室，是闺中密友，二者讨论过许多弗劳·卡在婚姻中出现的问题。也就是说，尽管多拉知道赫尔·卡的许多劣迹，却还是设法爱上了他。弗劳·卡将她带入了自己的家庭——正如美狄亚（Medea）鼓励克瑞乌萨（Creusa）与她的孩子们交朋友一样[①]——多拉像个爱人一样地说起弗劳·卡那“令人着迷的洁白身体”，而且对于后者在她父亲那里的竞争性视而不见——后者甚至为多拉的父亲挑

① 美狄亚与克瑞乌萨均为古希腊神话故事中的人物。本故事亦见于欧里庇得斯的著名戏剧《美狄亚》。

选了他送给多拉的首饰。我们稍后将会再次讨论在这一双重性礼物中的符号学关系。进而，只有当弗劳·卡背叛/泄露了她们在一起阅读曼特加扎的事情，才能够解释为何赫尔·卡在与多拉父亲的最终对质中，提出了他对多拉之评价的逆转。她再次被另外一位爱着他父亲的女性利用了。因此，多拉是在双重意义上被背叛了：被那位她所爱并且为她作出牺牲的女性所背叛，同时也被她那爱着同一位女性的父亲，因为他自己的爱所背叛。

弗洛伊德为这一诊所肖像所做的总结性句子，表明他难于认清这位处于该家庭背叛性悲剧之核心的嫉妒成性的女主角。弗洛伊德本人，一旦为该故事作出了评判，也就再无法逃脱这出悲剧：

> 一位女性的嫉妒之情，在无意识之中与本可能由一位男子所感受到的嫉妒关联了起来。这类的男性气质，或者更恰当地说，男子气概（*gynaecophilic*）的感情流，可以看作癔症女孩们典型的无意识情欲生活。（SE VII: 63; PFL［8］: 98）

多拉的症状里包含了一个双重认同：首先是认同于受到她父亲感染的母亲，其次是认同于她父亲在性爱场景中的呼吸性障碍，而实际 62
上她所扮演的是第三者（参见图2.4）。在多拉对她父亲与弗劳·卡之做爱场景的移置中，也有着同样的效果。多拉关于这一场景的想象，要么是口交（弗洛伊德），要么是舐阴（拉康），并且有着相应的喉咙刺激。这一三角家庭在多拉与卡夫妇的关系中得到了重复，也在那位家庭教师的佣人之性的次级经济之中，得到了重复。在这一次级经济中，多拉发现了她自己在父亲与赫尔·卡那里的竞争者。我们还可以作一补充：在这些女性们之间还存在着第三个层级的类似关系，不同于与男性之关系的层级。而在第四层，我认为是双重家庭（*the ménage à deux*）；弗洛伊德的情妇“精神分析女士”（Lady Psychoanalysis），使得他背叛了多拉，正如多拉对圣母的秘密爱恋使得她放弃了他一样。不过，他们各自都信奉了一种“超越”其关系的欲望，一种追求好的/纯粹的礼物的欲望。他们各自都珍守着这一礼

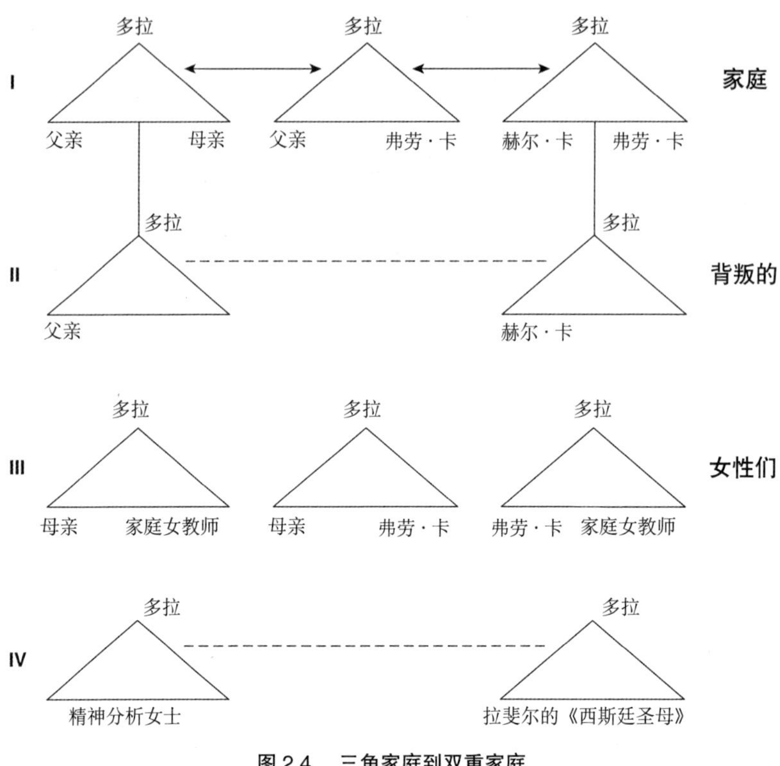

图 2.4　三角家庭到双重家庭

物，而历经了在他们的各类关系中那些重大的苦难。

63

多拉的梦

现在我们来讨论多拉两个梦当中的第一个。弗洛伊德报告说，由于多拉此前有过一些释梦的训练，所以她在此番释梦中也有所贡献，不过，弗洛伊德并未说明是谁训练的多拉：

> 多拉叙述的那个梦如下：一栋房屋着火了。我父亲站在我

> 的床边叫醒我。我迅速穿上衣服。母亲想要停下来去救她的珠宝盒；但是父亲说："我不会为了你的珠宝盒，而让我自己和两个孩子被烧死。"我们马上下楼，一出了门，我就醒了。（SE VII: 64; PFL［8］: 99）

弗洛伊德开始询问这个梦首次发生的情况。作为回复，多拉记起了她在湖边与赫尔·卡的亲吻事件[①]发生以后，曾经连续有三个晚上做过这个梦，近来在维也纳也重复做过几次这个梦。弗洛伊德继续督促她一点一点把这个梦讲出来，无论它以何种方式出现。多拉想起来，最近她母亲与父亲有过一次争吵，原因是母亲在夜里锁上了餐厅的门，而这样一来，多拉哥哥的房间也就被锁在了里面。这让她的父亲极为不满，他说：

> "晚上可能会出事，会有离开房间的必要。"

多拉看出了在她父亲的抱怨与他担心他们在湖边居住的木屋可能着火这二者之间的关联。因为他们曾在一个雷电交加的夜晚到达那栋木屋，而木屋并没有安装避雷针。然而弗洛伊德所寻求的，却是在这个梦和多拉与赫尔·卡在湖边事件之间的关系。释梦在这个方向上取得了一些进展，因为多拉回想起，在湖边的那段时间里，一次午休时，她曾突然醒来，发现赫尔·卡站在她旁边，与她在梦中发现她父亲站在她床边一模一样。她开始对赫尔·卡产生了戒心，并且从弗劳·卡那里索取了卧室的门钥匙。第二天，她在穿衣服的时候锁上了门，然而在当天下午，当她寻找钥匙的时候，钥匙不见了。弗洛伊德将这一事件中与在多拉父母的争吵事件中对于钥匙的两次提及放在一起来讨论，并把下述口语体文字放到了脚注里，仿佛它并非精神分析王国的核心线索 / 钥匙：

---

① 应为湖畔求婚事件，此处为奥尼尔笔误。

> 尽管我并未对多拉明言，但是我怀疑，她抓住这一因素是由于它所具有的符号性意义。“*Zimmer*”[room，房间]在梦中经常意味着“*Frauenzimmer*”[“妇女”的一种轻微的贬损性说法；意
> 64 译即为“妇女的房间”]。一位女性是“开着的”还是“关着的”问题，自然并非无关紧要。众所周知，在这个案例中，何种“钥匙”会导致何种打开的效果。(SE VII: 67; n. 1; PFL[8]: 102, n. 1)

弗洛伊德在此处的评论引发了诸多女权主义者的批评（Cixous and Clément, 1986)，这一点我们稍后再加以讨论。弗洛伊德在此处思考上的错误，与政治性议题无关，而在于其猥亵性。弗洛伊德所需要做的，是要改造两种处境中的“钥匙”。这两种处境可以作如下比较（图 2.5)：

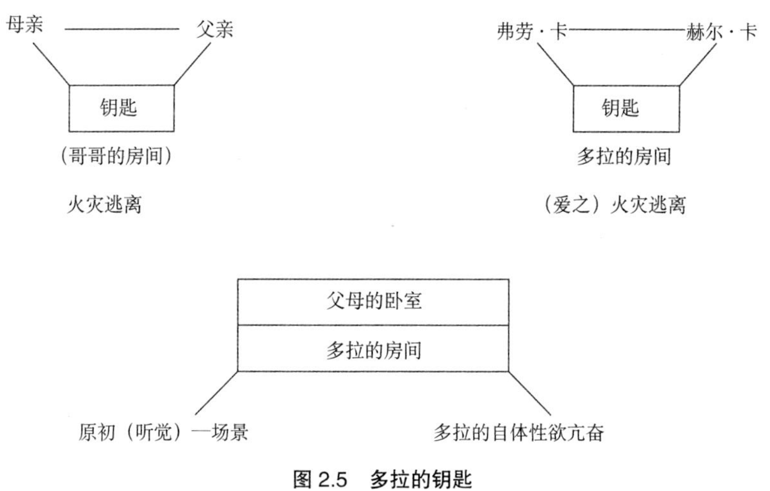

图 2.5　多拉的钥匙

在此，我将这两种场景与原初场景（后面将会加以讨论）排成了三角形，以便展示出这一梦之序列的家庭式布局或地形学。弗洛伊德也将会从思维序列（*train of thought*）的隐喻方面来对此加以追溯。我会在稍后对这一线索加以绘制，尤其是在鼠人的案例中。这些图案，能够帮助我们理解弗洛伊德所构建的性地理学（*sexual geography*)。这

一性地理学不仅在身体层面上发挥作用（在症候学的移置中），而且还在各人的身体之间，以及在相隔一定距离的各个房间与环境之间发挥作用。后者彼此相隔一定距离，然而却会在无意识中，在时、空的维度上同时出现。不过，我们并不是想要从位于语言与社会的主体间经验（inter-subjective experience）之中的内在—主体性自我（intra-subjective self）的基本 / 构成性分裂（constitutive splitting）之中，抽离出这一性地理学的症状学来。三角图例只是一个图形技术，以提
醒我们自己这一基本的心理结构，就好像俄狄浦斯传说是为了达到这 65
一效果的叙述性技术一样。

通过询问多拉母亲想要从失火的屋子里救出的那个首饰盒的意义，弗洛伊德继续解读这个梦。多拉说，她妈妈曾喜欢一套珍珠耳坠，然而父亲却为她买了一件手镯。根据弗洛伊德自己的假设，即多拉希望能够在她父亲的感情中，取代被她母亲所拒绝的位置，弗洛伊德推测多拉希望能够得到被她母亲所拒绝的手镯。弗洛伊德然后将多拉的注意力集中在她母亲希望救出的那个首饰盒上面，这又让她回想起，在做那个梦之前不久，她刚从赫尔·卡那里收到过一个非常昂贵的首饰盒。接下来就是一段备受女权主义者们关注的交流，这一点我们将在后文中加以讨论：

> 所以这显然就是一种回礼（return-present）。或许你并不知道，那个“珠宝盒”［*Schmuck-kästchen*］，就是在不久以前，你以携带的手提袋的方式所暗示的同一事物的昵称，即女性的阴蒂，我认为。
>
> 我知道你会这么说的。（SE VII: 69; PFL［8］: 105）

弗洛伊德并未就此罢休。他继续颠倒或者改变在多拉的叙述中所有符号的价值（Viderman, 1977a）。通过将多拉的母亲放置在这个梦的核心，他认为多拉曾经想要取代她母亲的位置而与她父亲在一起的意愿，与现在想要取代弗劳·卡的位置而与赫尔·卡在一起的意愿是一

样的；不过，多拉希望父亲能够像曾经拯救她这位小女儿一样，将她再度从她自己的火灾里解救出来。另外，弗洛伊德还补充道：多拉正在试图摆脱弗洛伊德，因为这一治疗是她父亲的主意，而当前的多拉正恼怒于被她的父亲所牺牲，而非拯救。弗洛伊德决意要达至这个梦的“核心”，所以他与多拉玩了一个游戏，以便获得她对那个古老谚语的认知：“儿童不能玩火”。他向多拉解释说，这意味着玩火的儿童会弄湿他们的床（要扑灭火的话）。这是否就是那天晚上她父亲离开自己的房间来救她的原因？而她是否正躺在自己的房间里，着迷于针对赫尔·卡的火灾（爱）（fire [love]），因而不希望父亲这么做？多拉坦承道：她确实有过尿床的经历，不过只发生在七八岁的时候。当时医生对她的诊断是：神经系统衰弱。当然了，只有弗洛伊德博士才能够揭示这一问题的真正根源所在。

弗洛伊德对于这个梦的解析继续进行。他将无意识的“不”反
66 转为“是”，又通过翻转一个词的符号意义，以激发被无意识所抑制的意义，从而填补了记忆空白。弗洛伊德还着迷于使用“思维序列”（*Denkverbindung*）的隐喻。思维序列从每一刻的当下延展开去，并分枝散入更为遥远的过去，我们将会在鼠人的案例中看到这一点。序列的隐喻是弗洛伊德所钟爱的考古学隐喻的变体。由于弗洛伊德在此处对多拉的梦进行了形象化的处理，将其概略描述出来或可有助于我们的理解：

> 一个正常梦的形成需要两个条件，一个是主要的、当前的刺激因素，另外一个则与幼时某个重要的事件有关。梦在这两个因素——幼时的事件与现今的事件——之间建立了关联，并且竭力以旧时为模型来重塑现今。（SE VII: 71; PFL [8]: 107）

参照这一总结，我们就可以认为，多拉那个亲吻的梦具有长期与短期的导线或线索；它们通过一个“转换词”彼此交错，即从每一刻当下返回到早期儿童期的“火”（爱情之火）（图 2.6）：

多拉的吻

湖（水）　—吻（湿）　—赫尔·卡（火）　—父亲（救我！）

雪茄（火）　—勃起物　—赫尔·卡（烟）　—父亲（烟）

—对弗洛伊德的吻（火）？　弗洛伊德（烟）

床（弄湿）　—自慰（火）　—父亲（救我！）

—吸吮大拇指　—口交（湿）　—（父亲＋弗劳·卡）

—口交（湿）　—（赫尔·卡＋多拉）

—舐阴　—？（多拉＋弗劳·卡）

潘多拉的盒子
父亲的礼物

母亲的溢液　（被污染的种子）　多拉的溢液

母亲的清洁　弗劳·卡　口交　多拉　多拉的咳嗽

舐阴

回礼

母亲的珠宝盒　弗劳·卡　多拉的珠宝盒

父亲的牺牲

家庭女教师—（多拉＋赫尔·卡）—弗洛伊德

好的礼物

母亲的珍珠　“玛利亚”　母亲的孩子

处女母亲　贞洁儿童

图 2.6　纯洁无瑕的概念

然而事情尚未结束。在接下来的治疗中，多拉告诉弗洛伊德， 67
每次做梦后，都会闻到烟味。弗洛伊德将这一点作为他反驳的参照，“没有无火之烟！”弗洛伊德总是在她拒绝他探求表面背后的意义时作出这样的反驳。此外，她还注意到，他们都是“烟瘾极大的人”——与弗洛伊德一样（Lesourne, 1984）。然而他坚持要在烟与火之间找到关联，并总结说多拉可能是受到了要与自己亲吻的欲望的燎烧！然后，弗洛伊德通过探讨神经症（尿床）的重要意义与病理学，而强调了这一文本。这是针对多拉的，不过却也能用于反对他自己关于这一亲吻的投射——这一投射足以令他欲火中烧。我们知道，弗洛伊德曾经将赫尔·卡的勃起移置到多拉对他的“粗鲁”拒绝；而极有可能的是，在弗洛伊德将他自己的勃起物移置于赫尔·卡身上时，该移情已经在发挥作用了。无论如何，对于儿童期自慰的讨论似乎让弗洛伊德无法摆脱堕落下流的名声了——许多人在此都持这一观点。此前的移情性插曲或许已经让他完全低估了他所发现的——令他震惊的！——家庭史的重要意义。而多拉却对这一点非常熟悉。然而，当他明白了这一点以后，弗洛伊德已经完全恢复过来，足以宣布自己是一位关于“哦！”的伟大理论家了。

事实表明，多拉由于自己的疾病而责备父亲，这不仅因为她认为他为了与弗劳·卡的风流韵事而牺牲了她的爱情，还因为她知道他有梅毒，而且还感染了她的母亲和她自己，破坏了她们的健康。弗洛伊德还相信，他所谓的“梅毒”的产物，有患上神经症的体质倾向。然而他还是坚持将多拉及其母亲的抱怨序列视为“自我—指责”，其中的大部分要归咎于她早期的自慰行为。在观察到多拉的“症状性”行为亦即当她在弗洛伊德的沙发上进行谈话时，在玩弄她的手提袋（purse, “pussy”）以后，弗洛伊德更加确信这一点了。然后他宣布了他的那个伟大结论，即一名分析师如何能够在每个人那里都发现秘密：

> 认真观察与用心倾听之人，都会坚信没人能够保守秘密。如果某人不言不语，那他也会通过指尖来交谈，秘密也会从每个毛孔中泄露出来。因此，我们确信，我们可以发现人的思想中最为秘密的隐私。（SE VII: 77-78; PFL［8］: 114）

这当然是用令人难忘的笔法所写就的关于“心理医生”的大众形象中最为经典的篇章。弗洛伊德从耶稣那里偷来这一形象，并令其在捕捉
68 人类灵魂与湿漉漉的秘密方面，达到了莎士比亚式的高度。弗洛伊德用这一方法将所有方面整合在一起，并宣布“完美无瑕地完成了”这一诊所肖像。

然而，这位导师忍不住又做了一个补充，以解释多拉用“呼吸障碍”（咳嗽）来替换尿床的做法。答案在于父母的卧室与多拉房

间是临近的，以及她将父亲的沉重呼吸解读为与“性事”有关的声音。在将她父亲的性行为与她自己的自慰行为同一化之后，多拉“继承了”哮喘式的咳嗽。类似的，她还将令自己与母亲痛苦的阴道溢液（白带）转换到了喉咙处，并抱怨自己患上了黏膜炎。反过来，这又使得她可以想象在弗劳·卡与她那阳痿父亲之间的口交行为，以及赫尔·卡可能对她的要求。即便弗洛伊德接近了核心线索，他还是由于将这一线索归于多拉性早熟的知识，而错过了其重要的意义：

> 多拉知道，在性生活中，会有变湿的现象；并且在那行为中，男人会以滴出的形式，向女人呈现一些液体。她还知道，那正是危险所在；她的任务就是保护她的生殖器不被弄湿。（SE VII: 90; PFL［8］: 128）

进而，在此处女性“任务”的内在意象，更适用于卖淫活动，或者出于双方的考虑而中断性交以避孕，就好像弗洛伊德与他的妻子玛莎所做的那样。但是，在多拉的家庭中，避免精子并不是因为多拉母亲的迟钝，也不是因为多拉的性冷淡，而是因为她父亲带有梅毒这一事实。弗洛伊德评论，多拉似乎明白，“她妈妈的洁癖是对于这种肮脏的反应”。回到她母亲对于其丈夫的手镯礼物的拒绝，弗洛伊德指出了母亲倾向于珍珠耳坠的重要意义。珍珠耳坠象征了母亲在仍是一名少妇时，曾渴望有纯洁的白色滴出物或者种子能够进入她的（盒子）。弗洛伊德并未注意到，她曾不幸地被这一礼物所愚弄 / 点缀（*Schmuck*），而他也因此忽略了多拉对这一游戏的巧妙拒绝。在这一游戏中，弗洛伊德在采取父亲的立场来对抗这位女儿时，也被“愚弄 / 点缀”了。弗洛伊德仍然确信——经由另外一个“转换词”——这位女儿还在由于赫尔·卡而受煎熬，并为了一个来自于多拉的吻，而将自己的欲望移置于赫尔·卡的身上：

> 因此，“妈妈的珠宝盒”在梦中的两处地方被提到；这一

> 因素取代了所有对于多拉童年期嫉妒的提及，包括对点滴的（即，对性湿润的）、对由流出而导致的肮脏的，以及从另一方面说，对她所具有的诱惑性想法的提及。这些想法强烈要求她
> 69 回报那个男人的爱，并且描述了她所拥有的性场景（既像是欲求性的，又像是胁迫性的）。比起任何其他因素来，“珠宝盒”都更像是浓缩与移置的后果，也是彼此对立的精神流之间的妥协。其起源的多样性——同时来自于童年以及当前的源头——无疑在梦的内容中，被它的双重展现所指出。（SE VII: 91; PFL［8］: 130）

如此，弗洛伊德的科学就将多拉置于两难境地，任何一种选择都会带来灭顶之灾。如果她想要后退，那她将会被她所爱的父亲牺牲掉。如果她向前进，被赫尔·卡所俘获，那她就是在支持父亲在权力与性之间进行交换的联盟，而交换的货币，就是女性与她们的贞洁。

弗洛伊德只对多拉的第二个梦分析了两个小时，然后就收到了她的告知——这很像多拉在对她的女教师冷淡下来以后，提前两周给她的通知。他似乎有些惊慌失措，在发现自己无法重建分析的秩序之后，他就只记下了自己的思路。多拉以如下的词语描述了她的梦——我会在其中加上弗洛伊德在脚注里所添加的各种变体：

> 我在一个我不知道的小镇里散步。我发现街道和广场都很陌生。［我在其中一个广场上发现了一个纪念碑。］然后我来到了一栋我曾经住过的房屋，去了我的房间，并且发现有一封我妈妈写的信放在那里。她写道：由于我在父母不知道的情况下离家出走，她并不愿意写信告诉我爸爸生病了。“现在他死了，你可以前来，只要你愿意［在这个词之后有一个问号，即‘愿意？’］。”然后我就前往车站［“*Bahnhof*”］，并且上百次地询问：“车站在哪里？”回答总是说：“还有五分钟。”然后我在前方见到了一片茂密的树林，并且走了进去。在那里，我问了遇到的一个男人。他对我说：“还要两个半小时［两个小时］。”他提议要陪着

> 我。但是我拒绝了，并且单独前往。我见到了前方的车站，却无法到达那里。并且与此同时，我有了一种当一个人在梦中不能动弹时通常所有的焦虑之情。然后我就在家里了。我在同时必定一直都在行进，但是我对此一无所知。我走进门房的小屋，询问我家的情况。女工为我打开了门，并且回答说：妈妈与其他人已经在墓地［"*Friedhof*"］了。我看到自己非常明显地走上楼梯。在她答复我以后，我去了我的房间，但毫无悲伤之意，并且开始阅读一本搁在我的写字台上的大书。（SE vii: 94; PFL［8］: 133–134）

由于敏锐地感觉到他会在获得对于这一诊所肖像的完美解读之前被解雇掉，所以弗洛伊德竭尽全力地分析了这个梦。在这些材料中的连接性线索，是由这些场景的内在参照所给出的。因此，这座在其某个广 70
场上有纪念碑的神秘小镇，可以被追溯到那位多拉在小镇上所熟识的工程师寄给她的相册。这本相册被保存在一个盒子里，她如果想要取用，就得询问她母亲。这就好像她父亲不得不向她询问他自己用来保存白兰地的餐具柜的钥匙一样。不喝酒，他就无法入睡，原因是他与他的妻子已经不再"睡"在一起了。多拉在小镇上的闲逛也可能与她作为向导陪同她来访的堂兄游览维也纳有关。这一拜访让她想起了她自己曾去探访过德累斯顿（Dresden）的画廊。在那里，她独自站在拉斐尔的《西斯廷圣母》面前长达"两个小时"，"全神贯注于默默地崇拜之中"。弗洛伊德推迟了对"圣母"这一主题的分析，而只是提及了在一幅画作的背景之中的宁芙女神（nymphs）与湖边森林之间的关系。不过我们将会重返这一主题。作为替代，弗洛伊德讨论了在"车站"与"盒子"之间的转换，并且注意到多拉采取了一种男性的态度，正如梦的内容所表明的，她仍然坚持关心交媾的问题，既想要，又觉得不够自由——直到她父亲死去为止。因此，在车站（*Bahnhof*）与墓地（*Friedhof*）之间的关系在于，只有当她父亲在墓地安享平静时，她才能够享受性交。当然，还有一种可能是，在多拉的想法里，死亡与性是通过她父亲的疾病与全家糟糕的健康而联系在一起的。当然，弗洛伊德所采纳的线索是，多拉仍然渴望对她的父亲复仇，而这一假设决定了接下来对梦的解析。然而，这就使得他去追究那些基本能够证实赫尔·卡对多拉性知识的贬低之词的断言，而正是这一点，使得多拉的父亲认为湖边事件是她的幻觉。弗洛伊德用极为激烈的言论跟进了这条线索：

> 在这一点上，我的猜疑变得确定起来。用来表达女性生殖器的“*Bahnhof*”[“车站”；逐字翻译为：“铁路—庭院”；另外，一个“车站”会被用作“*Verkehr*”（“交通”、“交往”、“性交”）：这一事实决定了在许多铁路恐惧症案例中的精神特征。]以及“*Friedhof*”[“墓地”；逐字翻译为：“安息—庭院”]的使用，本身就已经足够明显地代表了女性生殖器，然而此外它还直接让我那被唤醒的好奇心发现了那个以类似的方式所组成的单词“*Vorhof*”[“前庭”；逐字翻译为“前部的—庭院”]，这是一个对女性生殖器官特定区域的解剖学词语。这本可能只是一个错误的巧合。但是现在，随着在“茂密树林”的背景中所附加上的可见的“宁芙女神”，一切就都清楚了。**这是一个关于性的符号地理学！**“蛹”（*Nymphae*）[在德语中，‘Nymphen’同时表示“宁
> 71 芙女神”与“蛹”]，是一个为内科医生所使用的词，而对于普通人则比较陌生（即使对于前者来说，这个词也不太常见），是小阴唇的一种名称；小阴唇位于阴毛那“茂密树林”的背后。但是任何使用诸如“前庭”与“蛹”这类技术性名词的人，其知识必定来自于书籍，而且不会是大众读物，应是解剖学的教科书或者百科全书——这是年轻人在充满性好奇时的常见借口。如果这一解读正确的话，那么在这个梦中的第一个情境背后所隐藏的就是蹂躏处女的想象，即一个男性寻求强行进入女性生殖器的想象。（SE VII: 99–100; PFL[8]:139–140）

很可惜，弗洛伊德的兴趣并不在于将多拉的性知识追溯至家庭百科全书，或者是曼特加扎的《爱情心理学》，也就是多拉与弗

劳·卡一起阅读的那本著作。无论如何，弗洛伊德的结论让多拉印象深刻，并诱导她又为这个梦加上了第二个结尾。在听到她父亲已去世后，“她平静地走向自己的房间，并且开始阅读一本搁在写字台上的大书”。弗洛伊德继续将多拉阅读书籍，作为其癔症症状的来源，尤其是胃部疼痛与盲肠炎。不过，正是她描述自己走上楼梯的这段话，让弗洛伊德注意到，她在盲肠炎之后，就已经跛行，并且不愿意走楼梯。令人大惑不解的是，弗洛伊德并未将多拉的跛行俄狄浦斯化。相反，这一“真正的癔症症状”（盲肠炎），被认为“更好地符合临床表现中的隐秘意义——或许是性意义”。然后弗洛伊德发现，多拉患盲肠炎的时间是在湖边事件后第九个月，并因此而表达了生育孩子的幻想。弗洛伊德并没有将这一幻想与圣母的画像结合在一起，以探讨这位处女母亲的意象其实可以作为多拉与她母亲都在寻找的、逃脱这一肮脏的——她们都是其牺牲品的——性经济的出路，而是迅速得出结论，认为多拉的跛行是一种自我惩罚，原因是她在无意识中的愿望，即被赫尔·卡蹂躏，且“多拉没有再对这一事实进行争辩”。

然而弗洛伊德还有一个补充的注解。在这一脚注中，弗洛伊德颠倒了多拉与拉斐尔的圣母像之间的次序关系。首先，她们二者都令人着迷；其次，她就像妈妈一样对待赫尔·卡的孩子们；而最后，她也曾有过一个孩子，尽管她仍是女孩。另外，年轻的女孩会受到“圣母”理念的吸引，以减轻其性罪恶感。尤其是，弗洛伊德忽略了处女生子的意象，即完美无瑕的（未受玷污的、没有道德败坏的）受孕。他从未想到，多拉的阅读可能是由于对另外一种生育经济的着迷，而非她所抵制的那种生育经济。然而他决意将多拉钉在十字架上，所以 72
最终他还是要求助于那个将猫称为猫的不当行为。因此，他暗示到，多拉之所以无法说出她父亲的名字以进入公寓，是因为她的姓是一种在她的生活史中，在性方面过度决定的因素——在此我们或可思考一下“*Bauer*”的意义[①]，意即，与其他事物一起的，一只“鸟笼”。然

① 多拉的真正名字是 Ida Bauer。

而弗洛伊德并不满意于此。他还暗示到，此类俗语只可能来自于弗劳·卡——唯一一位逃过了多拉之复仇的人，原因是她对她深深的同性之爱（SE VII: 104–105, n.2; PFL[8]: 145, n.1）。

多拉并没有到达现场。尽管人们在等着她。她是迷路了还是她根本就不想去？她是想离开父母，直到父亲去世，以便她可以回到母亲身边，并且或许还可以回到弗劳·卡身边，重获阅读的快乐？在这一案例中，空间的序列仅仅模仿了时间序列。而时间序列必然如此，否则就会“脱节”（车站是在五分钟以外还是两个半小时以外）。谁又是掌控时间的人呢？是赫尔·卡（五分钟），还是教授先生（两个半小时），抑或两者都不是？这些问题反过来又将我们导向了多拉所忽略的悖论：她并不知道她父亲即将去世，尽管她母亲已经写信告诉过她了。多拉所需要的关于（男）人的知识到底是什么？这一知识到底是在别的地方——在诸如她与弗劳·卡一起阅读的《爱情心理学》这样的书里？还是在诸如让她出神达两个小时之久的圣母肖像这类艺术作品里？还是说她只能从那在树林边的男人那里获得答案？这一知识是男性的还是女性的？问题太多了。然而它们只能在这个梦的时空构建中出现。这一点很重要，否则的话，对于这个梦的解读就只能过于依靠其背景材料。这个梦的功能就是要作为“戏中戏”而为该案例史的结束加薪添火，而弗洛伊德则想从中找到多拉的良知。然而他也因此而错过了这个梦的典型特征。假如弗洛伊德想要将这个梦作为理解多拉的钥匙，那么他就必须要理解这一特征——即，它构成了一个对其本身的评论。现在，这个梦的中心部分循环出现了一位年轻女性生命中的旅行或转变；这位年轻女性并不确定，要依靠她身边的哪一位才能够展开她的旅行。那么这个梦就代表了一种在时间与空间上的通过仪式（*rite de passage*）的冻结。为了逃脱，多拉必须在幻想中旅行，到她的房间里去，并且在梦中那些女人的帮助下——而非在弗洛伊德的帮助下——找到她自己。因此，这个梦是对于多拉决定结束该分析的一个评论。不过，这个梦的意义或许还不止于此，因为这个梦可能还帮助多拉决定与所有成年朋友——无论男女——
73 绝交，来为他们对自己童年的背叛而为自己复仇。弗洛伊德所错过的，是多拉给他的各种关于她自己要终结这一将她配对的游戏的线索（在她将“两个半小时”修订为“两个小时”中即有所展现），这其中甚至包括了要终结治疗的配对。最终，如果多拉离开了，那么她所表演的，既非与赫尔·卡之间的事情而导致的佯跛，也不是在模仿弗劳·卡的腿疾。相反，她迈出了独立自主的一步——回到了她的房间里并开始阅读。只不过我们无从知晓她所读的是什么。我们也并不相信弗洛伊德的猜测，即她回去沉溺于某部百科全书中关于性的条目中了。

多拉的第一个梦与第二个梦之间存在着严密的相互契合(McCaffrey, 1984)。这一点并不能够用任何简单的次序或时间序列来加以解释，除非我们明白，在梦的时间中，第一个梦（其内容）要晚于第二个梦（其事件），而且还代表了多拉从我们刚刚分析过的复杂网络中的回撤：

> 一栋房屋着火了。我父亲站在我的床边叫醒我。我迅速穿上衣服。母亲想要停下来去救她的珠宝盒；但是父亲说：“我不会为了你的珠宝盒，而让我自己和两个孩子被烧死。”我们马上下楼，一出了门，我就醒了。（SE VII: 64; PFL［8］: 99）

弗洛伊德发现，在这个梦中，多拉将赫尔·卡替换为她的父亲——以及弗洛伊德自己，除非他对于赫尔·卡的认同意味着他也被摒弃了。他也注意到，多拉即将向他揭示一个童年的秘密，这一秘密可能是她的手淫行为。然而他反转了弗劳·卡被多拉母亲所替代的意义，因为他坚持认为多拉想要取代弗劳·卡的位置，与赫尔·卡在一起。然而从多拉自己的联盟来看，我们知道多拉希望取代弗劳·卡以及她母亲与他父亲的关系，或者还有与赫尔·卡的关系（在缺乏父亲的情况下），或者是成为弗劳·卡的女儿以及爱人。简言之，存在着一种多拉试图从中脱离并返回原初状态的三角关系，即使她感觉到自己已经成了这场关于礼物与背叛的婚姻游戏中的典当品（图 2.7）：

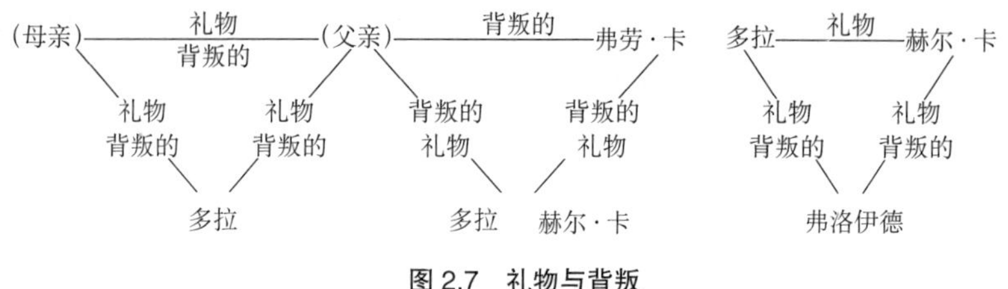

图 2.7　礼物与背叛

74　因此，第一个梦代表了多拉所投射的从成人游戏中的退出，以及她认识到，尽管她曾期待在恰当的时机学习这一成人游戏，然而她却总是处于危机之中。她明白，这一成人游戏曾让她母亲牺牲于父亲的手中。而后者也并不想要如同她在梦中所愿那样，去拯救她，反而准备牺牲她。多拉痛苦地意识到，她自己想要在成人那里引人瞩目的努力，终结于一场背叛，而她又反过来，背叛了她那位无论多晚都拒绝玩这场游戏的母亲。在这个意义上，这两位女性在肉体与心理上都呼应起来。弗洛伊德对于多拉之移情的误解的悲剧在于，他并没有将其视为多拉对其父亲最后的请求，请求他把自己从围绕在身边的家庭政治以及这一政治为所有人（包括她自己）所造成的痛苦之中解救出来。然而，弗洛伊德却也有他自己的情人——尽管他要与赫尔·卡调情，以便为了精神分析而借助赫尔·卡攻克多拉。因此，弗洛伊德必须采纳第一个梦的故事，并在第二个梦之“性地理”的帮助下来阅读第一个梦。在第一个梦里面，爱多拉胜于爱自己妻子的多拉父亲，从一栋着火的房屋中将多拉救出，而放弃了多拉母亲的珠宝盒，这正如多拉爱他胜过爱自己母亲一样。在第二个梦里面，恰好爱着弗劳·卡——她可能也被多拉所爱——的多拉父亲，将多拉从对于赫尔·卡的激情中拯救出来。

第三个小时一开始，多拉就询问弗洛伊德，他是否知道这是她的最后一次治疗。在这里，多拉给予弗洛伊德的通知与那位家庭教师给卡夫妇的通知在时间上是一致的。这位家庭教师在卡夫妇家庭中，和多拉的位置类似，而这让她愤怒，让她无法对其视而不见。赫尔·卡可能会再次向她求爱。弗洛伊德甚至认为，多拉曾希望在两年之后嫁给赫尔·卡，正如她母亲曾经等待她父亲那样：“女儿通常会将妈妈的爱情故事作为模版”（SE vii: 108; PFL[8]: 149）。多拉离开了弗洛伊德，并祝愿他新年快乐！他知道，她再也不会回来了——这是她针对他以及他所结盟的那个男人所进行的报复的一部分。在最后一个脚注中，弗洛伊德终于从多拉的“残暴与施虐狂的倾向”中，了解到了多拉之愤怒的深度。尽管弗洛伊德抗辩，他并无意于劝说多拉同意其父亲的观点，然而他却继续反思，自己是否应该激发针对赫尔·卡的进一步报复之心。就他自己而言，他怀疑自己是否夸大了多拉对其分析工作的重要性。作为她的分析师，弗洛伊德向她表达过安慰之意，并或许曾成为她在感情上的替代品。这位曾经召唤出那些栖居在人类 75
乳房之上的恶魔的人，安慰自己说，他本不期待自己逃脱指责，而且，他也拥有更高明的智慧，来实践“这一心理学的谦卑艺术”，而非我们所认为的爱的艺术！

后　记

即便如此，弗洛伊德也还有话要说。在他完成“一个分析的片段……”之后的第 15 个月，1902 年 4 月 1 日，多拉出现了。她回来讲完了故事，并且寻求帮助。“然而，一见到她的表情，我就完全明白，她并不是在真的请求帮助”（SE vii: 121; PFL[8]: 163）。在之前一年的 5 月份，卡夫妇那柔弱多病的两个孩子当中，有一位夭折了[①]。多拉利用这一机会前去吊唁。她对弗劳·卡直言，她知道后者与自己父亲之间的关系，而后者并没有否认。另外，她也收到了来自于赫尔·卡关于湖边事件的忏悔。她后来向父亲汇报了此事。此后，她就与这两个家庭都彻底断绝了关系。然而，在 10 月中旬，在目睹了一场事故之后，她的失声症又发作了。弗洛伊德发现，这一事件与赫尔·卡有关。当时她在一条交通繁忙的大街上与他相遇，而后者则在事故之中身亡。[②] 只有在偶尔提及弗劳·卡与她

① 女儿克拉拉（Klara）。

② 在弗洛伊德的原著之中并未证实赫尔·卡在事故中身亡，而是说多拉明白后者并未因此而死亡。

父亲之间的关系时，多拉才会感觉到有轻微的不适，除此之外，她潜心于工作之中，并决意单身。多拉的面部痉挛似乎发作于两周之前，当时她正从报纸上读到弗洛伊德升职为教授的消息。弗洛伊德将这一痉挛解释为她的自责，原因在于她曾阻止过赫尔·卡，并且断绝了他要治疗她的希望。弗洛伊德以一个错误的猜测结束了这一案例：几年以后，多拉嫁给了那位在第二个梦里为她寄明信片的年轻男子。①

弗洛伊德不仅将错误的钥匙强行插入了多拉的锁中，他甚至把锁都搞错了。因为多拉的锁可能在别的地方——多拉的珠宝尚未被放进那个小镇上的那个房屋中的那个房间里的珠宝盒里面（Broser, 1982）。无论是独自一人，还是随着其他愿意引领他的成年人，这位年轻女性即将开始探索那座小镇的性地理。在公开场合，她受到异性恋话语的吸引。这些话语强行进入她的私人领域。然而在她自己的房间里，在弗劳·卡的房间里，当她阅读和写作的时候，却存在着一种沉默的、狂喜的话语，周转于女性之间，也即在母亲/女儿/爱人之间，在她们那令人喜爱的（乳汁一样的）洁白身体之间。这一沉默重
76 复了在缝隙之间的吸吮愉悦，并被转移到多拉对《西斯廷圣母》的着迷中。与这一点相对应的，就是弗洛伊德手执雪茄的那幅画像。这样一来，我们就有了两幅自爱的画像了——每一副都以各自的方式展现了双性恋。弗洛伊德是口交，而多拉则是舐阴，由此构成了一条咬尾蛇乌洛波洛斯（*uroboros*）的形态，彼此性交，相互滋养。每一方都是另外一方自爱行为的镜像。在多拉的第一个梦里，我们发现，她从未忘记幼时的爱欲，并且总是在寻求自我愉悦的可能性。而且由于她父亲从未进行过任何惩戒性的措施，所以这一行为可以说是在父母的支持下进行的。在第二个梦里，多拉在那个奇怪小镇上、在车站与树林之间的漫步，表明了一种对于妇女之性的研究。这一研究，最终结束于她在拉斐尔的圣母像之前的狂喜与着迷。

---

① 弗洛伊德在1909年、1912年以及1921年的本案例版本中，在结尾处加入了如下的脚注：“我在后来得知，这是一个错误的想法。”

父亲的死亡使得多拉的这两个梦区分开来。这能够让她以深思熟虑的方式返回到早先那个她得以偏离异性恋的路径。这一次，她能够安享对于弗劳·卡那“令人着迷的洁白身体”的迷恋。后者就好像拉斐尔的圣母像一样，为她提供了一种不具有性差别的享乐图景（vision of *Jouisance*），同时却可能以一种洁白无瑕（不受玷污）的方式，在她的子宫里播下种子。通过将珠宝盒与有着性交往（sexual traffic）的车站符号关联在一起，弗洛伊德相信，在第二个梦里，多拉的性厌恶并未得到重复；而是被她向自己所提出来的关于女性身体的探索问题所取代——*我只能像爱一个男人那样去爱她还是我可以将她当作一个女人来爱？*当然，这一问题并未完全打开，因为她从未忘记过自爱，而且也无法忘记这并非男人爱女人的方式。然而多拉从此只能停留在那个异性恋身体的外面，因为她沉溺于圣母那未被亵渎过的、完美无瑕的身体——这是她母亲所幻想的身体，是弗劳·卡的身体，也是上帝之处女母亲的身体——同时也是婴儿之爱的乳汁般洁白的身体。正是这一神秘性将家庭主妇、家庭教师与这位年轻的癔症患者联合在了一起（Meisel, 2007: 184–188）。以同样的方式，它也将她们从精神分析，甚至还从女权主义中驱逐了出去，因为在其中既没有关于爱的科学，也没有关于爱的政治学。

多拉的肖像

我们在前文中数次提到过，女权主义评论家们关于多拉案例所详加讨论的某些方面（Bernheimer and Kahane, 1985; Decker, 1991）。问
题是，我们所讨论的，是一幅“关于”多拉的画像，亦即被描述的那 77
种被动的客体，还是多拉“所致”的画像，亦即她自己的价值观与信仰可能抵制了弗洛伊德关于她的癔症的医疗化与家长化的观点。这一双关语让法语翻译的表达模棱两可——“*Portrait ‘de’ Dora*”。在这一法语的表达中，对于我们所拥有的多拉画像来说，多拉既是质料又是

形式，既主动又被动。不过，即便是在英语中，这一刻画的行为也距背叛相去不远，而且无论如何都无法逃脱将这名艺术家与第一人称视角的当事人区分开来的正义性问题。我们将会在薛伯的案例中再次讨论这一主题。

在埃伦娜·西苏（HéLène Cixous）与凯瑟琳·克莱曼（Catherine Clément）之间那场关于在权力 / 知识之问题化的过程中女权主义者应持何种立场的宏大论辩里（Cixous, and Catherine, 1986），已经讨论过多拉的画像是否应该悬挂在女权主义者名人堂之中这一问题。多拉到底是像西苏所说的那样，是一位反抗布尔乔亚式父权文化的女权主义者呢，还是像克莱曼所相信的那样，是一位失败的保守主义者，当她的家庭失败的时候，她也深陷其中了呢？这两位争辩者不仅结论彼此不同，而且其认知方式也大相径庭。克莱曼承认，她更愿意去从事一种传统的学问，而西苏则对其痛加驳斥，认为这一方式陈腐不堪，充斥着一种主人话语（master discourse）的意识形态，并因此而无法让女性们自我享用。克莱曼在对女魔法师、女巫与癔症患者进行了历史学研究、仔细权衡了在每一种形象中女性排除的问题化之后，才得出了她在多拉问题上的立场。她的结论是，癔症无法飞翔——习俗在关于飞翔 / 盗窃（*violer*）的狂喜中接过了这一挑战：

> 女魔法师的诞生不需要父亲。她出现，她被一种“灵魂压力”压出。这一“灵魂压力”是一种心理学意义上的压碎的活生生的产物。癔症是双性的：这意味着什么呢？在严重的癔症性发作中，她同时既是“女人”又是“男人”；弗洛伊德如是说：“（作为一名女人），这名病人用一只手抓住她的衣服，紧紧顶在她的身体上，而（作为一名男人），她用另外一只手去扯掉它（癔症性幻想与双性体之间的关系）。”她同时扮演着“女性”与“男性”的角色：男人是攻击者，而女人则要让自己的衣服穿在身上。文化的体现，令人伤感地在两种姿态、两只手和一件衣服中得到了符号化表达。癔症患者的双性体，正如女巫的本性，无

> 疑要更大一些——如果我们不考虑癔症的话；远离了那些无助的、被癔症所控诉的角色。这个表演大抵如此。在这场马戏团的表演中，有太多的女性受压迫而亡。演出告终。终结于这样的成双成对里：性倒错与癔症，询问者与女魔法师。（同上：56）

而西苏对克莱曼的回应方式，是踩踏那个（摩西）律法（the Law），是逃离语言，是对其征用，是用解释与诠释来打破它！

> 飞翔 / 盗窃是女性的姿态。偷偷潜入语言，让其飞翔。我们 78
> 都已熟知飞翔 / 盗窃，这一艺术有着不计其数的技巧，因为在有史以来，我们都只能通过偷盗 / 飞翔的方法来拥有；我们生活在飞翔 / 盗窃之中，偷 / 飞，发现中介，合拢通往欲望的道路。如果“飞 / 盗窃”（voler）这个词，临空于盗贼的“偷”（vol）与飞翔的“飞”（vol）之间，在两方面都愉悦快意，并能够令各方都达致其意，那这绝不仅仅是一种巧合。这不只是一种巧合：女性分担了飞鸟与盗贼的性质，正如盗贼分担了女性与飞鸟的性质：他她着其通路，他她着其飞过，他她着其快乐，快乐在对空间秩序的扰乱里，在迷乱里，移动家具、各类事物以及相关的价值，破门而入，清空结构，倒转一致之处、打破舒服适意。（同上：96）

我们当然要感激克莱曼与西苏在陈述其立场时的开放态度。我想她们所致力的辩论，对于女权主义者们来说是无法仿效的，原因在于很难想象其中的任何一方会压倒另外一方。然而，在实践中，这却是一种危险。西苏与克莱曼都是极具风情的飞鸟——用她们自己的话来说，她们极其善于卖弄自己的羽毛——如果不是彼此展示的话。我们仍然有待发现，在西苏自己的语言飞翔与想象力的跳跃中，她是否带上了多拉，然后随其自行坠落——让她因为后面那些女人们的缘故，而遭受剥夺欺凌。我们必须要记住这样一个问题，西苏的剧场式实践在多大程度上冒犯了多拉、冒犯了弗洛伊德，以及冒犯了关于一场疾病的家庭经济。关于这场疾病，西苏最终也没有表现出任何同情。一个人的总结，当然要依赖于他/她对于区分开克莱蒙与西苏的那一议题的感受。也就是说，我们（学者们与批评者们）在绘制肖像时，在何种程度上对多拉（对弗洛伊德）铭感在心？即便我们容许诗意的不拘一格——由于某首诗歌可以振奋共同体、情感与正义，我们就可以不去过问这首诗歌是否伤害了别人？如果答案是肯定的，那又是什么拓展了这首诗歌的视野呢？

诱惑的双重历史。
哪个女人不是多拉？
那种引起他人（欲望）的。
女仆姑娘的位置——癔症患者改变
了现实吗？欲望，想象，阶级斗争
它们如何关联？结果是什么？
（同上：147）

西苏坚持认为，驱使多拉癔症的，包括了女权主义的反抗、女同性恋的欲望亦即她在圣母那里所具有的此种可能性的崇拜。作为对这种观点的回应，克莱曼认为，多拉绝非一个革命者的形象：

79 西苏：……多拉打破了某些东西。

克莱曼：我并不这么认为。

西苏：那些房屋是“建基于”多拉之上，其稳定性完全取决于她。

克莱曼：她所打破的，严格说来只是个人化的与界限性的。

西苏：那是因为在当时，没有任何可能再进一步。

克莱曼：听着，你爱多拉，然而对于我而言，她绝非是一个革命性的人物。

西苏：我根本不关心多拉；我没有杀死这个婴儿。她是某种力量的名字，这种力量使得这个小小的马戏团不再运转了。（同上：157）

多拉要么被看作女权主义者的姐妹，要么被看作受诱惑的女儿，但只有这两种可能吗？这会淡化多拉对于围绕在她身边的异性恋游戏以及在女性游戏者彼此之间竞争的——身体的与家庭的——双重归顺。它排除了多拉的母亲，也排除了她关于被玷污的性经济的经验。她从这一经济中抽身而出，并将自己投身于一种洁癖之中。这一洁癖当然并非是她的愚蠢或者缺乏文化的自然表达。实际上，这位母亲对洁白的珍珠耳坠的向往，代表了她对类似于圣母形象的洁白无瑕概念的愿望。这两种想象都含有一种针对异性恋经济的、在神话学意义上的备选项。我们都身处这一异性恋经济之中，受制于生殖的律法，也就是列维－施特劳斯、弗洛伊德与卡尔·马克思总结为文化与生物性生殖的结构性律法的东西。任何女性、任何工作的男性都熟知这一点，亦即任何家庭都熟知这一点，爱与劳动是其两个面向。当然，我们或可从一种叙述的视角来看这一结构（它是如何出现的？它能够变化吗？）；或者从一种主体性视角来看（它是如何影响女人、男人和儿童的）；或者从反讽的视角来看（就好像在《圣经》或者是柏拉图的《会饮篇》中所体现的那样）。我们所不能做到的，是去论证，“男人们”创造了性与劳动的境况，就好像它们是人类在历史开端处所面临的低俗选项一样。关键是人人都对此了然于胸。正如马克思所说，每一个男人都知道，男人和女人之间会生产出东西来，然而他们仍然需要学习的是，他们还需要生产关于他们自身的理念。弗洛伊德亦有此论。所有的男人与女人都知道，性存在于他们的快乐或忧愁的最深处，然而他们仍然需要学习它是怎么一回事儿，需要学习思考他们的性。任何人关于“性”的观点，或多或少都基于某种话语或者“性”密码之中。这些话语与密码在历史与文化的意义上都极为复杂，所以分析工作只有殚精竭虑，才能将其条分缕析（O’Neill, 2002）。

克莱曼与西苏在揭示多拉的性秘密是否会破坏其家庭政治这一 80
问题上意见相左。西苏相信，只要这一案例由于多拉通过拒绝异性恋而拒绝其终结，而被去家庭化了，那么它在癔症层面上的越轨，同时也就是一种政治性越轨。从这一观点出发，弗洛伊德针对多拉的钥匙，只能将他引入铜墙铁壁之中，而不会找到真正的出口。“什么样的女人才会想要被一把万能钥匙打开呢？”(Gallop, 1982) 然而这一提问并未注意到，尽管弗劳·卡对赫尔·卡不乏轻蔑之词，但多拉是自愿爱上后者的，正如弗劳·卡自愿爱上多拉的父亲一样。简言之，这把钥匙也可以流通使用。在这些彼此相爱的女人之间，任何事情都没有改变，正如多拉的教师、多拉以及弗劳·卡她们以各自的方式所发现的那样。只有多拉的母亲拒绝这一游戏；而多拉则只有在伫立于《西斯廷圣母》之前的那几个小时里，才隐约看到了一种没有破坏与占有的爱的经济。在我们对彼此的失望之情中，我们或许会慨叹并且非议我们对爱、性、“阴户”与阴茎的执念。我们会政治化、神学化、医学化并且还会讥讽我们在生殖器上的差异。在关于男人与女人之境况的所有话语中，没有一种可以作为这一“境况”而有望逃离这一矛盾。因此，弗洛伊德的法语（*J'appelle un chat un chat*）与珍妮·盖洛普（Jane Gallop）的“vulvarity”[①]都解决不了任何问题。然而盖洛普的想象是，女性可以将阴户称为阴户而不必为此采取阴茎视角，其前提是她们在彼此之间将肉体性知识视作了一种女同性恋的补充，一种她们自己的返场加演。这是不是明显忽略了多拉对于弗劳·卡那“珍珠一样洁白”的身体的令人失望的着迷呢？

不过我们已经冲到了盖洛普的后记（Gallop, 1982）里面去了，现在必须要返回她的论证。在这一论证中，盖洛普得出了她关于多拉案例的恰当钥匙的“明确结论”，即在这一布尔乔亚家庭中的家庭教师的引诱性功能。弗洛伊德发现，多拉解聘他，正如她曾经解聘那位家庭教师一样，作出这一决定的原因是她怀疑他们对她的兴趣其实是为了讨好她父亲（Collins et al., 1983; Forrester, 1984）。在发现自己与赫尔·卡之间的关系，与卡家庭中的那位家庭教师相仿之后，多拉甚至更为愤怒。弗洛伊德为这位女病人取名为“多拉”。这个名字来自

① Vulvarity 作为 Vulgarity 的变体；后者意为粗俗，下流；然而 vulva 亦有女阴之意。在盖洛普的工作之中，我们并未发现该变体词，而仅仅只有 Vulgarity 一词。所以此处更像是奥尼尔本人依循盖洛普在《女儿的诱惑：女权主义与精神分析》一书中关于下流的讨论而做的进一步演化式文字游戏。

于他妹妹的女佣，所以这极有可能也是他对她的报复。同样极有可能的是，弗洛伊德本人在幼年时，也曾无法抵抗他的保姆对他的诱惑。盖洛普沿着这一线索进行研究，并认为，育婴的保姆或家庭教师乃是母性魅惑的继承者，同时也是分析师们的第一位需要付费的竞争对手。肉体知识因此就是女性的秘密，而且同时也尤其是那位佣人的秘密。因此，精神分析的家庭经济学从来没有实现俄狄浦斯情结——或 81
者乱伦禁忌——理论所赋予它的厚望，因为在这一布尔乔亚家庭里，佣人们总是会有一种额外 / 特别熟悉的引诱者：

> 弗洛伊德所无法忍受的，是他如同女佣一样，在门口被蹂躏了（*foutre à la porte*，被搞了）。我不敢苟同对于西苏所强调的多拉这一门的特征（Porte-trait de Door-a）的平实粗俗的解读。这一解读没有从这一门的流俗意义转入意象意义。一旦这扇门被注意到了，那么“蹂躏”就不可避免。女仆“在门口被搞”，她“在门口”，就如她是一种门槛，意即存在于“家庭之中”与“家庭之外”的人物。搞她是一种临界行为，这一行为处于乱伦与外婚制之间，与这二者都有关系，接受外人并一直试图将其内化。（Gallop, 1982: 146）

无论如何理解这种语言游戏——通过演绎这位佣人被“解—雇”（‘dis-missed’），也可以有同样的效果——盖洛普通过将阈限的集合界限（女佣、少女，等等）发展到一般化的所有女性，从而摧毁了阈限这一概念。然而假如有些人要成为少女、保姆和妓女，那么某些女性就必须要嫁人生子。有些女性会经历所有这些角色，或者是身兼数种角色。所有的女性在获得一个家庭之前，或者是她们中的某些人——而非全部——在决定单身之前，都会先拥有一个家庭（O’Neill, 2002）。

在我看来，当弗洛伊德在询问多拉如何理解她在湖边与赫尔·卡之间的事件 / 场景时，他就已经跌倒 / 失败了。拉康认为，这一事件 / 场景双重化了，因为弗洛伊德在精神分析这一事件中已经移情于赫尔·卡。除了阴茎立场之外，弗洛伊德无法感知到多拉的（同性）恋欲望，当他明白这一点时已经过迟。这一点瓦解了该案例史的权威性。与此同时，弗洛伊德在他的脚注里，以及在证明该文本之碎片性的实质性标记的附录里，都给出了上述论点的证据。在这一点上，我们或许可以认为，他认识到了在他自己灵魂中的分裂，即，他意欲被当作"一名女性"，正如那位他曾以自己那寻求被引诱的幼年欲望来反向—移情（counter-transfer）的少女一样，被剥夺了财物、失落并且被开除。他在这些情境下的成就，就是复制多拉与他自己所经验到的癔症。他们是在一份受到双性倾向的不可判定性所统治的文本中经验到这一点的：

> 一种非常类似的情况是，某人在其意识性的自慰幻想中，在某个想象的场景中同时将他自己想象成男性与女性；与这一点的进一步对应发生在某种特定的癔症性发作之中：病人单独同时表现出潜在的性幻想的两方。（SE ɪx: 165–166）

82 多拉对父亲与母亲、父亲与弗劳·卡、弗劳·卡与赫尔·卡的双重认同，让她无法参与到成人游戏（即通奸）之中。在这一成人游戏中，所有人都坦诚，他们一直被自己的初恋所"拥有"。然而，通奸并非对这一游戏的拒绝，它只是对这一游戏的重复。

只有多拉的母亲拒绝被重复利用。而且当多拉站在弗劳·卡面前，狂喜入迷（ecstasy）之时，她恰好遗忘了母亲的故事（她当然对其有所了解）。然而，《西斯廷圣母》却成了她母亲之欲望的沉默目睹者，并与此同时与弗劳·卡处于完全不同的层面。尽管弗劳·卡背叛了多拉，然而却依然被后者所欲求着，虽然拉康将她对于他们的偶像崇拜等同起来：

> 正如在所有女性那里都确切无疑的那样，以及出于那些位于社会交换最基本形式之最底层的原因（多拉所给出的，作为其反抗之基础的那些原因），她的境况的问题在于，从根本上接受自

> 己作为一个受到男性所欲求的客体 / 对象；而对于多拉来说，这一点正是促使她产生对弗劳·卡的偶像崇拜的原因。因此，当她站在圣母前长时间思考时，以及当她追求一种远距离的崇拜者的角色时，多拉被迫选择了这样一种结局，即基督教已经通过将女人变为神圣欲求的客体 / 对象，又或是欲望的超验性客体 / 对象（这二者是一回事），从而将这一主体性逼入绝境。（Lancan, 1985: 99）

事实上，弗洛伊德与拉康都从那被移置进入《西斯廷圣母》这位沉默记录者的欲望那里转身离去；毕竟，无论这欲望遭遇到了何种口腔挫折、愤怒、嫉妒与爱恨交织，它都拒绝放弃母亲的身体。

多拉的《西斯廷圣母》

我认为，弗洛伊德与多拉之间最后的那场冲突，是关于概念的优先性（*priority of conception*）的冲突——每一方都力图成为他们各自的自我理解的唯一源泉。因此，即便《西斯廷圣母》在此构成了三角关系，他们二人之间的关系也并未过于疏离，因为他们各自都受到一种关于洁净无瑕之概念的个人神话的驱使。两位主角的差异在于，对于弗洛伊德本人来说，他关于自我—起源的想象的历史，要更为长久，也要远为复杂与精妙。至于其余的部分，例如精神分析的诞生及其在各种案例史当中的衍生品，以及在多拉案例中可能诞生的女权主义，都已经变为了一团混沌不清、纠缠不已的文本，我们或可让其稍微松散一点，以便打开它，同时也须注意不能让其完全解开：

> 在无意识的状态中，多拉对弗洛伊德意味着许多东西。她是多拉，是佣人，是像孩子一样的妻子……是潘多拉——只不过是另外一个多拉——还有狄奥多拉（Theodora），是由诸神放

> 置到地球上以引诱（男）人的……多拉还是多拉·鲍尔（Dora Bauer）……携带着他们的反移情成分……（Decker, 1991: 146–147）①

83 多拉案例的碎片化问题——是弗洛伊德式的碎片，还是一种女权主义的基石？——曾经被杰奎琳·罗斯详尽研究过（Jacqueline Rose, 1985）。她将这一困难定位在发生于弗洛伊德那里的转变之中；即弗洛伊德或许是允许，或许是不再控制这种从关于多拉症状的分析向诸种事件的转移。这些事件起源于多拉那种散乱无章的性及其对俄狄浦斯式诠释的抵抗。因此，正是弗洛伊德自己对多拉的依恋，耽搁了他发现她的同性恋。这让正在发挥作用的反移情模糊化了，并因此而阻止了该分析达致一个令人满意的结局，即认识到在每一种性别中，都存在着一种无法治疗的但却并非是神经症的双性同体现象。由于缺少了这一点，弗洛伊德关于多拉的“同性恋”视角，似乎就支持了女权主义对于这一未受到抑制的母性身体之回归的强调，以及它对于那位**父亲**（the Father）的符号性秩序的移置。然而，正如罗斯所说，多拉的两个梦表明，女性通往母性身体的道路，只能经由一种男性认同来实现。多拉同时接受又拒绝了这一点，亦即拒绝了关于她的刻画向一位妇女（*Weibsbild*）的最终版本的进化；在这一版本中，（由于她的性知识），她的性不再“有问题”。如此，拉斐尔的《西斯廷圣母》才虏获了多拉，因为她在那里可以沉思高于人类之性的家庭之爱的神圣题记，就好像在圣母背后所站立的，乃是圣母怜子图（the *Pietà*）一

---

① 戴克尔（Decker）的原文中为多拉·布洛伊尔（Dora Breuer），（原文为：And so Dora was also Dora Breuer），见 Decker, 1991: 146–147。戴克尔在此处指的应该是约瑟夫·布洛伊尔（Josef Breuer）。约瑟夫·布洛伊尔本是弗洛伊德年轻时的导师，他与弗洛伊德合作的“安娜·O”案例，是弗洛伊德通往精神分析之路的重要里程碑。戴克尔在其 *Freud, Dora and Vienna 1900* 一书中认为，弗洛伊德在案例史中将 Ida Bauer 取名为 Dora，其来源实际上是他本人的导师布洛伊尔的小女儿 Dora Breuer。在此处引文中，奥尼尔将多拉本来的姓 Bauer 误用在此处多拉名字的变体之中，为我们理解奥尼尔本人对于解读的解读的解读……又提供了一条线索。

样。不幸的是，本来有可能从其老奶妈[1]那里学到这一切的弗洛伊德，却由于更钟情于他母亲的汤团课程[2]而将其遗忘，正如在多年之前，他曾坦承，自己无法从拉斐尔的《西斯廷圣母》中发现任何特别的意义，他所看到的不过是一位普通的保姆而已。

完成这一碎片的整合问题，也可以被分析为弗洛伊德本人的自我分析及尤其引发的“恐怖感”（*Grauen*）之概念化问题的一部分，正如老布吕克（Brücke）挑战弗洛伊德，让他去解剖他自己盆腔的那个梦一样[3]。事实上，弗洛伊德强调，他并未因为要解剖自己而感到恐怖，不过，他却强调了《释梦》一书的延迟出版与变得灰白苍老（*Grauen*）之间的关系，亦即他可能会在本书出版以前死去。我们现在需要分析弗洛伊德在死亡与双性体这一双重背景下的延误了。为了这一目标，我们需要更为仔细地检讨他对活体解剖（vivisection）这个梦的诠释。这个梦里存在着大量关于在失去帮助的情况下行动困难的暗示，包括由于他的双腿疲倦而由一位妇女背着他的暗示，尽管他一直都在不停地惊叹，自己的双腿如何可能在解剖之后依然行动自如。弗洛伊德对这个梦的解读，是通过参照那位曾经在解剖中为他做过助理的路易斯·N. 来完成的（SE v: 452–455; 477–478）。他 84
从“奇怪于”自己并不对这一分配给自己的任务感到恐怖，到路易斯向他借阅读物，而他给了前者赖德·赫加德的《她》……“这是一本奇怪的书，但充满了隐义，‘永恒的女性，我们感情的不朽……’她

① 有一位老奶妈曾经照料过弗洛伊德，直到其两岁半为止。这位老奶妈所教给弗洛伊德的，显然包括了许多不同寻常之事。弗洛伊德与母亲及这位奶妈之间的关系，详见 Peter Gay, *Freud: A Life for Our Time*, pp.7–8；中文译本见龚卓军、高志仁、梁永安译：《弗洛伊德传》，厦门：鹭江出版社，2006 年，第 7–8 页。

② 在《释梦》一书中，弗洛伊德在对自己的一个梦进行分析时，记述了母亲在他 6 岁时用搓制汤团的方法向他说明“人类都由尘土所制成”的道理。弗洛伊德在书中写道：“我目睹了这个证据，大为惊奇，后来我也默认了这句话，‘生命最后复返于自然’。”参见，Freud, PFL, IV, *The Interpretation of Dreams*, p. 296；中文见孙名之译：《释梦》，商务印书馆，2005，第 202–203 页。

③ 这个梦见于《释梦》第六章第七节“荒谬的梦——梦中的理智活动”的第二部分之第七个案例。参见，Freud, PFL, IV, *The Interpretation of Dreams*, p. 585；中文译本见孙名之译本第 453 页以降。

打断了我的话说：‘已经读过了，你就没有自己写的东西吗？’‘没有，我的不朽作品还未写成呢！’”[①]（SE v: 453）萨拉·考夫曼（Sarah Kofmann）认为，弗洛伊德的死亡焦虑之上，又叠加了一重担忧或无力感——他希望可以通过出版《释梦》而一劳永逸地克服它们，正如那些在他青年时代里的伟大英雄们一样，攻克最为奇诡幻丽的梦之大陆。总而言之，他也将因此而超越他的父亲（以及他的导师布吕克），尽管，正如考夫曼所指出的，我们很难说他是将自己视为一个为其父亲而赢得了不朽的孩童，还是将自己视为一位诞生了精神分析这一孩童的不朽父亲。在后一种解读中，弗洛伊德的延迟性力量、酝酿、等待，以一种巫术的方式与 5（v）这个数字关联起来：将那本梦的著作留而不发的年度，在多拉的案例里完成分析的时间，在医学考试与结婚以前他所静候的年度——狼人午休以后醒来的时间（5 点），这一点我们将在后文中加以解读。

不过，在这一延迟中还隐藏着更多的东西。通过与路易斯 N. 有关的线索，考夫曼将其追溯为一位母亲的形象。她又将我们带至弗洛伊德自己的母亲，那位宠爱自己幼子、视其为未来的英雄的母亲。而其幼子，则回馈了她的爱，并在对于她的欲求之中，欲求着他父亲的死亡。如此，延迟出版的东西，就不再是无能，而毋宁是他对科学共同体的忧惧（布吕克 / 路易斯·N.）。他可能会被这一共同体所拒绝，而一同成为泡影的，还有他成功的梦想，原因就在于他视为人类社会之基石的那个荒谬、“恐怖”与“令人恶心”的理论，而这也是他强迫他的病人如多拉等人所接受的理论：

> 进而，如果我们回想起，弗洛伊德使用了同样的术语 *Grauen* 来指称绝大多数男人在遇到女性的（妈妈的）生殖器（由美杜莎［Medusa］的头所符号化表征的）时候的感受（一种足以让人的头发一夜变白［*grauen*］的感受），那我们就可以想象，是否弗洛伊德在其《释梦》里所揭示的“这些奇怪的未知之

① 中文引自孙名之译：《释梦》，第 455 页。

> 事”并非明确的与妇女的、母亲的性有关——梦者敢于去直视的母亲之性，敢于冒险直视他的母亲像伊俄卡斯忒那样上吊自尽。①（Kofmam, 1985: 29–30）

弗洛伊德甘愿承受绝罚的危险。这一危险不仅来自于（男性的）科学 85
共同体，针对的是他那令人毛骨悚然的理论以及他对于母亲之身体的迷恋；还来自于（女性的）科学共同体，这是因为他的理论将菲乐斯/阳具（phallus）作为了人类社会的组织原则。在后一点上，考夫曼要更为敏感一些，因为在她看来，弗洛伊德事实上拒绝承认异性恋，尽管她过分强调了与母一体之间的乱伦关系（小阴茎的回归）。

如果重新检视这个活体解剖的梦，那么我们就会发现，正如考夫曼所说，路易斯·N. 并非一个母亲的形象，而是一个向导的形象。她独身一人，不依不靠，引导弗洛伊德进入了“一个未曾被发现的领域”；她最终葬身于“神秘的底下烈火”之中，而没有达到不朽之境，即生育后代。她是通往“永恒的女性气质”（*das Ewig-Weibliche*）的向导。我们将会发现，这是薛伯的渴望所在，也是多拉在《西斯廷圣母》之前的那一瞬恍惚间所渴望的东西。在此，我们获得了死亡的另外一面，也就是对于异性恋、婚姻与儿童的拒绝，以及信奉**相同**（Same）之物、彼此无差别或区分的类似之物相结合。在异性恋与同性恋之间的选择，可以从这个梦自身以及从弗洛伊德的终篇分析中看出来。从这一终篇分析中，我们可以发现，弗洛伊德不无愉悦地放弃了家庭生活：

> 最后我们抵达了一个小木屋，房屋末端有一个开着的窗户，向导把我放了下来，取来两块现成的木板，搭在窗户上，这样就可渡过必须由窗户跨过的陷坑。这时我真的开始为我的双腿担忧了。但是与预料中的跨越相反，我看见两个成年男人躺在紧靠木

① 伊俄卡斯忒（Jocasta），俄狄浦斯的生母与后来的妻子，在俄狄浦斯的故事中，在发现真相以后上吊自尽。

> 屋墙边的木凳上，似乎还有两个儿童睡在他们身旁。这样一来，好像造成能够跨越的不是木板而是儿童了。我在一阵内心战栗中醒了过来。(SE v: 453)[①]

弗洛伊德看到，“这一跨越”只能通过儿童这一方式来完成，亦即通过异性恋，而非通过躺在木凳上的“两个成年男人”（弗洛伊德与弗里斯）。这一观念，也覆盖在了弗洛伊德的欲望之上。这一欲望即拥有他自己的知识成就，而非做一个依附于布吕克与弗里斯的儿童。然而当他将那个“木屋”解读成棺材时，他从他那不愿意拥有的观念中，引导出了一种愿望的实现——在一个意大利式的（卧）室里，再次与（弗里斯）同床共寝：

> 因为我进过一次坟墓，但那是靠近奥尔维托的一个伊特拉斯坎人的空穴，一个狭窄的小室，沿着墙壁有两条石凳，上面躺着
> 86 两具成人骷髅。梦中的木屋内部看起来正像这个坟墓，只是木头代替了石头。这个梦似乎是说：“如果你一定要躺在坟墓中，那就住在伊特拉斯坎人的坟墓中吧！”随着这种移置，于是便把最阴沉的期待变成最迫切的希望了。(SE v: 454–455)[②]

在这里隐藏着弗洛伊德的秘密——同性恋之爱的烈焰。这与多拉的秘密并无二致，并且是由能够同时打开两把锁的骷髅钥匙所开启的。而且原因并非如盖洛普（1982）以及其他人所想象的那样，在于它就是菲乐斯 / 阳具；原因在于，这一被锁在一起的爱，并不需要解锁。因此问题就出现了：这一发现是如何得到的？因为按照考夫曼所指出的，如果所看到的仅仅是一个“完全的他者”（*tout autre*），那么只有对于母亲身体的凝视是不够的。这就是美杜莎的头颅的意象，将男性、女性分别从那个男女同身的状态中区分出来，就如同在希腊历史

① 译文引自孙名之译：《释梦》，第 454－455 页，译文略有改动。
② 译文引自孙名之译：《释梦》，第 456 页，译文略有改动。

上从米诺斯时期里区分出迈锡尼文化那样，或者是让前俄狄浦斯式的性爱服从于父权制文明的俄狄浦斯式的叙述一样。弗洛伊德对于母亲身体的着迷对他关于女性的概念产生了极大的影响，使得他将女性理解为可以爱上另外一位女性的形象，正如他所隐藏的对于其他男性的爱那样。

精神分析所掀起的面纱并非是女性的面纱，因为那不过表明了我们所信奉的性差异。进而，这一面纱既未遮掩住什么，也没有什么可遮掩的，除了它对于那个（摩西）律法（the Law）的承诺之外。因此，这一面纱不过是将我们暴露在性差异之前，以及为了服务这一性差异而繁殖的必要性。男性和女性在这一点上或许各有各的抱怨，正如他们所表现出来的那样，然而在他们的差异背后，所有人都明白，这些抱怨其实是一回事（*same*）。这就是弗洛伊德的导师在晚餐后同他一起抽起雪茄时，向他重复的话。所有的年轻英雄的必经之途，就是将人人都已熟知的东西，转变为大夫们自己只有在密室里才能从事的科学——不断向自我重复着那个训令：尚未找到“替罪羊”（*pharmakos*）[①]，以便让自己对其“直言不讳”（“*un chat un chat*” or “a spade a spade”），从而释放其“小［男］人”（*l'omme-lette*）[②]。不过，这一替罪羊必定既非男性，亦非女性，而是在这二者之间来回往返，以泄露双方秘密（无耻地揭露着那些羞人秘事），将女人的本性与男人的文化，围绕着某位女人的羞耻而编织在一起。以同样的方式，一位被她自己的身体所吸引的女性，就好像儿童或者一只猫那样，也会着迷于男人自己所丢失的自恋，并与此同时会照料这个男人的焦虑，关于她（不）能够做到基于异性化之差异的升华与文明的焦

---

① 关于 pharmakon 与 pharmacia、pharmakeus、pharmakos 等词语的讨论，见 Jacques Derrida, *Dissémination*, trans. Barbara Johnson, Chicago and London: the University of Chicago Press, 1981, pp.71–72。

② 拉康在其许多著作中，都对弗洛伊德所引用的那句俗语“*pour faire une omelette il faut casser des oeufs*（you have to break eggs to make an omelette）”（SE VII: 49; PFL [8]: 82）进行了著名的转化表达：用“hommelette”（小［男］人，小矮人［little man, homunculus］）取代其中的“omelette”以指代儿童前俄狄浦斯式想象的碎裂。此处的 *l'omme-lette* 或为奥尼尔的笔误。

虑。作为母亲身体，女性来来往往，教给她的儿童那个快乐的“去/来”课程中的痛苦与愉悦！弗洛伊德的母亲通过一个小游戏，教会了自己的儿子人所受制于自然的死亡。这一游戏表达了生命/生活所构
87 建起来的剧院。生命/生活构建这一剧院是为了梦想着其起源的丰富性，以便承受其自身消亡的那一场景：

> 确定神话的优先性及其真理性，就是要承认，（精神分析的）思考、理性与男性气质理论在何种程度上受惠于由某位女性——妈妈——所生产出来的视觉呈现；就是要承认，如果没有母亲的知觉性沉思，这一备受赞誉的“文明的进程”就无法完成。这一教育学秩序如同自然秩序一样严格，它掌控了从感觉到神话，再到**母性教育**的必要历程……要想逃脱这一教育学秩序，逃脱这一历经母亲、感觉和神话的历程，就会如同宣称不想从母亲阴道中被生出来一样，实属痴人说梦；另外，这还像绝大多数逃脱了自然代际秩序的荒谬死亡那样荒诞。（Kofman, 1985: 76）

多拉在*无原罪始胎*（*immaculate conception*）的神话中所想象的，正是此种逃脱。我们后面会发现，薛伯也有类似的想象。然而，这并不能避免母性教育，反而将其推举到了神坛之上，以免受阳具的触碰。考夫曼将处女母亲的神话化约为一种自我始胎的想象，并指出了其荒谬之处——儿子必须要在母亲之前出生或者是母亲必须要在他之前死去，另外还指出了从对这些代际间秩序的违背中，将会产生的重罪。我认为，她更关心弗洛伊德的死亡焦虑。正如他在1913年的《三个匣子的主题》中所表达的那样，以及他在承认母性作为精神分析的源泉时所表达的那样。然而，多拉与薛伯，都梦想着一种能够在超越异性恋经济的状态中复制他们的爱情，也就是经由一种既能够改变人类家庭的形态又不完全取消家庭的神圣之爱来完成这一点。那个圣母神话的核心就是*爱的礼物*（*the gift of love*），而非其对于性欲化（sexualization）的挪用。另外，这一爱的礼物，作为在上帝与其造物之间约定的荣光，命令父母与子女们彼此要——代代相传地——相

亲相爱，并由此而确保了代际性（intergenerationality）。在这一循环中，每一方都以神圣家庭之名，而牺牲了自己，成全另外一方——父性对母性，父母对子女，子女对父母。每一个个体都获罪，父亲、儿子、女儿，都寻求着要挪用这一家庭神话，以打破代际，播种仇恨与死亡。然而，正是弗洛伊德本人播种了这一错误。因为他只能根据他自己的同性恋范式，来想象异性恋的超越性，也就是简单地翻转异性恋。他将永恒的女性气质，缩略为一种单独的、令人震惊的符号——美杜莎的头颅：

> 我们也知道，女人的贬值、女人的恐怖以及同性恋倾向在多 88
> 大程度上来自于这样一种终极信仰/罪过：女人没有阴茎。费伦齐（Ferenczi）在最近以完全公正的态度，将那个恐怖的神话学符号——美杜莎的头颅——追溯至女性的生殖器没有阴茎所带来的印象。（SE xix: 144）

在此，弗洛伊德提到了一条脚注：

> 我想补充一下，那个母亲生殖器的神话所表明的意义。雅典娜在她的盔甲上负载着美杜莎的头颅，并因此而无法让人接近，美杜莎的目光会熄灭一切有性欲求的想法。

虽然弗洛伊德有可能已经发展出一种复现以单性生殖想象为中心的前俄狄浦斯之性的可能性，然而他的美杜莎情结却迫使他将所有的女性都视为被占有的母亲——被父亲、阳具与婴儿所占有，所以，对她的欲望只能是乱伦式的，并且还要带着阉割之痛苦。因此，他也透支了在主动与被动、男性与女性之间的区分。在这么做了以后，他就不得不通过反对将阴茎嫉妒归属于女性，来反对那不具有生产性的同性恋之举；而阴茎嫉妒与由女性所引起的恐怖一起，又重新附着在了两性之上：

> 美杜莎头颅的目光使得目睹者恐惧僵立，将他变为石像。在此，我们再次观察到了与阉割情结以及同样的情感转换的同样起源！因为变得僵立，意味着一种勃起。因此，在最初的情形里，它为目睹者提供了安慰；他仍然拥有阴茎，变硬向他确保了这一事实。（SE xviii: 273）

不幸的是，多拉并未被赫尔·卡的勃起所打动，而弗洛伊德的辟邪之物也与他那些幻想的其余部分，一并被打包退还——让他不得不去检验其同性恋理论，根据在永恒女性的平台上所发现的那陈旧的（远古的）双性恋而对其有所修订。女性的问题，因此就变成了子辈如何既能够挑战父辈的传统，又不必在他希望的革新里，包含女性的问题。在此，弗洛伊德转向列奥纳多·达·芬奇。后者能够使得对于自然的研究，成为所有真理的源泉，原因在于他受到了母亲之爱的培育，并且从幼年起就已经学会了在没有父亲的情况下生活。不过，尽管父亲的缺席让列奥纳多成为一个不懈的研究者，但他却从来没有研究过性的主题。因此，与弗洛伊德不同，列奥纳多一直都无法将母亲身体作为一个分析对象，而她也因此而对他一直保持着菲
89 乐斯式 / 阳具式母亲的形象，伫立在他与众多有待完成的艺术大作之间（SE xi: 80; O' Neill, 1996b）。为了确保这一诠释，弗洛伊德运用了他曾加之于多拉的同一个口交幻想，只不过这次他将这一意义赋予了列奥纳多的童年记忆，就是那个鸟尾巴在他嘴里鼓动的记忆。这一次，弗洛伊德在对女性或被动的同性恋者是如何受到这一幻想吸引做了类似的讨论之后，他从我们所有人都经历过的一种普遍性快乐即吸吮胸部（乳头 / 阴茎）中推出了上述状态，然后将其作为了我们在《西斯廷圣母》（以及《蒙娜丽莎》）面前的狂喜 / 出神状态的决定性幻想：

> 现在我们理解了，为何列奥纳多要将他自己所固执认定的、与秃鹫有关的经验，划归到他的哺乳期。这一幻想所遮蔽的，不过是一种吸吮——或被吸吮——他母亲乳房的遗留。这

> 是一种人类之美的场景。他和许多其他的艺术家一样，都会用画笔将其描绘出来，只不过采取的是圣母及其孩子的表现形式。（SE xI: 87）

现在，我们可以重新讨论多拉的症候学了，尤其是她将自己的性经验移置到喉咙的症状。多拉的厌恶、哮喘、黏膜炎以及失声都属于口腔固着，而这通常是她体验到吸拇癖（thumbsucking）的极端快乐的地方。观察到这一点非常重要。正是多拉的原始性自体性欲让她自外于异性恋伴侣，并因此而决定了他父亲与赫尔·卡的介入，以及作为痛苦的口头形态的那个原始场景事件。出于同样的原因，她也能够训斥弗洛伊德的菲乐斯/阳具崇拜，指出还存在着口交这回事。这正是她最初的快感来源。而这一快感的丢失，在她那里就被症状化为对男性与女性的溢出物之污秽的反感与恶心。弗洛伊德对于坚硬的癖好，使得他忽视了多拉对于流动性的癖好。这是一种执着于爱情的纯洁珍珠的癖好。多拉要在她自己的身体里找到它，同时将其映射在弗劳·卡那令人着迷的洁白身体之上。多拉的自慰，诸如作为其变体的口交或舐阴的幻想，并不是性交的替代。它预设了性差异，并且超越了性交中断（coital interruption）。而后者对其快乐的俄狄浦斯式的宣称，会在以后成为痛苦而又甜蜜的安慰之源泉。在这之前，这一手淫者已经在尝试着一种双性恋的快乐了。在这一快乐中，一鸟在手，强过二鸟在林。一旦父亲试图熄灭这一火焰，它就会被驱使向前，进入生殖器之性与智识方面的探求，而后者则永远会在其他缺少异性恋的地方呈现自身，如恋物癖、症状或者是处理不当的风流韵事。

如此，多拉涵盖了从乐于吸吮乳头到厌恶与赫尔·卡的口交——尽管她并不厌恶与父亲/母亲或弗劳·卡之间的此类行为——之间的谱域。在她的第二个梦里，多拉孤独地四处搜寻，直到她被钉立在了 90
拉斐尔的《西斯廷圣母》绘像面前，然而，在第一个梦里，她是在独自享受着自己的自慰性快乐，尽管她父亲在一旁出现了，就好像在第二个梦里出现在某处的那个男子一样。不过，多拉却从未如弗洛伊德所想象的那样，试图避免自己的处女膜的破裂，因为她所热爱的正

拉斐尔的《西斯廷圣母》
（历代大师画廊，德累斯顿国立艺术馆，复本为拍摄照片）

91 是她自己的身体。她并非没有性知识。另外，她父亲也并未针对这类知识进行惩罚，而是报以同情理解之心。不过，正如在第二个梦里所表达的那样，一旦他死去，多拉就会真正获得自由，慢慢地、深思熟虑地花时间探索女人的身体，并且是在一种自体性欲的爱的注视下进行这一探索的。这一爱的注视，更像是母亲的注视，而尚未转换成异性恋的亵渎性注视。这种爱同样也在圣母那眼角嘴边的浅笑中流露出来。这一浅笑送给了她自己的身体所诞生出来的孩子，并在一种永远伴随着我们的迷人魅力中，绽放开来。正是这一意象治愈了性的分裂，将女性的身体返还给其自己的双臂与想象，并在同时打开双臂，拥抱每一位注视者。

玛丽·雅各布斯（Mary Jacobus）对于多拉案例的解读，是从其高潮处入手的，即多拉站在《西斯廷圣母》面前出神的那一刻。她从另外两个关于圣母的幻想入手，来进行“解读”。在这两个幻想中，圣母是一种怀孕的形象。由于雅各布斯的方法在此有着重要意义，并且对于别的案例史也同样适用——对于弗洛伊德关于达·芬奇与米开朗基罗的分析也同样适用，所以它引起了我们的关注。雅各布斯将拉斐尔的童贞圣母的绘像，重叠于萨福安（Safouan）基于皮耶罗·德拉·弗兰切斯卡（Piero della Francesca）的《分娩时的圣母》（*Madonna del Parto*, 1980）一画所做的想象，即圣母在多拉眼前生孩子。这是一种能够让女性的身体癔症化（hystericization）并且联结多拉自己关于怀孕之想象的神迹：

> 让我们想象一下，假如圣母的腹部开始膨胀，开始丰满，逐渐变大，想象一下这一非同寻常的神迹在一个对其密切关注的人那里所可能产生的后果。这让我们对那奇怪的痉挛有了一个想法：每一次她的语言，而非她徒劳的好奇心，都会让她更为接近母性的现实——运送那癔症性的身体并利用它，而非一个生产后的身体……但是——癔症的独一无二的境况——怀孕/拥有的身体：这一身体吐沫、呕吐、流血、变胖，而且还会症候化。关于所有这一切，她毫不理解。（Jacobus, 1986: 137）

不过，在拉斐尔的《西斯廷圣母》中所提供的，却是一个欲求主体对于法则（the Law）的神秘性；当多拉对一个法则主体（a Law subject）有所求的时候，就使得她自己患病了，而这正是环绕在她身边的通奸游戏所暗示的。只有多拉的母亲，仍然在梦想着一种贞洁的观念，并因此作为强迫症患者而被忽略。尽管有萨福安（Safouan）的珠玉评论在前，我却仍然认为，多拉在拉斐尔的《西斯廷圣母》面前所沉思的，仍有可能是贞洁观念。然而雅各布斯却在萨福安的历史性想象之上，又叠加了她自己的想象，亦即将多拉置于皮耶罗·德拉·弗兰切斯卡的画像《分娩时的圣母》之前。在这幅画像中，圣母那怀孕的身体，在即将绽露之时——“在一种生产性的套层结构

92

皮耶罗·德拉·弗兰切斯卡的画像《分娩时的圣母》
（纽约斯卡拉艺术资源公司）

（*mise en abyme*[①]）之中”——被画成了双倍于一般怀孕身体的大小。

因此，雅各布斯展示了拉斐尔的《西斯廷圣母》与《分娩时的圣母》的分裂或“异化”之间的共生关系：

> 将怀孕的圣母置于拉斐尔的《西斯廷圣母》之上，就会使得这一母性身体膨胀，使其裂开为人所知。为人所知的并非是那一（基督的）儿童，而是将这一母亲视为一种平常的、基本性的分裂。用克里斯蒂娃（Kristevan）的话来说，母性这一话语是在象征中以及象征性地（再）生产了主体的分娩运动的别名。（Jacobus, 1986: 147）

然而，即便是在这个怀孕的圣母像中，我们也仍然可以将这一意象“阅读为”一种共生现象：只要我们将圣母视为是在两位没有性别的服务天使之间的平衡，以及总体来说，只要我们将这位圣母视为——正如她的孩子那样——是被包含在一个已怀孕的菲乐斯 / 阳具中，或者是在一个帐篷之中，而这个帐篷的性别在上帝之爱中以及在 93
贞女圣母对这一性别的回应中同时被揭示又被悬置。雅各布斯引导我们如此解读拉斐尔的《西斯廷圣母》，然而她自己却急于进入克里斯蒂娃关于母性的话语（Kristevan, 1980），以便解构那能够让妇女沉默无言的母亲—孩童之共生现象的生理学与神学神话。她也因此而忽略了另外一种可能性，即妇女在这一差别话语中 / 关于这一差别话语的“沉默”，可能完全是另外一种情况，也就是说，更有可能是一种承诺了 / 支持了“她的言说”的资源。

若要考察被多拉所沉思的《西斯廷圣母》的内在构成，我认为，有必要勾勒出以下几处显著特征所具有的视觉力量（图 2.8）：

① “*mise en abyme*”法国小说家纪德所创造的一种叙事手法。其基本结构是故事中夹套另外一个故事，故事不断分裂衍生，犹如步入深渊一般的反身映射，被翻译为“套层结构”、“境内叙事”或“纹心结构”。可见纪德的《伪币制造者》。

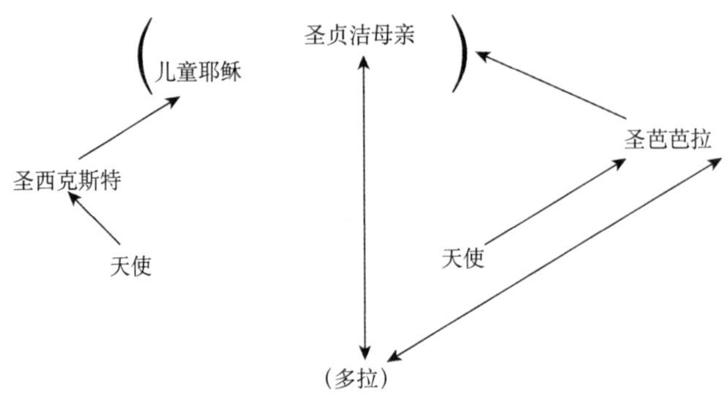

图 2.8　多拉之圣母的再次形构

上图中的六种形象是成对的：母亲与男性儿童；男性与女性的圣徒；男性与女性的丘比特的天使（putti angel）。这样一来，无论是性差异，还是那个被外在于人类宇宙的**法则 / 大爱**（Law/Love）所意愿存在（willed into being）的共生就都无法得到优先性了。不过，雅各布斯却在这一图形中仅仅发现了一种双重等级秩序：(i）神圣秩序超越于自然生殖；以及（ii）男性的诠释力秩序（圣西克斯特）超越于沉默的女性（圣芭芭拉）。尽管这种方式推翻了后者的殉难，并且她还忽略了这位圣人的宣称，即率领生灵们“进入”而非“从属于”这一世界，同时其描绘的方式甚至将圣芭芭拉视为一位凡俗妇女！在多拉的沉思中，她是否只将这幅画像视为她自己在追求性知识时的同伴，而非在想一名孩子是如何在恋爱中被给出的 / 诞生的（多萝西——上帝的礼物[①]），并且没有跌出那一怀抱，即所有的男女都会在那个神圣家庭的神秘性之外迷失自己？选择第一种视角，就会看不
94 到多拉在这一家庭游戏中的位置，以及当她站在圣母像面前，处于“狂喜 / 出神状态”（rapture）时，其弗洛伊德式的复演。在这一“狂喜 / 出神状态”之中，这一性知识的游戏当然被悬置了。因此，它也只能被那些带着她自己的议程而对于这一家庭游戏批判性的重返所推得更远。不过，为了做到这一点，这一批评必须牢牢记住，尽管圣芭

① Dorothy/gift of God: Dorothy 一词来自希腊文的 doron（礼物）与 Theos（神）组合而成，意为“上帝的礼物”。

芭拉向她提供了一个可能的“角色模板”，然而前者却与圣西克斯特一样，都要对圣母毕恭毕敬。

我们或可提问，在拉斐尔的圣母脚边的丘比特的天使们——暗示着多拉与她哥哥——所注视着的远方，是否有可能就是那位母亲所欲求着的雌雄同体的天使所在之处？这是一个修辞学的问题，因为它回应了在自恋与理论之间、理论与自恋之间的套层结构。因此，我们不必惊讶于一旦女人打开了自己，直面在**爱**与**性**之间的切线之神秘性的时候，在什么是女 / 人［wo/man］所想要的女人这一问题上，拉康更加接近于弗洛伊德而非多拉。在这一爱与性之中，菲乐斯 / 阳具崇拜式的上帝（Phallic God）已经在为了人类的神圣之爱的经济中，被牺牲掉了。圣人与天使都只能将自己插入到这一经济中——正如拉斐尔的《西斯廷圣母》所代表的。毋宁说，他 / 她必须要相信此种状态，正如要相信在被救赎的社会关系中的世俗性意识形态一样。最终，在这一体系中有一个幽灵，就好像手中或者是口中的那只鸟一样进进出出。我们从未厌倦于听取这一故事，更不用说遗忘它了。精神分析或许可以就像我们的母亲那样，为了让我们记住它，而再说一遍。

弗洛伊德、多拉、弗劳·卡以及多拉的母亲，都因此而具有了可供分享的一个秘密。弗洛伊德承认，他看到了自己与女人有着共同之处，正如这些女人或许也曾看到她们与男人们之间有着共同之处。但是在异性恋的游戏中，以及在其作为倒转之性或倒错之性的同性恋次游戏中，她们全都被引诱着背叛了其超验的想象。如果弗洛伊德丢失了其对于永恒女性（*eternal feminine,das Ewig-Weibliche*）[①] 的留置权，那是因为他必须要去谋杀他的父亲，以作为通往母亲身体的必然路径。只有这一可怕的行为，才能够让这位儿子将母亲身体呈交出来，以供“分析”，亦即解剖这一在精神分析的发现中属于真正的黑暗大陆的无意识所梦想着的身体。进入无意识这一大陆，就是要再次进入它——返回到母亲那里，了解她，但是同时也是要在母性的微笑

① “das Ewig-Weibliche”，出自歌德的《浮士德》第二部最后一幕“神秘的合唱”，“das Ewig-Weibliche Zieht uns hinan”，“永恒之女性，引导我们向前进”。

中迷失，因为她的愉悦感（*jouissance*）已经超越了所有的理解：

> 这个儿子就是那名孩童，即他母亲的救世主。所有的宗教都确知这一点：这名孩童将他母亲的需要收归己有，并因此而变成了一位无法被刺穿的贞洁母亲。如此，在基督宗教中，一座圣母怜子像所表达的是，一位处女在她的膝盖上抱扶着滴血的基督。
> 95 而这位基督则通过将母性的伤口铭刻自己的身体之上，以使其痊愈。母性乃是通往救赎的途径。这名儿子让这位女人与她自己和解，与她作为一名儿童所爱的丈夫和解，甚至与她自己的母亲和解；与所有的期待相对，这一和解是在她的第一个孩童出生后发生的，这样一来，那个女人就可以再次抱住她的头，她也就再不会抱怨责怪她自己的母亲，并开始再次认同于她。（Kofman, 1985: 215–216）

在这一段中，萨拉 · 考夫曼触及了那个核心的神话 / 迷思。这一神话 / 迷思曾经让多拉、薛伯与狼人都心驰神往，但是弗洛伊德却对此不易相与（*Versöhnung*）。弗洛伊德的英雄神话学毋宁说是建筑在那个破坏了献祭性互惠的弑父的基础上的。而这一献祭性互惠，正是所有的家庭成员获得神圣性的通路。乱伦并未亵渎母亲身体（the mother-body）。这一行为所亵渎的，是在母亲之中的在儿子里的父亲，而该母亲所爱的，正是那位在父亲之中的儿子（the father in the son in the mother who loves the son in the father）。然而弗洛伊德已经从罗马出发来攻克它了，并且他已经做到了，至少在他自己那里，他做到了！是弗里斯本人向他建议，如果历史是被俄狄浦斯化了的男性代理人所推动，那么史前史则必须要归为被压抑的女性。用拉康的术语来说，这一转化牵涉进了一种从想象式的、前俄狄浦斯阶段向父亲律法（Law-of-the-Father）的符号式阶段的转变。弗洛伊德挖掘着母性文化的遗留，而拉康则将母亲投射进了那个幻觉式整体的碎裂化了的镜像之中（O’Neill, 1989）。因此，在真实 / 真理与幻觉之间的分裂，被父母之间的分裂与男女之间的分裂所覆盖了。在这一想象的秩序之中的任何好的形式，在符号性秩序中的都是糟糕的形式。所有在自然、土地、母亲一方的东西，都会被父性以及语言和律法的理想 / 理想秩序所玷污。

如果不是拉康的话，那么也是弗洛伊德将《圣经》的文本从其与无意识身体的关联中切割开来，从其与流淌在自我的沙漠之中的河流的关联中切割开来，将其与那渴求着全部的神圣性的灵魂所听到的声音切割开来。*Wo Es war, soll Ich Werden.*[①] 弗洛伊德进入了那神秘的灵魂所盼望之地，并在那里安置了一名牧师——这名牧师的沉默，拒斥了对于该灵魂之移情的母性共谋，以便迫使该灵魂通过那碎裂的自我镜像，一路进入父亲律法的领域。为了平息他的焦虑，这名儿童在一个失而复得的游戏中，往复（*Fort/Da*!）牵扯着母亲身体。终其一生，语言都会为他继续这一游戏（O'Neill, 1988）。因此，这一母性语言将会居于 *Wunsch*[②]，以求任何可能满足该灵魂所欲求之物。在这一神秘经验之中，该灵魂首次充满了上帝的显现，造物之中，无处不在。然后，上帝似乎从中退出，留下了这一神秘的荒原，直到最终上帝向该灵魂展示自己，并让后者因此感到仿佛是经历了由死到生的 96
历程。但是，这一灵魂由此就会只对上帝感兴趣，心无旁骛，如同最简单的造物那样去生活。基督的受难乃是一种最高的象征，象征着灵魂在其所有的肉体存在中循环往复的出生，其苦难，其被父亲所摒弃，以及它对于每一个婴儿的救赎，在这一救赎中，全世界都可以诉

① 弗洛伊德在《精神分析引论新编》第三讲末尾处的话，成为关于精神分析工作的著名格言。詹姆斯 · 斯特拉齐（James Strachey）将其译为“where id was, there ego shall be”；而玛丽 · 波拿巴（Marie Bonaparte）则将其译为“Lemoi doit déloger le ca”；拉康在 *Ecrits* 中对这一句子进行了详细讨论，并将其译为“There where it was, it is my duty that I should come to being”。作为讨论起点，拉康所引用的英文翻译为：“Where the id was, there the ego shall be”（Lacan, 1977: 129）。这一点与斯特拉齐译的弗洛伊德标准版英文译文集不同。我们并不清楚是新的译本在拉康的研究发表之后修改了译文，还是拉康所依据的乃是 1933 年由 W. J. H. Sprott 所译的第一个英文译本。高觉敷先生的中译本译文为“于是伊底所至之处，自我也将可到了”（弗洛伊德 / 高觉敷，2005）。

② Wunsch，英文中被译为 wish，拉康将其译为 desire。弗洛伊德在《释梦》中的结论：*wunscherfüllung*（愿望 / 欲求的满足）。

说自己的爱，都归于祢，直至永远（*per Omnia saecula saeculorum*）。然而这并不是一种对婴儿所说的关于阉割儿童之类的话。在这类话语中，已经死亡的母亲永远不会回来，并且也永远不会被寻求，除非是作为一种内在化的丢失。婴儿与幼童所说出来的，正是这个世界。这个世界赞美着那超越于所有的爱。

多拉在《西斯廷圣母》面前的沉思，并不取决于她的性的不可分割性；毋宁说，这是一种对于女人（Weib）如何与愉悦感的不断丢失与再度获取之循环相和解的反思。这是对贞洁母亲之形象的着迷；正是出于这一点，我们才如此喜爱她，也喜爱着那种贞洁的观念，无论其辩解有多么微不足道。这一贞洁母亲并不是多拉所想象的偶像。她并不代表那种性欲倒错（eroticism）的完美的自恋式的身体。要用这一方式来理解她的那幅圣像，就会忽略玛利亚对于上帝之言的赞成、基督的诞生，以及在她那受难的儿子躺在她膝头那一刻之前，她在神圣家庭中的生活。换句话说，爱的身体就是苦难的身体，以及愉悦感的身体，这是因为该身体乃是家庭的身体，从未真正摆脱过作为双重劳作的工作与出生的代际之债。每个人都有类似的故事来讲述。这一讲述的前提条件仅仅是，我们并未退出我们的生命 / 生活，并没有失去我们在各自戏剧中的位置，当然，也并没有执着于那种拒绝向彼此屈服的静止生活。

除了在梦中所拥有的那个肖像，多拉从来没有过其他的肖像。弗洛伊德对于多拉的刻画，比起对于她的女性姐妹们的刻画，忠实度未遑多让。而后者的艺术，也并没有比弗洛伊德的艺术更具整体性。多拉仍然被圣母所钉立，正如弗洛伊德一样，她不再信仰那个母性身体的意象能够让她重返日常生活。毕竟，在这一日常生活中，我们或可驻足、寻思：在各种各类关心 / 烦在的忙忙碌碌之中，其神秘性到底为何。多拉的绘像同样是未成品。多拉的绘像并未完成，因为她后来结了婚，变成了一位母亲、不快乐的妻子与年老多病的寡妇，患有腿部残疾，而且与她母亲同样有着对于灰尘的强迫症。然而，她的儿子却成功地从事了音乐的工作。

第三章　鼠人的女士（1909）

在送给荣格的“鼠人”手稿中，弗洛伊德如此写道：这部作品“写得艰难，而我对它也不甚满意”。然而，荣格在回信中说： 97

> 我非常喜欢您的“鼠人”。这部作品中充满了不凡的智慧，还有俯拾皆是的精妙事实。当然，绝大多数人都会由于过于蠢笨而无法深刻理解它。大师之作！我深以为憾的是，这不是我自己的作品。（McGuire, 1974: 251）

尽管发表于1909年的《关于一个强迫性神经症案例的笔记》实属弗洛伊德最重要的案例史，但是弗洛伊德却也还要在前言里特别为其凌乱琐碎的特性而表达歉意并加以辩解，同时通过对强迫性神经症之病因学与机制论的题外注解，来补足这一点。弗洛伊德将强迫性神经症描述为“对一种格言性特征的不连贯、无系统性的陈述”。在那个充斥着好奇心的维也纳城里，冒着身败名裂之风险的弗洛伊德，再次表达了对于其病人之隐私的关心。吊诡的是，比较起隐藏某些不那么重要的细节来，上述环境却更有利于揭示该病人那“最隐秘的秘密”，遑论那些细节也往往无法隐藏病人的故事。不过，弗洛伊德自称已经

“彻底”简化了该案例的历史与治疗过程，以便尽可能地澄清该神经症的结构：

> 因此情况就明确了。这一儿童期的初级神经症，正如所有其他复杂的成人神经症那样，引出了一个问题与一种明显的荒诞性。那个儿童观念，即假如他有了这一下流的愿望，他的父亲就必然会死去的观念，有什么意义呢？或者说完全没有意义吗？还是说存在着理解这些词语的方式，可以将它们理解为早期事件与境况的必要性后果？（SE x: 164; PFL [9]: 45）

由于病人的抵抗以及强迫性神经症语言那出乎意料的困难——在其他的情况中这一语言本应被当作癔症语言中的一种而被解码——弗洛伊德不得不仅仅向我们提供一些“知识的碎片”，希望借此能够帮助其他的研究者通力合作，以达到个体研究者所无法获得的成果。在这些
98 讨论背后，还存在着相当多的其他因素（Marcus, 1984）。有一件事情：弗洛伊德与鼠人的家庭背景中存在着大量的共同之处，尤其是在种族性与类似的兄弟姐妹关系方面，更不必说他们都有着一位强大的母亲，以及对父亲的俄狄浦斯式的反抗。事实上，弗洛伊德对鼠人的纵容要甚于多拉，而且在鼠人案例中那些叙述的碎片，也更为接近一种强迫性思考的构成性特征，而非是病人—分析关系中那些难以驾驭的部分。

我们将会看到，弗洛伊德努力想要把在治疗过程中所记录下的进程（sessions）形式化。据我们所知，这一努力只存在于本案例中（SE x: 251–318）。不过，弗洛伊德又放弃了这一手段，因为他很担忧他的读者们——而非他的病人——会和他一样，由于鼠人在其话语中的那些无意义跳跃、缠结以及重复而困惑不已。鼠人几乎没有说出任何连续性的故事。他的“思维序列”（*Denkverbindung*）每每会在有所条理之前，变得自相矛盾或者脱轨。那个铁路隐喻的工具，遭遇到了法律与军事性的隐喻，并因此而分叉。后面这两种隐喻的内在转喻（internal metonymies），反过来又产生了一个可供理解的临时序

列，然而这一临时序列，又迅速在诸多重叠与迂回曲折的弯路中消失，让听众（弗洛伊德）与读者（我们）徒劳无获。或许，是老鼠的形象在啮食着该主导叙事，破坏着那喂食着它的线索，撕碎着感觉与感受性，不断复制着鼠人那混杂在一起的恐怖与愉悦，而这个鼠人，就是那个试图告诉弗洛伊德他自己的故事的鼠人，同时既是弗洛伊德的主角，又是他所要戒防之人。同样，老鼠的形象能够允许弗洛伊德在进入这一他所努力建构的角色的同时，又被引诱进入他努力要释放出来的这一造物的快乐 / 痛苦之中。因此之故，他不得不坦承由于想要理顺鼠人的故事而引起的异乎寻常的麻烦，尽管他认识到，这将会在事实上背叛那叙述性的病理学。而这一病理学，正是那位强迫症患者寻求其“观念”及其累计的不可理解性与无意义性的通路。这并不是说，弗洛伊德屈服于鼠人的谵妄，反倒是说，在这一名为鼠人的案例史中，他认识到了其碎片化与格言式性质的深层基础。

从一开始，弗洛伊德就注意到，他的病人提供了某些他自己的或毋宁说是来自于他的性生活的细节。该病人显然有着某些偏见，认为弗洛伊德会对此类主题感兴趣。当被问及于此的时候，他承认他仅仅粗略翻过《日常生活精神病理学》（1901）一书，其实对弗洛伊德的理论并没有任何深入了解（SE x: 158–159; PFL[9]: 40–41）。该病人的性生活曾被“阻碍过”。他的首次性行为发生在 26 岁那年。自 99
此以后，由于他“厌恶”妓女，所以只有过极少的性经验。他从未有过任何过度的手淫，其手淫大多发生在 16 岁与 17 岁之间。他认为，他的生活几乎全部耗费在了与疾病的斗争中，尤其是在治疗之前的四年里，原因是他会强迫性地害怕他所热爱的那两个人——他的父亲与那位他所崇拜的“女士”——会发生意外。他饱受强迫性冲动之苦，例如用剃须刀割开自己的喉咙。弗洛伊德对某些奇怪词组的评论，提醒了鼠人注意到自己的“那些正在发挥作用的思维”（working thoughts），并让他委托弗洛伊德进行治疗。该治疗以一条约定开始，这是该治疗的唯一条件。这一约定是，病人必须讲出任何进入到他头脑的东西，无论它们看起来有多么的令人不快、不重要、毫无关联或者毫无意义。这一“自由联想”的邀请，代表了一种对于分析者之能力的重大挑战。因为分析者要在这份打开的叙述材料上，加入历史与结构。另外，他还必须同时既尊重这一叙述，又能够对其加以一定程度的干涉，以避免该案例史成为一份自制的、自然性的散谈，而分析者仅仅成为记录员这一情况。

一个关于失明（blindness）
与（洞）见［(in) sight］的案例

鼠人通过两位年轻的朋友打开了他的反思进程。第一位是他的知己，每当他被犯罪性冲动所折磨的时候，这位朋友就会让他确信，他并未将他看作一个罪犯，而不过是在道德自责方面过于严苛了而已。第二位年轻人曾经帮助过他，并曾对他的才智极为赞赏，进而成了他的导师。不过，这位导师其实只想通过鼠人来接近其姐妹中的某一位，并由此而将鼠人视为傻瓜。这是他在生命中的第一次巨大失望。接下来，鼠人并未对这一两面性模式的友谊进行反思，而是径直开始叙述他早年的性经验。不过，弗洛伊德让这些叙述围绕着一位名为弗劳林·彼得（Fraulein Peter）的年轻漂亮的女教师而展开。鼠人回忆道：在他 4 岁或 5 岁的时候，后者曾经衣着轻薄，躺在沙发上阅读。鼠人当时问她，她是否允许他爬进她的裙子下面——而她同意了，条件是他不能对任何人说起此事。她穿得很少，而他用手指触摸了她的生殖器与身体的下面——他的感觉很奇怪。从此以后，鼠人就开始饱受一种灼热而令人痛苦的欲望之
100 折磨——想要去看女性裸体的欲望。弗洛伊德在弗劳林·彼得这个名字后面加了一条脚注。他承认，阿德勒“这位前分析师”，注意到了该病人最早期沟通的重要意义。在这一案例中，鼠人那些依赖于年轻男性的记忆，尽管随后就是貌似完全不同的、与那位女教师相关的动机（在男人与女人之间的冲突），然而事实上却牵涉了同

性恋的客体/对象选择的相同主题。鼠人在提到那位女教师时，用的是她的姓“彼得”。而这是一位男性的名字（同时也是对阴茎的通常称呼，尽管弗洛伊德并未提及这一点）。在提及女教师时，通常的情况都是会称呼她的名字（first name）。事实上，鼠人曾经使用过弗洛伊德给予那位女教师的姓——鲁道夫（Rudolf）。这同样是一个男性的名字，只不过去掉了“彼得”这一名字中的阳具性意涵。弗洛伊德说，他被鼠人的这一用法震惊了，并重返这一主题，以便获知已经被鼠人“忘记了”的鲁道夫小姐的名字。弗洛伊德指出了这一状况的奇特性，因为人们通常会用名字来称呼一位女性雇员。鼠人坚决否认在这一点上有任何异乎寻常之处，弗洛伊德因此而总结到，这一“妥协的”名字是鼠人同性恋的符号。不过，弗洛伊德本人在此当然也执迷于鼠人的那些毫无意义的举动了，因为就弗洛伊德来说，如果要采用一个混合型的名字来佐证他前期关于鼠人是同性恋这一假设的话，那么“彼得”与“鲁道夫”这两个名字其实无甚区别。弗洛伊德自己的行为本身变成了一种现象。那个关于阿德勒的脚注，可能表明他在尝试反驳任何关于男性/女性之争论的竞争性诠释，并且在为鼠人幼时性经验中的同性恋作出坚实的判断。这也能够解释为什么甚至在他提出尝试性假说之前，他就已经得出了这一结论。我们在狼人的案例中将会发现，弗洛伊德的父权性，在精神分析的教父文本之中，永远是一种（过度的）决定性因素。

到目前为止，这一案例已经足够丰富了。年轻人的爱恋，以及当男孩与女孩在各种情绪之中寻找着彼此之时，那深深的激动与失落，都被贯穿在同性恋与异性恋之选择的两种经济之中。它们既将这些年轻人紧紧约束到一起，又让他们彼此对立对抗。在每一种爱的经济中，都存在着要保守的秘密，以及伴随着爱恨情仇的背叛。所以，其中许多故事都不难猜出，然而却不能直接说出——毕竟，维也纳就是由于这些故事，才充满了生机。原因在于，预测故事就会事先失去陷入挫折的乐趣。所以，我们必须屈服于这一叙述。鼠人仍然能够回忆起在看到女教师的内衣（*Ausgekleidet*）时的激动，

101 以及他与他的姐妹们一起步入澡堂浴池时的激动。大约在6岁的时候，他曾有过另外一位漂亮的女教师，宝拉小姐（Miss Paula）。宝拉小姐曾经在臀部生有脓疮，必须要在夜里挤出脓水。而他则会等待着那个时刻，以平息自己的好奇心（*Neugierde*），或者是看她洗浴，尽管她要比弗劳林·彼得更加保守。然而，7岁的时候（或两年之后），在厨房发生了一件事情（当时鼠人正在回答弗洛伊德说，他并未在女教师的房间里睡觉，而绝大多数时间都会睡在父母的卧室里），当时在场的人包括那位女教师弗劳林（宝拉）·丽娜、厨师、一位女佣、其他数位姑娘以及他那位年幼的弟弟（恩斯特）。弗劳林·丽娜忽然说：

> 小人也可以做的；不过保罗太笨了（*Ungeschickt*），他肯定会错过的。（SE x: 161; PFL［9］: 42）

尽管鼠人并不知道这段话意味着什么，然而他还是感到受了轻视，并开始哭了起来。丽娜小姐安慰他，并解释说，一位小姑娘曾经与一位她照料的小男孩做过此类事情，后来就被关进监狱好几个月。尽管鼠人自己不记得女教师曾对他有过任何不当举止，不过，他坦承自己曾经对她相当的随意放肆（*Freiheiten*），出于无知与在性方面的渴求，他曾经钻进她的床铺并让她兴奋，而她则欣然地接受了这一切。她在23岁的时候，就已经有了一个孩子，并在后来嫁给了那孩子的父亲，成了赫弗拉特夫人（Frau Hofrat）。弗洛伊德在一处脚注中说明，在奥地利，“赫弗拉特”相当于“爵士”的头衔，是用来授予那些杰出的医生、律师与教授们[①]。因此，这一女性的名字再次遭遇到了男性的擦除或者说覆盖。从这一进程脚注中，我们可以发现，弗洛伊德致力于使用那些“转换词语”，并不仅仅是为了保护他的病人，更多的是为了发展他自己的理论。在这里，弗洛伊德并未使用丽娜小姐的

① 这应该是在由詹姆斯·斯特拉齐所编译的英文标准版译文集中，所添加的英文编者注。参见PFL (9): 42。

名字，即宝拉，而鼠人事实上用了这个名字。而且弗洛伊德在记述她对于鼠人的提及时，用的是保罗（paul），然而鼠人的真正名字却是恩斯特（Ernst）。在此，我们就有可能在探索一种在“保罗（Paul）”与“宝拉（Paula）”之间精妙的普鲁斯特式的关系了。这两个名字各自都有着双性恋的弦外之音，而正是这一点，让弗洛伊德大为惊叹（Bowie, 1987）。

鼠人还回忆起，他曾告诉他母亲，自己受到了勃起的困扰，尽管他对于与母亲谈论此事也有疑虑，因为他自己也模模糊糊地意识到，他的想法与好奇心都与勃起有关。他也曾有过疯狂的念头：“我的父母知道我的想法；我向自己解释这一点，假定是在向他们大声说出我的想法，只不过是我自己听不到罢了。”他认为，这是他患病的开始。某些特定的人群——年轻的女孩们——都能极大地撩拨起他 102
的欲望——要看到她们的裸体。然而这一欲望同样还伴随着一种诡异的（*Unheimliches*）感觉：“就好像只要我去想此类事情，就一定会出事，而我要想尽方法来阻止它们发生。”在回答弗洛伊德的问题时，他给出的此类事件的例子是：“我父亲可能会死去。”这是他从幼时就开始面对的一种思维，他自己也因此而受到了极大的压抑。弗洛伊德极为震惊地得知，这位病人在当下所担心的父亲，已经在数年前就去世了！在此，我们可以发现，治疗进程记录表明，鼠人的母亲曾经批准过鼠人与弗洛伊德之间的约定，因为她要支付这当中的开销。马科斯（Marcus）曾抱怨过，弗洛伊德通常在案例史中并不考虑到母亲的形象。这当然与弗洛伊德对他自己母亲身体的抑制有关——这一身体只对弗洛伊德偶尔展露过。马宏尼（Mahony, 1986: 100）在其研究中发现，鼠人在向母亲抱怨自己的勃起时，曾经将他勃起的阴茎展示给母亲看。这一点令人震惊。这里的关键之处在于，尽管鼠人是向他的母亲而非父亲报告这一事件的，然而弗洛伊德却从未对该行为做过任何俄狄浦斯式的解读，尽管它与鼠人关于 / 为了父亲的死亡而产生的（神秘）恐惧有关。马宏尼似乎在其母亲身体之上，展示了鼠人后来在其父亲的幽灵面前所具有的暴露癖。不过，我们首先要进一步理解这一父母指责（*parental reproach*），然后才会对这一阴茎展示有更深刻的解读。这一父母指责已经包含在鼠人那个错乱的观念，即父母知晓他的所思所想之中了，因为他曾经为父母而喃喃自语——只是他自己听不到而已。

弗洛伊德对于第一阶段进程的一般性解读，是由两种动机所构成起来的。这两种动机由面罩的隐喻、遮蔽与揭示女性身体的隐喻联结起来。鼠人的*窥阴癖*，在此时尽管已经展示出了相当重要的儿童性欲，然而尚未成为强迫症。不过，这一窥阴癖此时已经遭受到了一种强迫性恐惧的反击，亦即他关于裸体女性之生殖器的享乐，可能会导致他父亲的死亡，除非他调动自己来亲身防范这一享乐，就好像一名参与演习的士兵一样。这名儿童的欲望与他的恐惧之间的关系令人困惑。另外，这一关系还被该儿童的幻觉，即他的思维对父母来说是*公开的秘密*（*open secret*）所覆盖。尽管弗洛伊德并未明说，但我们可以发现，在这名儿童的幻觉之中，存在着一种普遍化的、被他的朋友们与女佣们所“看穿”（seen through）的
103 经验，所以，他就像那些他用手指去触摸的小女孩们一样公开。那些小女孩在他看来非常愚蠢，就好像其他人认为他非常愚蠢一样。不过，由于他的一位朋友曾是医学院学生，并且曾经对他开过医学方面的玩笑，所以我们也可以感觉到，鼠人在拜访弗洛伊德的时候，也有着类似的矛盾心情，担心如果让自己暴露在这位分析师的躺椅上，可能会带来失望。然而，这位分析师的口气极为自信，而且就分析“进程”（proceeding）来说，该病人也确实是一位弗洛伊德主义者。然而，“进程”一词在此成了问题。首先，构成鼠人叙述的演进过程很难令人明白。所以说，重返故事的起点以获得故事全貌的策略，在此却只能制造更多令人困惑的线索，以致更加难以获得各类事件的全貌。那些重新得到叙述的事件，依次由彼此交织在一起的律法隐喻、军事隐喻、铁路隐喻以及考古学隐喻所构成，似乎其中的任何一条，都无法单独完成作为整体的这些事件。相反，它们作为整体预防了那个结论，因为这个故事的神秘结局——父亲的死亡——无论如何都要被制止。所以，接替了那位死人之位

置的弗洛伊德，在讲述鼠人的故事时，就要面临着与后者同样的困难了。

在第二阶段，鼠人决定告诉弗洛伊德一个经验。正是这个经验促使他决定接受分析。在演习中，演习人员都迫切希望给正式军官们留下个好的印象，然而在休息时，鼠人的夹鼻眼镜（*Zwicker*）丢失了。但为了避免延误行军，他并没有寻找夹鼻眼镜，而是在事后发电报给维也纳城（的眼镜商），要求通过铁路邮政寄来另外一副眼镜。然而在休息期间，鼠人看到了两名军官，其中一名有着捷克（*Nemzczek*）式的名字。鼠人非常惧怕这名军官，因为他明显非常严苛（*das grausame*）。这名上尉曾在军官食堂中执行过肉体惩罚，并且曾告诉鼠人，他读到过一种在东方的可怕惩罚。尽管鼠人自己讲述了这个故事，然而他却恳求弗洛伊德允许自己不去讲述那些细节。弗洛伊德向他保证，他对于残酷并无偏好。不过他们同意，这一抗拒必须要得到克服，以便继续进行治疗。弗洛伊德开始进行猜谜游戏（*erraten*），从鼠人所给出的那些暗示中，猜测这个故事：

> 他是在想刺刑吗？——“不，不是的……犯人是被捆住的……他表达得非常含混，我无法立刻猜出（*erraten*）是什么样的姿势”——……一只壶倒扣在他的臀部（*Gesass*）……把一些
> 老鼠（Ratten）放进去……然后它们……——他再次站了起来， 104
> 表现出恐怖（*Grausen*）与抗拒（*Widerstandes*）的表情——“它们钻进了（einbohrten）……”——进入了他的肛门（后面），我自己填补了这个句子。（SE x: 166; PFL［9］: 47）

如此，弗洛伊德加入了鼠人的另外一个游戏，即他的父母阅读他的想法的游戏，并因此而承受了父亲死亡的危险。每一方都在“背叛着”（ratted）另外一方，每一方都在钻孔或蠕动着钻进另外一方的思维里。双方彼此紧紧相逼；彼此都实施了鼠刑，并由此而被上尉的故事纠缠在一起。回想起鼠人曾经需要第一位朋友向他保证，他并不认

为他是一个罪犯，我们可以看到，在这个故事中，鼠人有意将惩罚施加到自己身上。在某种程度上，这一点是由回想该故事来完成的。正如弗洛伊德所观察到的，该故事在他面部呈现出来的恐惧，其实是由他自己那未被觉察到的快乐所编织而成的。鼠人继续捕捉那一思维。该惩罚被施加到了他的亲爱之人的身上——他的“女士”（*verehrte Dame*），不过惩罚并非由他来执行，亦非由任何他所能想到的人来执行。他将这些观念（notion）表达为“理念”(ideas）——而非愿望或惧怕，如弗洛伊德所注——时，极为痛苦。他极为厌恶这些理念，并且努力用口头式的表达来遮掩它们，如“但是”（*aber*）或“你能怎么想呢”。不过，鼠人随后对两种恐惧的提及，又阻缓了弗洛伊德：遭受鼠刑（*Rattenstrafe*）的不仅仅是他的“女士”，还有他的父亲，尽管后者已经去世了。

接下来的治疗阶段并未有任何进展。事实上，对于弗洛伊德来说很明显的是，鼠人的“思维序列”（*Denkverbindung*）并未沿着某条单一的线索行进，而且似乎它向后倒退与向前行进的程度是一样的，要么就是向其他线索转换了——如果不是跳跃的话。我们作为读者，对此也不难明了。当然，弗洛伊德自己对于鼠人的强迫性思维的忠诚度，可以通过该案例史所制造的那种紧张的叙事性这一手法表现出来。因此，我们自己或许能够选择在此改变一下文学技巧，求助于图解式概略，或者求助于在本阶段之论证中的“地图”。我们希望通过该图解来展示时空线索，或鼠人之“思维序列”的考古学。为了做到这一点，该图解采用了一种分离结构（*chorisis*），以便反映出鼠人在与他父亲相关的爱恨交织的矛盾性的（无意识）产品，以及作为其次级效果的、对他的“女士”的影响。以下的图解也因此而（再）现了弗洛伊德在意识与无意识进程层面上，对于鼠人之思维的（再次）建构（图 3.1）：

105

	意　识	无意识
6 岁		“我的父母能猜到我的想法”
12 岁	如果我爱她	父亲会死
	(她不爱我，但是……)	
	她会爱我	假如父亲死了
	(我不希望我父亲死)	
20 岁	我会“足够富有”以迎娶我的女士	假如父亲死了
	如果父亲什么都没有给我留下	我就无法迎娶我的女士
	如果我失去了最亲爱的父亲	我仍会拥有我更爱的女士
	爱恨交织（ODI ET AMO）	
	我爱我的父亲	同时　**我恨我的父亲**
	父亲与我分享秘密，就像朋友一样	除非是那些父亲与儿子逃避的
	我不以肉欲的方式爱我的女士	我作为一名儿童爱裸体女孩的方式
	无意识进程的第三层	
	作为侵害者的父亲	坚不可摧的
	可摧毁的父亲	（坚不可摧的）对他的
		父亲的敌意，由他那
		（讨厌的）干涉所引起
		在鼠人的肉欲快乐中

图 3.1　鼠人的“思维序列”

分离结构与制图学

在迷失方向之前，让我们预测一下这个故事。有人（赌徒[①]）曾经游戏于两位爱人之间，后来由于迷恋赌博而遗弃了她们。在这里，有一个进一步的词语移置，从“*Zwicker*”，即令鼠人苦恼的夹鼻眼

① 即父亲。

镜（pince-nez that ‘pinches’），移置到了“*Kneifer*”，即移置到了“逃
离”或“逃避”，就好像他的父亲一样。与此同时，另外一个人（母
亲），则希望这一出生在基于金钱而非（被遗弃的）爱之婚姻中的孩
子，重复那同样的契约（*Hieraten*），不过这次是要嫁给一位“已去
世的”女士［吉塞拉（Gisela）］；这位女士不会再生育一位爱之儿童
（love-child）（鼠人关于肛交的重叠式想象，已经让这一命题确凿无
疑了）。因此，这名儿童必须采纳这一家庭神话 / 迷思，方法是将自
己置身于一种不可能的情境，即置身于父母性交的最原初的那种无
106 （性）差异境。于此，正如在这个老鼠故事中一样，一个人无法选择
其观点（哪怕是在叙述的立场上），因为“这人”可以是行动者中的
任何一位（窥淫狂、读者、听众），而且已经被当场抓获，在“耳闻
目睹”的现场中被抓获。在聆听这一老鼠故事过程中那“过度的”快
乐 / 痛苦，重复了这名儿童的愤怒反抗——这名儿童愤怒地反抗着自
己被迫与母亲（月光般明亮的）身体那无穷无尽的流动 / 溢出相分离，
也重复了他对于要服从关于稀缺的父性律法（paternal laws）的反
抗——关于这些，鼠人找不到更恰当的（誓言）词语（你这座台灯！
你这条毛巾！你这只碟子！他对他的父亲吼道）①。如此，鼠人的抵
抗建立了一种模式，可以将快乐 / 痛苦的身体之铭刻分裂（*Spaltung*）
为两个身体，即，或者是一种快乐的身体，或者是一种痛苦的身体。
在成为另外一个的时候，成为这一个——通过热爱那位他所恨的女士
（Gisela），来杀死他所爱的父亲。不过，这两种幻想的同时性，却并
不是仅仅与其（非）时间序列（[a] chronology）相关联的丑闻。毋
宁说，它表达了一种进一步的在两代之间的再度差异化，一种俄狄
浦斯式空间化的坍塌（原初“场景”的事件）与按照父性惩罚之秩
序的爱与恨的反转。这个老鼠故事所反映出来的，是压抑的反转，
即是那位（他 / 她自己）也应该受惩罚的人所执行的儿童惩罚之反
转。正如拉康所观察到的，故事中的那只老鼠，同样在个人神话 / 迷

① 参见弗洛伊德原文，在由于调皮而遭受父亲的殴打时，鼠人对他父亲大声叫骂：“但是由于他并不知道如何说粗话，所以他就用想起来的所有普通事物的名字来称呼他，吼道：‘你这座台灯！你这条毛巾！你这只碟子！’”参见 PFL (9): 86。

思（Lacan, 1977b: 87–89）与无回报之爱即债务的家庭神话/迷思中流转：

> 在鼠人的案例中，抓住主宰其父母婚姻的条款，亦即抓住某件在他出生以前就运转良好之物，是完全正确的。而弗洛伊德应当发现如下这些混杂于其中的状况：头发的宽度所拯救的荣誉、对于爱的背叛、社会性妥协，以及既有的债务，于此，那个伟大的、使得该病人找到弗洛伊德的强迫性情节，看起来就是**密码式的闭合**（*crypto-graphical tracing off*），并且在最终激发了这一僵局。于其中，他的道德生活与他的欲望都迷失无踪了。（Lacan, 1977a: 236–237, 着重处为作者所加）

这个男孩想要具体化其困境的欲望，在我所谓的“眼镜计划”（optical project）中得到了重复。在这一计划中，鼠人要还清取代他那副夹鼻眼镜的新眼镜的债务。那副旧眼镜已经在他首次听到老鼠故事的演习之中丢失了。结果就是，一场不可能的、被设计为要让他本应偿还债务的那人（女士）感到失望的演习，正如早先鼠人的父亲曾经让他的真正爱人失望一样。在这一演练中，我们看到了一种思维序列（*Denkverbindung*）是如何被其爱恨交织的矛盾性内容（*Zeug*）所固定住的。这一矛盾性内容就是，鼠人欲求着能够将他父亲与他自己从他母亲的债务中（以及弗洛伊德的债务中，而这一债务也是由他母亲所偿还的）解放出来，以便追求一种真正的爱恋，于其中，他可以逾越父亲关于激情的禁律（Lewin, 1970; Winterstein, 1912）。简言之，鼠人自己变成了一只疯狂的小鬼/老鼠（[b] rat），往返奔跑于 107
双亲的身体之间，以求找到一条通路，来安置他们的委屈不平（不对等的婚姻［*mésalliance*］），谵妄性地寻找着再进入与再诞生，以便补偿一种爱之伤害。这一伤害从丈夫传递到妻子、从母亲到父亲到孩子，并在一种（非）原初性的关于抱怨之“耳闻之罪”中被听到。鼠人的强迫性恐惧，即为他自己的眼镜偿还债务，将会导致他父亲遭受鼠刑，这建立了一种“不可能的旅程”。这一旅程对于时间序列与制图学的破坏构成了眼镜计划之中最为晦涩难懂的部分（Mahony, 1986: 53, n.2）。能够证实这一点的，除了弗洛伊德记述中的编辑性附录之外，还有那两幅为了“厘清”事实所做的地图（SE x: 212; PFL [9]93; Freud, 1963）（图 3.2）。由于将他自己对于债务问题（夹鼻眼镜的邮资[①]）的解决（*Raten*）与其父亲遭受鼠刑联系到一起，鼠人绝望地想方设法要将他眼镜的钱还给一位军官（A），并与此同时避

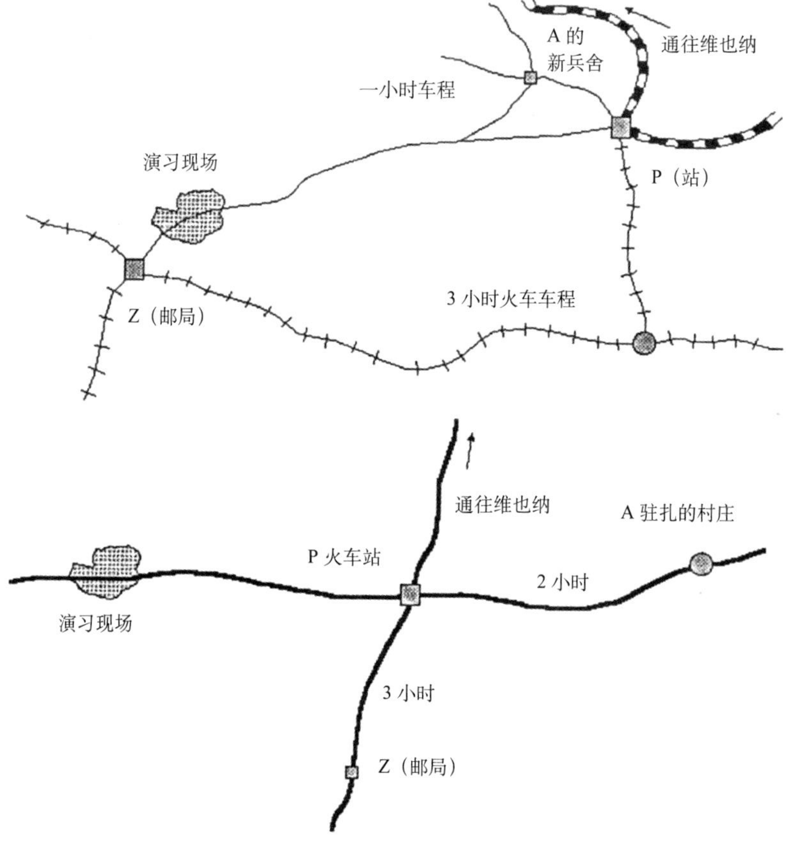

图 3.2　不可能的旅程（SE x: 212）

① 应该是夹鼻眼镜的费用而非邮资。在奥地利，邮局有一种“货到付款”的系统服务。参见 PFL(9): 49n。

免其可怕的后果。他想到了一个策略：将两位军官（A与B）带到邮 108
局。在那里，其中的一位军官（A）会将鼠人所欠的钱交给那位邮政女士，而后者则会将钱一次性付给军官（B），也就是鼠人实际上的债主，这样一来，鼠人同时也就付了同样的钱给军官（A）了——他曾经错误地发誓，要付钱给军官（A）。

弗洛伊德承认他预料读者们很难明白这一眼镜计划的内容。不过，在尝试了数次之后，这已经是他力所能及的最佳版本了。

事实上，鼠人自己修订了这一眼镜计划，并使其变成了如下的形式。鼠人在上午9点30分到达（P）镇，然后他计划去拜访驻扎在距离（P）镇有60分钟路程的一座村庄中的军官（A）。而（位于Z的）邮局，就还要再赶3个小时的路程。所以，如果他与那名军官做一个往返的旅程，那么鼠人仍然有时间赶上晚间列车（从P）到维也纳去，拜访他的朋友戈拉特兹（Galatzer）。不过，到了那天，他实际上登上了上午10点整的列车从（P）径直去了维也纳。这造成了一个既定事实（*fait accompli*），让他不得不在数站之后，重新规划行程，想象着他自己沿着最初的旅行顺序，来完成他那偿还债务的誓言。弗洛伊德在使得这一叙述"有条理"（*auf die Spur*）的过程中面临着极大的困难，以至于他的译者们不得不通过画图来"理清"整个事件；然而，译者们又认为这一地图并"不完整"，因为还缺乏补充性的知识，即军官（A）此前曾驻扎在军事邮局（Z），后来换防到距离（P）镇一个小时路程的军营，因为他被另外一位军官（B）所取代了。由于上尉疏忽了这一换防，所以他才告诉鼠人，一定要偿还军官（A）眼镜的钱；出于同样的原因，一旦认识到了第一位军官（A）与还债没有任何关系，他就让鼠人将钱去付给另外一位军官（B）。但是，任何铁路路线图，或者是基于这一地图的时间表，当然都无法将这一理性的人造物从其滑移（slippage）中解救出来。在这一滑移中，该眼镜计划就成了在鼠人的"不可能的旅程"中的移动；而这一"不可能的旅程"的分离（*chorisis*），反过来又取决于他那持续"消解着"这一眼镜计划的、在爱与恨之间的强迫性摇摆。

弗洛伊德想要理清鼠人之神经症的诸多材料，也试图在他那所钟爱的思维序列（*Denkverbindung*）的帮助下，为这些材料排序。弗洛伊德只有在这个案例中才留有进程性笔记，这一事实已经说明了他
109 的努力。这些笔记甚至比发表的案例史更为混乱。不过，在它们之间所做的比较可以表明，他对于铁路隐喻的坚持本身就有着极强的强迫性。思维序列（*Denkverbindung*）中的列车（*Zug*）或者是工作（*Zeug*）的隐喻，因此就是弗洛伊德本人欲望的证据（*Zeuge*）。这一欲望，即弗洛伊德要将鼠人的强迫性思维纳入到有比率的——时间序列的——可以图解的铁路逻辑及其文明化使用的界限之中。现在，弗洛伊德知道鼠人的眼镜计划毫无意义，因为一旦鼠人抵达了维也纳，他的朋友就让他平静了下来，并在翌日陪他去邮寄了3.80克朗到那家邮局（该邮局位于Z，注意我们曾经讨论过的Z字形）。不过这意味着鼠人——由于他并未将钱交给两位军官中的任何一位——一直都知道，他真正的债主，是那位在邮局工作的“值得信任的年轻女士”；他也知道，上尉关于向军官（A）还债的命令，对他并不具有效力。他的火车之旅不仅“不可能”，而且，正如弗洛伊德所知，也根本“没有意义”，除非他这一关于眼镜计划的强迫性观念，可以在无意识的层次上得到分析。

弗洛伊德在让这一案例史中的“老鼠观念”（*Rattenidee*）进入到一种“清晰路径”之时，遭遇了极端的困难。然而弗洛伊德为何还要如此固执地与鼠人纠缠？我认为可以如此概要回答：这一老鼠故事对鼠人影响巨大，因为他一直都认同于父亲的那种士兵生涯，尽管他母亲并不欣赏其丈夫的粗鲁，也不赞赏鼠人本人听说过的他父亲那些糟糕赌债的故事（Rickels, 1988）。所以，在试图偿还他自己的夹鼻眼镜债务时，他也要负担起为他父亲的“罪恶”（*Jugendsünde*）赎罪的任务，正如弗洛伊德所说的那样。事实上，这一罪恶要更深一点。在这一眼镜计划中，鼠人向他自己所隐藏的，是他曾经撩拨起那位（位于Z地的）旅馆老板女儿的感情，以及那位邮政女士的感情的事实，所以他并不确定，一旦演习结束以后，“他要属意于”这两位女士中的哪一位。因此，在这两位军官之间的游戏，掩盖了他在两个女孩之间的犹疑。所以，这一无意识行为当然不可能在任何时空平

面上被“图解出来”；那两张铁路地图也因此而不仅作为一种彼此的
改进而失败了，而且，尤其是从精神分析的角度来说，还与案例中的
叙述没有关系。在其案例叙述中，这两张地图不过是作为一种强迫性
文本（obsessive text）的症状而陷入了困境。在面对这一强迫性文本
的时候，即便是读者们，也会忍不住想要将其清理顺畅！然而，此处
在地图上的扭曲，却是双重决定的结果。一方面，鼠人自己重复了他
父亲那“年轻时的罪恶”，即遗弃他最初的爱人，并且因此而应该承
受鼠刑；另一方面，他又进入了一种不对等的婚姻（*mésalliance*）之
中，而在这种婚姻中的悲惨故事，鼠人自从儿童时代开始就已经在母 110
亲的抱怨中耳熟能详了。在鼠人幼时曾因殴打了某人而受到父亲的惩
罚，并因此对父亲充满怒气一事上，鼠人母亲同样也是弗洛伊德的
“无可指责的”证人（*Zeugnis*）。弗洛伊德坚持将这一事件追溯回原
初场景。不过这并无必要，因为这不外乎又是一个来自于鼠人母亲的
故事，同样被用来“支持”（或应和了）老鼠故事而已。沿着这条被
我们称为家庭神话/迷思的线索，鼠人的整体生活、事业与他的婚姻，
都被他母亲为他制订的婚姻计划所阻碍了。在这一计划中，她诱惑自
己的儿子重复其父亲的罪恶：为了金钱，而非为了爱而结婚。

从这一家庭神话/迷思的角度来看，这一病人自我（patient-self）承载着代际性自我（*intergenerational-self*），以及与此相关的疾病与忧伤的家庭遗产。这一遗产显然并非生物学遗传，而是一种性情倾向。这一性情倾向从儿童那不成熟的所听、所见、所闻——因此也就是原始情境的构建——之中，来假定在其父母与兄弟姐妹们之间，以及在其他那些进入到其历史之中的偶遇者们之间那些活生生的性之重负。正如我曾论证过的，鼠人与多拉都曾遭遇过非同寻常的演习，于其中，旅程、铁路，以及车站的意象都是用来安置父母之债务（*parental debt*）的，亦即对于那失恋父母的指责。而指责的原因，则是孩子自认为并非父母的爱子/爱女，父母应该为此负责。老鼠符号的多方面相关性（polyvalence）也因此而反映出鼠人为了偿还父母之债务而寻求的连续性方式。在演习中，通过一种不可能的转轨而在铁路上往返以求解决问题，这一逻辑上的荒诞也曾让弗洛伊德自

己的记述与讨论脱轨。鼠人这一努力中的混乱，本身是由鼠（儿童）人所有其他努力所决定的。这些努力都是为了偿还那儿童式的分期付款债务的，也就是说，是为了偿还那排泄物式的、经由肛门的再生殖式的债务。偿还的游戏无疑是必要的，这不仅因为儿子们重复 / 偿还（repeat/repay）了父亲的罪恶，而且还因为母亲也会向儿子提出她对于父亲的要求。出于同样的原因——“太多的金币，太多的老鼠了”，弗洛伊德重复了其病人的父母向这位病人提出来的要求，而这位病人反过来又在一种爱与恨的混合情感之中，重复了他与他的父亲以及他的女士之间的关系，并反过来将弗洛伊德分裂并混入他的父亲与他的母亲之中。

这一老鼠故事，作为弗洛伊德通过该快乐—痛苦的循环——鼠人就在这一循环中度过了他的一生——而引诱的时机，大大超越了弗洛伊德本人的记述，以至于使得他将这一老鼠符号赋予了他的病人以及这一案例史，并因此而被“记住”了。在此，弗洛伊德对于自己所欠的、对于该病人之礼物的返还，更像是一种反向移情（counter-transference）的效果，而非是一种安置。它可能一直都是弗洛伊德对该病人的一种反击（*Zwicker*），因为这位病人曾经利用那个丢失夹鼻眼
111 镜（*pince-nez, Zwicker*）的故事暂时模糊了弗洛伊德的视野。不过，在弗洛伊德与他的病人之间，或许还存在着一种更深层的债务（*Zwicker* 与 *Kniefer* 都意味着 *pince-nez*）关系，因为鼠人要偿还其父亲之债务的痛苦尝试，提醒了弗洛伊德：他自己也生来就要偿还其父亲在基督徒的欺辱下退却让步（*Kneifer*）的债务（Gottlieb, 1989）。[①] 所以，在鼠人案例中如此明显的移情与反向移情，包含着一种对父亲之债的（再次）偿还。该债务被这个儿子当作了阉割的标记，所以他必须费尽心思，不惜一切代价，以便解决其家庭的问题 / 账务。但是我相信，这一老鼠的故事既被父亲生涯中的某件事情所决定，同时也在同等程度上被母性指责（*maternal reproach*）所决定，所以在这个故事中，这个

① 指弗洛伊德在《释梦》中所转述的父亲曾告诉过他的父亲当年那个受到基督徒侮辱的经历。参见 *Interpretation of Dreams*, SE IV: 197。

儿子关于她的债务的假定，被展示成为由那位严苛的上尉所执行的一种鸡奸行为（弗洛伊德也对这位上尉大惑不解）。因此，在弗洛伊德与鼠人的相遇中，两个家庭的罗曼史也重叠了起来。两种梦想、两种历史同时彼此交织到了一起。鼠人在第一次世界大战中被杀身亡，而弗洛伊德一直生活到第二次世界大战，并因此离开了维也纳。

不过，弗洛伊德关于治疗进程的笔记表明，鼠人母亲所扮演的角色，比起我们在公开发表的案例史中所能够阅读到的，要更为重要。尽管从她费尽心机地按照自己意愿来安排鼠人婚姻这件事情上来看，这一点应该是非常清楚的。事实上，鼠人的双亲似乎都曾希望通过拒绝鼠人的女士，来纠正他们自己那场门不当户不对的婚姻。治疗进程笔记表明，在对弗洛伊德的回应中，鼠人曾将其作为备选的父母。有一次，鼠人曾害怕弗洛伊德会殴打自己，然而在接下来的一刻，他又将弗洛伊德作为母亲和妓女而破口大骂。这一备选项重复了鼠人对于老鼠故事那爱恨交织的矛盾性回应。在老鼠故事中，鼠人同时既是施害方，又是被害者，且他还是那只老鼠本身，同时既亵渎 / 强奸 / 伤害，又交替着被自己的行为所摧毁。同样的交替还在肛门与阴道之间重复——进进出出的行为，在那种无法区分的痛苦 / 快乐之中已经令人不堪重负——阴户—刑事—惩罚（*chat-ré*）！在这些事件中，鼠人是作为一只小鬼 / 老鼠而被他的父亲殴打的，因为他——以一种那个军营中老鼠故事的方式——咬了某人。问题在于，我们如何从这些事件中，总结出那个更大的精神分析式的故事，于其中，鼠人将老鼠认同为他的粪便排泄物与他的阴茎，欲求着刺穿他的父母，同时也被他的父母所刺穿。

所以，我们要再次尝试图解出鼠人的演习。我们将这一演习置于家庭的、军事的与分析性的关系转换场景之内——鼠人在此力图认清自己。如此，我们或可图解这一俄狄浦斯式的空间（见图 3.3）。在这一空间中，鼠人是一位游戏者，他采用了与我们先前在关于多拉的小动物园之地图中同样的策略。

鼠人的思维列车，从一个家庭故事（这个家庭故事构成了那一 112
原初场景，即他努力要去偿还他父亲对他母亲、对他的爱人和对他的伴侣的债务，就好像儿童性欲的任何其他事例一样）到一个终极故事（即由弗洛伊德关联起来的那个案例史）之间循环往复。从这一“苦难学派”中所生发出来的，乃是一种双重的故事。它的变迁可以追溯。我们不仅可以在从治疗进程到公开发表的案例史的诸种移置过程中，而且还可以在目前伫立在我们面前的这一案例史中来进行这一追溯。弗洛伊德为我们所留下的，是殚精竭虑加以保留的叙述

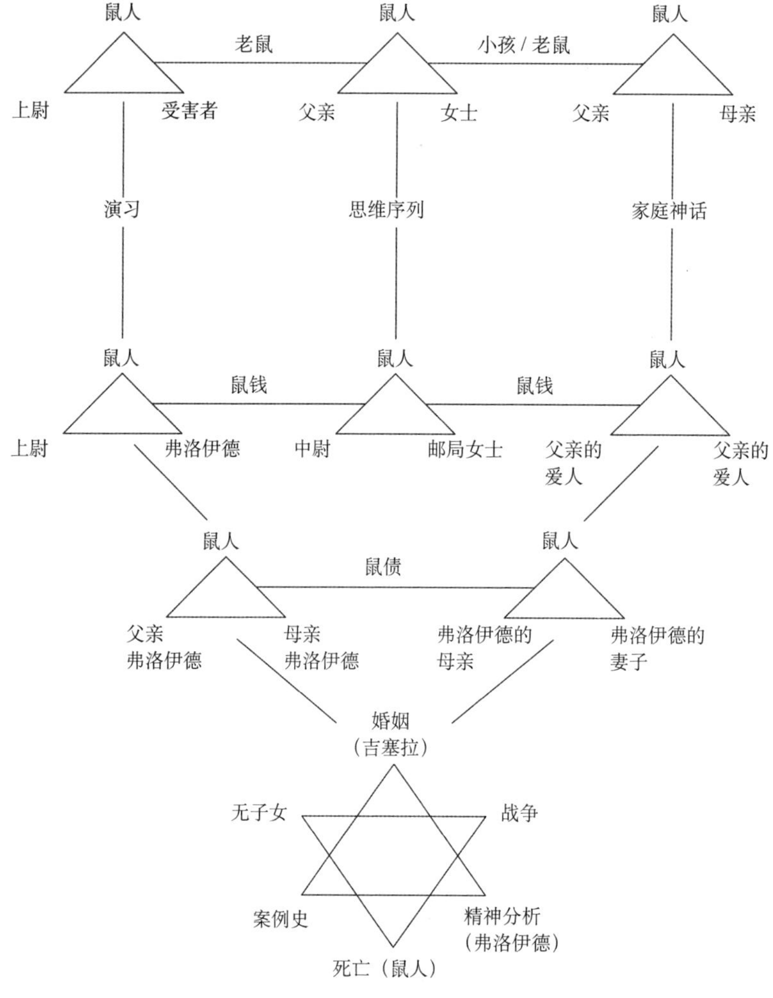

图 3.3　鼠人的俄狄浦斯旅程

线索（一种思维序列）。然而这一灵魂的旅程，历经时空，一直都在 113
超越这一思维序列。这一旅程，超越了都市与工业文明式制图技术的殖民化。而后者，却正是弗洛伊德的那些病人们的神经分裂造影术（schizography）的主要构成要素。鼠人的悲剧在于，他在他家庭循环之中所引起的愤怒，最终被“那场战争的伟大暴力”所覆盖。在此，一个家庭的传承，伴随着文明的崩溃而走到了尽头。弗洛伊德从战争的废墟中幸存下来，然而却付出了沉重的代价：他发现他那位最后的病人，同时也是必然没落/死亡的文明自身，而在这些文明的不满之中，精神分析的角色，正是文明自身其来也晚的成就。

尽管我无法全面探讨弗洛伊德的“旅行官能症”（travel neurosis）——关于这一点，其他人已经有所批注（Grigg, 1973; Shengold, 1966），然而我必须强调，与鼠人那“不可能的旅程”相关，弗洛伊德有着强迫症式的企图，即在所有的案例史中，都要清理出一条智识上的通路来，建立病人们的“思维序列”，这一点由他自己跟火车有关的无意识关联所决定——他在其中毫无决定力，同鼠人的处境一样。一方面，弗洛伊德整体的生命旅程之标记，包括了他对一位强权式诱惑性母亲的爱恨交织的情感（这位母亲的裸体已经在弗洛伊德记忆中留下了不可磨灭的印记）（Masson, 1985: 268）；另一方面，这一标记也包括了他对于一位温柔宽厚的父亲的爱恨交织的感情。这位父亲的妻子一直都与她丈夫弃之一旁的那位不孕的第二任妻子瑞贝卡（Rebecca）有所合谋，后者就如同吉塞拉（Gisela）[1] 那样无法生育（Balmary, 1982）。在此，他似乎同鼠人一样，接受了一种父母之神话/迷思（Krüll, 1987）。此外，我们知道，弗洛伊德也备受那一想法的折磨，即他的同父异母的兄长菲利普（Phillip）同他那位年轻的母亲阿玛丽娅（Amalie）睡在一起。如此，弗洛伊德自己的家族线索，也并非那么循规蹈矩。在他的心中，他从未忘记过这一家族

---

① 在此指 Gisela Fluss，一位弗洛伊德在儿时，在初次重返在摩拉维亚（Moravia）的出生地期间首次“爱恋过”的一位少女。这一情节在弗洛伊德 1899 年论“屏障记忆”的论文中有所提及。恩斯特·琼斯在关于弗洛伊德的传记的第一卷中也有提及。参见 Ernest Jones, *The Life and Works of Sigmund Freud*, p. 28。

从弗莱堡到莱比锡的搬迁，这是他最早的一次火车之旅。在这一旅程中，他首次区分开了他自己对一位年轻的“裸体”母亲的欲望，与他那位老保姆 / 母亲（Amme/Amalie）对他的诱惑。由于将自己的女性气质向精神分析之梦打开的时间已经够长，弗洛伊德重返了父亲律法(Law-of-the-Father)，将他的两位母亲分裂，让她们分别成为一种前文明化的女神与家庭化的妻子（Sprengnether, 1990; Swan, 1974）。一旦他以此种方式将女性分裂，他就既能从她那里接生出精神分析女士（Lady Psychoanalysis）这一角色，也能与她一起，伴随着弗里斯（Fliess），在一场科学与想象力的美妙婚姻中，踏上旅程。

在此，我相信，在这两个家庭的历史背后，还能听到一种声音。这是被男性关于爱人与妻子、关于作为妻子的爱人与作为“他者”的
114 妻子之区分所背叛的女性的声音。这是一种关于女性对文明之不满的抱怨。这一不满，不满于文明给予眼睛、文本、律法以高于耳朵、声音和精神的特权。这一声音在如下非凡的脚注中被加密：

> 正如利希滕贝格（Lichtenberg）所说：“一位天文学家对于月球是否适合居住的确知，大致相当于他确知谁是他的父亲，然而却并不如他对于谁是他的母亲这一点的确定性。”当（男）人们决定用证据（*Zeugnis*）将他们的推理提升一个层次，并**迈出从母权制到父权制的这一步**时，文明就向前迈出了一大步。有一些史前的图画，将一个较小的人画在一个较大的人头顶之上。这是父系传承的标记；**雅典娜没有母亲**，而是从宙斯的头顶出来的。一位在法庭上作证的证人（*Zeuge*），在德语中仍然被称为“*Zeuge*”［意即起因 / 父］，取意于男性在生殖行为中的角色。所以，在象形文字中，“证人”（*Zeuge*）这个词，被写成了男性器官的象征。（SE x: 233 n.1; PFL［9］: 112–112 n.1; 楷体为本书作者所加）

如我所见，在被作为证据（witnessed, *Zeuge*）之中的这一滑移，是由弗洛伊德自己的幼年乱伦性所制造的。弗洛伊德通过将不确定性

与怀疑投射到那一母性身体而拒绝承认这一幼年乱伦性。而这些不确定性与怀疑，又是从一种反转其自身的欲望——无论弗洛伊德或利希滕贝格如何辩解，这都与所有感性的证据相矛盾——那里获得其滋养的。这一反转，是在一种母性证据的概念化（*Zeugen*）对于承认/领养/生殖（*Zeuge*）服从的父性律法的服从的反转。当然，这一男性的“*Zeuge*”，若非通过弗洛伊德的科学故事（fiction）而获得成功，那就只有通过创造性的法律故事（F/Z, Fliess/Sigmund, Zig-Zag-Mund Freud）之能事而获得成功了。如此，弗洛伊德就像摩西一样，献身于一项毕生的旅程，为的是要让他的追随者们归顺一种构造出来的律法（law of fiction）。这一律法的核心戒令，就是有一位猜忌成性的上帝，决不允许女性的不贞怀孕/概念（conception）。

假如到目前为止，我们聆听得足够认真，那么现在就可以“看到”，弗洛伊德的那个梦是通往无意识的皇家大道（royal road, *Via Regia*）的宣言[①]，不能脱离开他对自己关于道路、铁路和船只之经验的无意识隐喻化。事实上，“旅行”这一特定概念，倾向于通往母亲身体——出生与死亡的身体、原始之丰腴丢失了的身体——这一座黑暗的大陆。在弗洛伊德80岁的时候，这一意象重新返回到他那里（Kanzer, 1979），只不过所采取的是一种屏障记忆（screen memory）的形式：攀登雅典的卫城（*Mons Veneris*）亦即众城之母（因此甚至是攀爬罗马，［男］人的母亲）。他想起了帕特农神庙，神庙的琥珀色（黄色、金色）廊柱，是他在这一生中见过的最为漂亮的东西/大腿［?］（SE: XXII: 239-248; Slochower, 1970, 1975）。 115
如此一来，弗洛伊德的一生，都被他自己回顾为一场旅行。在这场旅行中，从始至终，他一直都被彼此交织在一起的母亲的目光与关于在怒黄色鲜花与衣裳装扮下的吉塞拉这位初恋的黄金记忆所湮没（Laguardia, 1982）。因此，我们是否可以想象一下，当弗洛伊德回

① 弗洛伊德在《释梦》一书结尾处的著名宣言。弗洛伊德在原文中所使用的是VIA REGIA一词。Royal road一词，是斯特拉齐在标准版译文集中所使用的英文翻译。

想起他自己当年在雅典，尽管旅程一切尽在安排，然而他还是发现/找到了他自己的女孩子气的时候，他对于鼠人之“不可能的”旅程的兴趣究竟是什么：

> “我们将要去看雅典？绝无可能！雅典太远，旅程太难！”如影随形的沮丧回应着这样一种悔意——这是不可能的：这本应该极其美妙！而现在，我们知道我们身处何地了。我们经历过太多次的“太好因而不可能”的事例了。这是一个例子，一个关于我们经常在惊闻好消息的时候，感到不可信的例子。例如，当我们在获得一个奖项的时候，当我们在抽出一个获奖者的时候，或者，*当一位女孩得知她暗恋的一个男子，曾经请求她的父母离场，以便向她献殷勤的时候*。（SE XXII: 241-242, 着重处为本书作者所加）

我们同样知道，那列开往维也纳的火车，也曾带着年轻的弗洛伊德远离了他的初恋吉塞拉。弗洛伊德永远都有一种重返关于吉塞拉的记忆的方式/道路，以及表达后悔用那位年轻爱人的花朵，交换了成年人婚姻这一面包的方式/道路。就好像鼠人一样，弗洛伊德的记忆能够反转时间的序列，在他选择一个传统的婚姻之前，重返那个新鲜的“黄金”之恋，在一种返往童年/童年的重返之中，扰乱了那一梦/梦者的关系，正如在这个老鼠故事中被分裂了的叙述者与聆听者之间的关系那样。

捕捉鼠人的思维序列

弗洛伊德关于精神分析之视觉/光学的分析，将观看（seeing）与聆听（*hearing*）交织在一张幻想的网络之中，任何一方面都无法单独从这张网络中抽离出来。我们当然会将特权赋予视觉以及观察的实践，因为这是我们科学的基础。我们已经把非视觉性感觉机制贬低为了小说 / 故事那令人兴奋的基础了。精神分析极度渴望成为一门科学，所以它专心致志于视觉工作（eye-work）的隐喻，并且会赋予分析者的观察以特权，使其高于在个案中所见到的材料。以此方式，科学家的那个大写的“我”（I），就被诊所之眼的劳动及其清洁性的（sanitary）实践所丰富。然而我们必须承认，正是由于弗洛伊德，我们才认识到了科学之眼光中的盲点，以及因此而有必要承受那将我们的科学陷入欲望的移情关系（O’Neill, 1993）。考虑到这一点，我们 116
就需要表明，科学之眼光是如何陷入它的所见之物、失去距离并且屈服于科学的无意识的，亦即屈服于在它自己的视野之中的无法思考之处的。

这一从视觉向听觉的转移，是有正当理由的；或者说，我们坚持认为这一视觉 / 光学是被听觉所结构起来的，这是因为性差别之场景的核心，乃是一种拒绝 / 否认：在那里，观看是令人怀疑之事，或者说，观看要乞灵于阳具这一附录，这一附录本身即是理论的起源。如此，根本就不存在任何将原初场景建基于“眼光之所见”（optical-seen）的问题。精神分析的起源，要归功于弗洛伊德有能力通过坚持那一诱惑“场景”的建构，及其对于心理的回顾性效果，而忍受住了“所见”的诱惑（Viderman, 1977b）。这并非是要否认，弗洛伊德早期的视觉 / 光学工作，受到了他那个时代的实验科学的制约。不过从这一角度来看，这些工作乃是传统类型的，而且弗洛伊德的职业生涯也并未依赖于此。我们大可不必将他理解成一个在此类研究中超出于他的实际情况的先知，因为一旦他的研究兴趣转移到对心理的分析，他就已经处于相关心理研究的前沿了。弗洛伊德的视野及其不满，在每一处都大大超越了他的老师们的盲区，所以我们很难总结弗洛伊德在实验室中、在诊所中、在艺术博物馆中以及在各类艺术与文学中的所见，正是从上述这些世界中，他才获得了精神分析那些最为基础的隐喻。

弗洛伊德并未变成一位神经学家或眼科专家，正如他也没有成为一位考古学家或艺术史专家一样。弗洛伊德最终变成一位世界级伟大的关于“我（I）”的医生。没有人可以确认，弗洛伊德的这条路是从哪里开始的。不过，仔细思考一下他对沙可诊所中所呈现的那种非凡的目光之反应，还是颇为有趣。我相信，弗洛伊德在这些稀奇古怪的展示中所看到的，是那些癔症性身体都被这位医生从其视野中排除在外了，尽管他是有意展示他们的。毋宁说，癔症本来被紧紧抓在目光与声音之中，而弗洛伊德的成就在于，用欲望的语言将其编码，为了这一目的，弗洛伊德挖掘历史与症候学；病人因此可以通过弗洛伊德的工作，而获知对于他 / 她自己疾病的洞见，而非仅仅作为一种诊所景观。不过，这一针对诊所主体在视角上的转变，要求该精神分析的主体，除了通过精神分析这一戏剧（哈姆雷特、俄狄浦斯）以及在案例史中为我们所捕获的戏剧学当中所重建的形象之外，不再具有任何画像或影像（Lacan, 1977d）。我因此坚持认为，弗洛伊德的“治疗方向”是听觉式的（*aural*）。在所见与所说之间，又加入了所听。如
117 此，精神分析那（再）建构式的工作，不能仅仅被化约为关于理论与观察之间关系的论述。弗洛伊德的理论并未破坏其观察；它所观察到的乃是一种（原初）场景，这一场景中的暴力性内容，在目光与聆听的感觉层次上，是无法判定的，然而其追溯性（*nachträglich*）效果却开创了一种俄狄浦斯式的叙述。在这一叙述中，婴儿会达致一种针对双亲中某一位的、或多或少的稳定性认同。如此，幻觉的听觉—视觉起源，无法与幻觉的其他那些起源区分开来。正是后者，通过将性行为置于家庭罗曼史与其抱怨的支配之下，为性行为提供了一种历史（Laplanche and Pontalis, 1964）。精神分析必须通过倾听而被信任，这也是为何其奠基人不得不将自己从其病人的视野中移开，移到躺椅边上的忏悔之处。而重返病人视野的，并非是他的相貌，而是他自己那病人式反思的烟雾。因此，弗洛伊德与他的病人们之间的界限，就漂浮在了空中。一人说话，一人倾听。在这场听得到的音乐会之中，作为主题的记忆、遗忘与追忆都被编码进入身体的症候学与其梦境的符号性睡眠（sign-sleep）之中了。

让我们重申一下我们所宣称的，在弗洛伊德对于婴儿性欲之双重历史的形式化之中的“听觉性视觉”（*aural optic*）。由于要借助于在

个人生活史与人类家庭的集体历史之间的重叠，弗洛伊德自己就此汲汲于一种关于父母之怨言 / 声音（groans）的童话或者幻想，而其预言性则处在了我们的文明的核心。正如维科（Vico）的巨人们曾经在天雷般的掌声里阅读他们的故事一样，弗洛伊德的婴儿们以类似的方式，在来自于父母床上的性交声音（coital groans）中，也预言了他们自己的主题——自此以后，他们既要对其抑制，又对其欣喜若狂（O'Neill, 1987）。如此，我们永远无法抓住我们的心理生活。我们所能做到的程度，仅仅在于学着讲述这样一个故事，这个故事通过在我们周围其他人的生活那里，在故事、童话与音乐中，发现这一点，（重新）获得 / 遮蔽了这一点。若非此类记忆性的背景，精神分析几无可能。总而言之，它必须向其自身的结构与组织、向关于其自己的伤口的视线与声音、向其痛苦与快乐的熟悉场所来打开这一身体。出于这一原因，精神分析就并非一种诊疗科学。它毋宁是一种关于记忆的艺术，一种向来都在引诱我们的激情的历史，或者是一种我们向来都不敢去生活的那种激情的历史。事实还是梦幻？我们无法确定我们那些故事的最初起源。一种暴力的行为——在台上的还是台下的？被看到了还是被听到了？母亲受伤了还是因此而高兴？父亲是受伤了还是因此而高兴？他们是在打架吗？他们会不会杀害彼此，会不会杀害我——如果他们看到我在那里的话？忘掉它吧，它会重新回来的。

一次失败的诱惑，阉割与梦，让我们告诉教授吧——他会知道 118
的！小汉斯、多拉、鼠人和狼人与弗洛伊德一起度过了数个小时、数个月与数年之久，试图重新创造一种关于未曾被见过和未曾被听过的那些事件的历史，作为自俄狄浦斯以来被说出来的叙述中的不同阶段，和在精神分析中 / 被精神分析所“零售”的叙述的不同阶段。精神分析本身的历史，就建基于这些早期案例史之上，而这也是我们要重新讲述鼠人故事的依据。然而我们想要坚持讨论那些被听到的事件（sounded events）；不然的话，这些事件的痕迹就会在关于“记忆屏障”、“原初场景”和“诱惑场景”（seduction scene）的视觉性隐喻中被清除，并且当然也会在关于主体 / 客体认识论的视觉之中被清除；通过其关于“无器官之身体”的移情，亦即身体的感觉性比率抵抗那种由眼睛与心灵所构建起来的等级化，而求助于耳朵、声音、肉体向那只俄狄浦斯之眼的归属（Deleuze and Guattari, 1987），精神分析同时重新制定又违背了上述认识论。鼠人案例就是如此。如我们将要展示的，其眼镜计划完全抵抗了用一种强加于它的制图学方法对它进行的修订。因为这一计划是从母性（*gaia-graphic*）之债务的偿还中得出来的，而这一故事在鼠人故事发生很久以前就被听说过无数次了，它的结局也早已被预定。

我们已经跋涉了足够长的路途，以表明弗洛伊德无法将鼠人的叙述纳入到一种眼见的/理性的视觉性框架之中。规定这一框架的，是关于不可能之旅程的时间序列与制图学方法。在此，我们将用进一步的细节来表明，那文本性的舞蹈是如何被这个“老鼠故事”所引入（textual dance, *Cappricio*）的；而后者的分裂性符号学（*schizosemiotics*）（听觉的—肛门的—口腔的）又是如何创造了一种符号舞蹈（sign-dance, *Zug-Zeug-Zeuge*），并使得弗洛伊德让叙述线索屈服于鼠人的强迫性分离结构（obsessional *chorisis*）[branching, *Verschiebung*]。与此同时，弗洛伊德努力控制着一种母性密码术的谵妄性回归——这一回归包含在《虐恋花园》（Mirbeau, *The Torture Garden*, 1989）的附录中[①]，并且让其竞争性的快感，服从于一种教父文学的发生学。

因此，我要将这一比喻的重点，放在弗洛伊德无法避免叙述性分离或分离结构的实践上。要表明弗洛伊德式隐喻的核心即“思维序列”（*Denkverbindung*），被用来保证一切事务都井井有条（*auf die Spur*），并且沿着一条笔直的路径向前发展，然而其本身却无论如何也无法摆脱无意识关联。弗洛伊德与那位在谵妄性计划的多样化中无所适从的鼠人分享了他自己的“火车官能症”（*Reisefieber*）。他们在这一官能症中“被运输”或“被驱赶”，而且无法彼此解脱对方。

我们必须讨论那使得鼠人带着希望来到维也纳的谵妄性事件序列。
119 鼠人到维也纳来拜会弗洛伊德，因为他读过了《日常生活精神病理学》一书，并希望可以获得一纸证明（*Zeugnis*），证明他的健康要求他重

① 关于米尔博的《虐恋花园》一书参见下一个脚注。

复那场被他刚刚放弃的不可能的旅程。弗洛伊德拒绝这么做，然而却愿意帮助他从往返于爱与恨之间（*Rattendelirium*）的奔跑中解脱出来。所以在这一案例史的前半部分，我们就已经陷入了那个老鼠故事——鼠人在参加那场让他丢掉夹鼻眼镜（*Zwicker*）的军事演习时所听到的故事。此后的所有事情，几乎都无法理解（*sinnlos*），因为鼠人坚称，他要向两位军官中的某一位偿还因为重新获得一副眼镜而背负的债务，哪怕他担心这一偿还（*Raten*）可能会导致他的父亲或者他的爱人——（吉塞拉）女士，遭受由老鼠（Raten）所带来的痛苦惩罚，也就是在那个士兵故事中所详述的惩罚！夹鼻眼镜的丢失，当然在鼠人的迷失方向中占据着核心地位，因为他的目光已经因此而服从于他的听觉，或者毋宁说，他所听到的加剧了他所看到的。鼠人几乎无法忍受那个"老鼠故事"。他恳求弗洛伊德不要让他继续讲这个故事或者恳求弗洛伊德不要让他躺倒在躺椅上，他在躺椅上跳上跳下，仿佛已在痛苦之中。然而弗洛伊德回答说，他无法将鼠人从"极端的抵抗律法"之中解放出来，除非鼠人能够给予他"那个月亮"（我们将会看到，弗洛伊德在这里的构想，已经预示了他的解决方案，就在于为了父性［摩西］律法而放弃月亮/母亲）。弗洛伊德向鼠人保证，他无意于向后者施加任何酷刑，并开始从那些鼠人提供的线索而猜测（*erraten*）这个故事。当然，通过将自己归附于这一游戏，弗洛伊德已经臣服于那个儿童的位置或女孩克拉拉（Clara）[①]恳求"它"继续所在的位置了：

> "他是在想刺刑吗？"
> "不，不是的……犯人是被捆住的……"
> ——他表达得非常含混，我无法
> 立刻猜出是什么样的姿势——

① 克拉拉的形象来自于法国作家奥克塔夫·米尔博（Octave Mirbeau）最为重要的小说《虐恋花园》（*The Torture Garden*）。这位女孩作为一位性施虐狂，非常享受于观看酷刑。该小说曾为鼠人所读到，并且成为鼠人的幻想以及弗洛伊德的分析的灵感之一。所以作者奥尼尔在此的意思是鼠人将弗洛伊德置于了克拉拉的位置之上，而弗洛伊德屈服于此。奥尼尔在其手稿中曾有一长段对克拉拉这一形象的分析，在本书付梓时，将其删除。

"……一只壶倒扣在他的臀部（buttok）……把一些
老鼠放进去……然后它们……"
——他再次站了起来，表现出恐怖与
抗拒的表情——
"……钻进了……"
——进入了他的肛门，我帮他说了出来，
［或：进入了他的屁股，我自己填补了这个句子］
（SE x: 166; PFL［9］: 47）

120 正如其中的老鼠一样，这个老鼠故事本身压垮了它自己的叙述框架，谵妄性地摧毁了它的界限与方向。一旦这个老鼠故事被听到了，它就会以一种无法控制的和无差异的恐怖—快乐—恐怖之改变，湮没一切，颠覆在感觉与理性、故事与现实之间的堤坝，正如它湮没了在作为动物（being-animal）与作为人类（being-human），或在作为男人（being-man）与作为女人（being-woman）之间的差别一样。那些关于差异的抽象概念之崩塌，是由朝向肛门性欲期的退行完成的，而这一肛门性欲的强度，则复原了排泄物式阴蒂 / 阴茎那不可交换的价值。身体快感的肛门滞留同时压垮了故事讲述者与听众，所以这双方各自要求对方来完成它。以这种方式来乞求，就是想要在那个老鼠故事之中 / 被那个老鼠故事所"鸡奸"，或被"强奸"——怎么样都可以，只要它不停下来。如此，这一快乐的声音 / 视线在关于排泄、撒尿、射精与性交的器官这些（淫秽下流的）场景视野（the [ob] scne site [sight]）中达到了高潮，而这些场景，正是伤害或祝福的"诅咒"所要乞灵的对象。在此，这些术语的混淆重复了身体自己的脆弱与快乐，然而却在语言的身体层面上将其放大，而后者正是精神分析的视野，正如爱的艺术在对于讲故事的爱之中再度铭刻，就好像精神分析的案例史一样。然而，在这两种语言学策略之间，还存在着第三种可能性。在这种可能性之中，那一场景（视野）以及那些排泄、撒尿、射精与性交器官的功能被表达成为"淫秽下流的"，所以它们可以被用作"诅咒"，以求乞灵要么是伤害，要么是祝福，而其覆盖层则重复着身体自己的脆弱性与快乐感，并在语言身体的层面上将其放大，并再次将自己提供为精神分析的场景与爱之艺术和对各种艺术（讲故事与案例史）之爱的场景。

克拉拉在听到老鼠故事时的快乐，存在于其中人之位置的谵妄式（乳房—咀嚼式）坍塌之中，也即存在于它们从第一人称（我、眼睛），到第二人称或第三人称（你、耳朵），从讲述者到被讲述者，从行凶者到被害人，从男性到女性的变格或降格之中，正如那只窜来窜去的老鼠扭成一束，并钻进被害者的身体之中，而后者又反过来扭成一束，并转变成痛苦与快乐的奴役一样。一旦听众 / 读者被拉入这个游戏，就再也“没有出路”，因为每一次停顿、每一次逃离，都会转变为一种再进入，一种对于快乐—痛苦—快乐—痛苦之循环的重复；这一循环是由来自于锻造炉（欲求那个故事）的滚烫的刺针 / 棒逼得发狂的那只老鼠所制造的；而这一锻造炉，则在一种重复不断的、覆盖所有其他感觉的关于痛苦 / 快乐的螺旋之中，将容器（腹部）与肛门连接起来，同时还将容器（腹部）与受害者的腹部联系起来。与此同时，在这种聆听该故事的恐惧中所达成的美学式升华，则在这个无 121
法忍受同时的噬咬与撩痒的身体之层面上，重复了一条生理学律法。对于这条“生理学律法”的违背，被作为性侵害而重复，反过来又被两种性别各自向对方施加伤害，并因此而在该故事的狂乱之中，摧毁了性差异。

此种思考受到了弗洛伊德本人之反思的邀请。他正是用这一反思来结束鼠人案例的。事实上，弗洛伊德在最后三个小节中所讨论的主题，使得他在后来冠之以“关于理论的讨论”这一题目。他很有可能是认识到了，他对思考之本质的总体性兴趣，已经超越了鼠人的案例，而他自己的心灵，则已经开始经由浮士德与哈姆雷特而驶向了理性的人类代价这一伟大的文明主题。所以，弗洛伊德的关怀，既包括了生死这类的宏大主题以及哈姆雷特在其伟大提问“生存，还是死亡？”中所表达出来的人之分裂灵魂的神秘性，也包括了鼠人那饱受折磨的爱。实际上，弗洛伊德甚至在某种程度上通过老鼠故事而大大误读了他的病人。基于他自己在强迫性言说之中所发现的发音音节的增速或紧缩的本质，我们认为弗洛伊德低估了“名字意味着什么？”这一问题。如此，上述所有名字，都由于婚姻而遭遇到了问题。然而每一个名字，都由于支撑住了在性欲的问题与问题的性欲化这二者之间的斗争，而声名不朽，正如弗洛伊德本人一样。当然，弗洛伊德给予他病人的那些名字，都极具诱惑力，而且他们也都属于文学殿堂中最为经典的形象。然而，正如我们在多拉的案例史中所见到的，弗洛伊德在对于病人的重新命名之中对他们的剥夺 / 征用，超过了他在任何其他医学裁量权的考虑中的剥夺 / 征用，我们也将在狼人案例中见到这一点。

鼠人的（错）婚

在上述讨论的基础上，我们将会转向恩斯特·蓝泽（Ernest Lanzer）与吉塞拉·安德勒（Gisela Adler）的婚姻，以及婚嫁名字的问题。我们或许可以挑战弗洛伊德对于那个翻译的猜测（*erraten*），即鼠人基于对一位女士的名字的易位构词而构建起来的预防性祈祷。他先提到，无论鼠人对其多么理性化，然而他对“但是”（*aber*）一词的变调还是发挥了作用：作为一种在军事与精神分析意义上的抵抗（*defence*［*Abwehr*］），来对抗某种意外事件或者结论。以同样的方式，鼠人曾经设计过一个魔术词语，以便避开各种邪恶并加上了
122 “阿门”（诚如所愿［*ja*］，即一种庄严的认可）。弗洛伊德并未发表那个魔术词语的要素，所以我们只有从治疗进程笔记中来引用它[①]（参见 Freud, 1974: 148–149; Mahoney, 1986: 59–60; Nunberg and Federn,

① 鼠人（真名为 Ernest Lanzer）将他的祈祷词中最具慈爱力的那些词语的首字母集合在一起，并在最后加上“Amen”，就获得了他自己以为最有效力的“魔法词语”。鼠人认为这个词语可以对抗所有的邪恶。英文译者根据弗洛伊德的治疗笔记，在英文译本中注明了这个词：“Glejisamen”或者“Glejsamen”。那位女士名为 Gisela。由于这个单词当中包含了那位女士的名字，并因此会泄露患者的具体信息，所以弗洛伊德并未在该案例史中直接写出这个单词。而是一直称呼她为“那位女士”。参见 PFL(9): 101。

1962: 246）（图 3.4）：

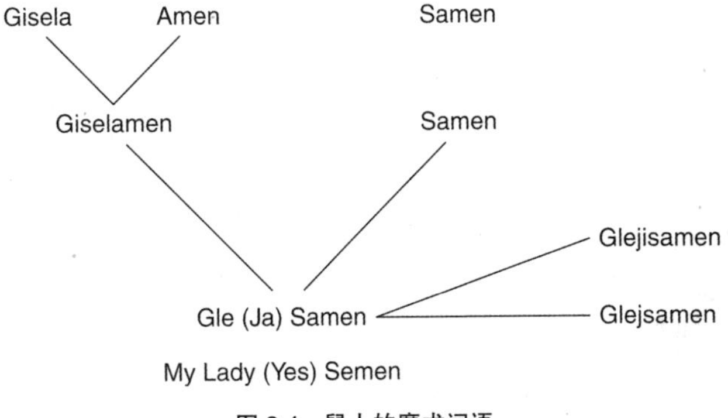

图 3.4　鼠人的魔术词语

这一魔术词语祝福了在恩斯特·蓝泽（*Er*nest Lanz*er*）与吉塞拉·安德勒（Gisela Adl*er*）的婚姻之中“ER”音节的结合，并在同时避开了从恩斯特转移到吉塞拉·蓝泽（Gisela *Lanzer*）的那个邪恶切割/片段（the evil cut［*Lanzer*］）。然而这一切割/片段到底是什么？弗洛伊德将这一切割/片段理解为鼠人对于阉割的惧怕，经由那个祈祷的词语而被转译为一种与女士进行自慰（*onanieren*）的幻想。然而他并未解读这一双人手淫（*onanisme à deux*）的重要意义。鼠人对于他的种子的关心到底为何？为了回答这一点，让我们再看一遍弗洛伊德对于这个魔术词语的图解。如果我们采纳第二个字母 E，将其读作 e=*alle*（全部，all），即“祝愿万事快乐”，并将其作为一种可能性指涉，指向艾拉（Ella）[①]、他那位“甜美的表妹”，甚至是他的姐姐卡米拉（Camilla），正是后者，曾经通过坐在小便壶上而向他表明了性差别的分裂，我们因此就有了另外一种祈祷：

Gis［Ella］Amen
Gisela Samen
Glejsamen

① 鼠人的外甥女。

[SE x: 280–281]

这一形式所结合的，是吉塞拉与那个鼠人知道她不能拥有的孩子，因为那个切割 / 片段已经切除了她的卵巢。然而他热爱孩子，他不能在吉塞拉那里，以弗洛伊德在诠释那个魔术词语的方式中所运用的想
123 象，而浪费他的种子（*onanieren*）。那么做就意味着他父亲的名字经由一场不匹配的错婚而导致的死亡。这一错婚的快乐，已经不再是孩子的祝福，而只能是自慰了。

这一婴儿理论家向他自己的性欲所提出来的问题，已经在父母对于他的自体性欲的干预之中得到了回答。这一婴儿理论家必须要牺牲掉他自己的通感 / 淫欲（sensuality），以成全繁殖的律法，也就是俄狄浦斯化的性别差异之律法。如此，鼠人的“优柔寡断”事实上遵守了如下的律法，即在婚姻之中被交换的必须是好的礼物，即生命的种子（*seed* [*Samen*]）。尽管这是在鼠人与那位女士之间真正的戏剧，弗洛伊德还是以某种方式将他们献祭给不可能之事，疯狂的爱恋故事。以此方式，他还用一系列淫秽的故事来引诱他的读者们，而这些故事都超越了他自己的医疗意义，而且令他几乎无法对案例史本身进行艺术式的操控。只有到了最后几页，弗洛伊德才有能力令事物重返它们所需要的反思层次，我们所获得的也因此而不仅仅是一种恋人的喜剧，而更是一出事关生死的伟大悲剧。为这一出悲剧拉上帷幕的，正是那场伟大的战争。在弗洛伊德对于鼠人迷信之性质的讨论中，弗洛伊德观察到，鼠人那花样繁多的预感与预兆，并不仅仅来自于他自己的算计。他对此给出的原因是，只要有一个日期（*Termin*）被确定下来（例如他的检查日、他父亲的死亡日、他自己的结婚日），他母亲永远都会说，她不喜欢那个日期——当那一天到来时，她永远都会待在床上！弗洛伊德忽略了这一点。然而，由于这位母亲有着非常明显的权威以及预言性的力量，所以我们或许可以将这二者与她的月经循环联系起来，也就是说，后者是她在生死方面之力量的保证。由于鼠人的母亲曾经生育了几个孩子，而鼠人是在这些孩子当中发现自己的性欲的，所以我们有更多的理由来论证这一点。另外，他母亲的生

育能力与那位女士形成了强烈的对比。简言之，我们认为，这一原初场景或许确实被移置了，正如弗洛伊德画了一栋被移到美洲某处的房子一样[①]。这也就是说，如果我们将这一家庭经济学置于其完整的循环之中，那我们就必须将自己的注意力，从性交场景，也移置到对于出生场景（*the birth scene*）的考察，在这一场景之中，母亲的力量强迫父性力量退居幕后。在这两种场景之中，存在着与卵子（*EI*）的生死相关的月经之循环。那决定着一只卵子是否会受精的东西，对我们来说并非没有差别——我们是否是一位强迫性的思考者？

我们现在所接触的，乃是一部伟大的存在主义戏剧——在一个超 124
越性交的层面上，遭遇到了“去在”（to be）或者“不去在”（not to be）的问题，也就是说，在何种机遇中，生（殖）与毁灭 / 死亡的问题，“遭遇 / 结合”（marry）到了一个卵子和经过大量淘汰而幸存的某一个精子之间的问题。我们并非是要人格化这一遭遇。该遭遇纯粹是在生物学的意义上和完全常规的意义上而言，并无任何其他考量。任何一个社会，都会成功地在人类生命的繁殖方面同时在集体与个体层面上对其进行礼仪化，同时庆祝着婴儿这一“礼物”以及所有其他自然的礼物，包括我们自己在内。弗洛伊德在他关于强迫性神经症的评论之中，引入了这一主题。他认为，强迫性神经症所处理的，正是这些伟大的主题，人类对此全都一无所知，也就是对那些关于父亲、生命的长度与在死亡之后的生命，全都一无所知。这些确实是鼠人最为关心的主题。它们极大地超越了那个老鼠故事，所以我们能够发现，弗洛伊德自己的心灵转向了歌德和莎士比亚，以展示那些啮咬着人类胸脯的、更为宽广的冲突与疑问。这一问题乃是起源的问题——谁创造了我？尽管已经有了关于性交与怀孕的知识，而且尽管这些知识在历史与文化的层面上极为广泛，但人类也还是要举出这个问题。尽管伴侣之间存在着性交这一事实，该问题也还是依然存在。或许，

---

① 来自于弗洛伊德在《鼠人》案例中的一个比喻：“但是行动（*action*）上的拖延很快就会被思维（*thoughts*）上的反复所取代，最终整个过程，及其所有的特征，都会被转移到新领域，正如在美洲，整栋房屋有时候会从一个地点被移动到另外一个地方一样。”（PFL [9] : 125）

这一问题是由该婴儿性理论家的位置所决定的。它所采取的形式是：我的母亲和我的父亲，他们两人中的哪一个生下了我？这一问题的回答无论在多大程度上是被给予的，都至关重要。在确定性的层面上，我们应当能够回答，我们可以更为确定地知道，谁是我们的母亲，然而对谁是我们的父亲这一点就不那么确定了。毋宁说，我们的母亲可能不必知道谁是她孩子的那位父亲，只要她能够找到一位丈夫认领这名孩子既可。如果是女性占据统治地位，那么社会性的领养就会比生物学上的父亲身份更为重要。因此，如果父亲身份曾经是一种生物学问题的话，那么它一定会是社会组织里的弱势原则。因此，我们会以震惊的心态读到弗洛伊德的论证，即从母权制（如果曾经确有这一阶段，而非母主制度［matrifocality］的话）向父权制的转变，代表了一种有着感官性证据（*sensory* evidence）的文明化转变。如果将母系社会划为理性史的一部分而非政治史的一部分的话，那么对于母系原则的拒斥（*verleugnung*）极为丰富，例如无母的雅典娜是从宙斯的头部出生的。在此，我们就可以发现弗洛伊德有证据（*Zeuge*）将阳具/菲乐斯中心主义原则（phallocentric principle）作为了文明的律法，而遗忘了小汉斯对于该问题更为温柔的解决之道！

然而，鼠人与他的父亲似乎都处于鼠人母亲的母权控制之下，后者清楚明白地管控着她自己的婚姻，并且还威胁要安排她儿子的婚
125 姻。在此，他父亲的顺从，作为一种因素，必然一直都与针对那种孩子气式举动而提出的禁律的地位相仿。这一母性权力，在多重的生殖与死亡中，以及在月经式的循环之中都非常明显。而正是那月经式的循环，才重新建立了决定谁生谁死的神秘性。我们知道，鼠人害怕那女性的溢出。因此，我们或可为鼠人的阴道与肛门施虐狂现象进行辩护，而非将他的父亲视作其愤怒的源泉。每当父亲貌似成为鼠人通往女性的绊脚石时，我们就可以论证，其实母亲才是真正横挡在鼠人与其女士之间的人。我们一定不能忘记，鼠人想要一个孩子，而他知道那位女士没有生育能力。因此，并非是鼠人的自慰打破了那（摩西）律法，真正打破这一律法的，乃是他选择爱上了一位没有生育能力的女士，而且后者还根本不爱他。鼠人的祈祷并不能改变这些事实，尽

管这祈祷本身可能会将其移置；一栋房屋可能会被置于轮子上而移动的方式，或者是那位肮脏的老人呈现在他的某个故事里的方式，都能够将他对清洁的关心移置到洗钱上面，并同时继续诱骗小姑娘[①]。在后面这个行为中的退行，正如鼠人自己在幼时躲在那位女教师裙底下的玩弄，交代了一种欲望，也就是不必让阳具承担风险也能掌控女性的快感。由于这极有可能一直都是他的惩罚的状况，并由他母亲一直反复实施，而他父亲则代表母亲来实施惩罚，我们或可将鼠人那种攻击性的奇怪线索——你这座台灯！你这条毛巾！你这只盘子！——理解为他对父亲那种家庭式同盟的嘲讽（Halprin, 1990）。以同样的方式，该父亲被塑造成了那只“肮脏的老鼠”。这只老鼠让他的孩子陷入麻烦，只是为了在这种无差别性的爱之区域中游戏玩耍，而根据那社会所强加到诸种本能之上的、文明化了的性地理学，肛门与阴道此时都尚未分开。

弗洛伊德在 1923 年添加了一个最终的脚注，大意为，尽管他帮助鼠人在治疗进程中驱逐了那些老鼠，然而“正如许多其他那些有价值、有前途的年轻人一样，他在那场大战之中牺牲了”。如此，关于文明及其不满的那些伟大主题的阴影，终结了这一故事；而这一问题则变成了社会的健康问题，于其中，无论男女，都希望能够以文明与理性之名，远离苦难。

在此，我们返回到了弗洛伊德的那个长脚注，利希滕贝格曾经引用过它（SE x: 233 n.1; PFL: 113），或者毋宁说，我们将这一脚注挪

---

① 此处的移置是指鼠人未得到允许的对于一位无法生育的女性的爱。奥尼尔将其比喻为移动一栋房屋，或者是老人用洗钱来遮蔽其对于不伦之恋的忧心。奥尼尔的这一比喻有两个来源，其一是弗洛伊德在“鼠人”案例中的一个治疗例证：某位身为政府公务人员的老年患者，其行为特征是将自己所有的纸币洗干净以后再给别人，而与此同时他还有着诱骗小姑娘的行为特征（PFL [9]: 77）。另外一个来源是人类学的研究之中，将女性作为礼物或货币，以使得社会生活运转的基本知识（如列维－施特劳斯的研究）。另外，奥尼尔使用的弗洛伊德文本来自于斯特拉奇所翻译的标准版英文译文集，而在这一英文版本中并未将德文原文中在讲到房屋移动时的方法译出。在德文中，“整栋房屋有时候会从一个地点被移动到另外……”一句，应该是：“整栋房屋有时候会逐块砖石、逐块砖石的从一个地点被移动到另外……”。由于奥尼尔在此并未对照德文本，所以才会有想象性的“被置于轮子上而移动”的句子。

到了它最适宜的位置。这一点是必要的。因为这一脚注的首次出现，与弗洛伊德在举证材料方面遇到的极端困难有关。弗洛伊德对这些材料加以严格的审查，并且谨慎地表明，他为这些材料加上了时间性，
126 而这种做法遭到了材料本身的极度抵抗。在弗洛伊德对于一位病人之历史的重建中，其阿基米德支点就在于弗洛伊德坚持认为，在婴儿期的历史中存在着一种自体性欲，并伴随着父母性惩罚，正如我们在小汉斯的案例中看到的那样。在青春期阶段，这一记忆的线索沉淀在了并不那么久远的心理层面上——类似于人类会在某件事情过后，放下这一历史，并会对其产生基于时代的兴趣。出于这一原因，个体的想象中会包含有性攻击的记忆，而非那根深蒂固的自体性欲。后者是被爱抚或惩罚所激发的。结果就是那个人化的性欲记忆；而且当我们在读到那些关于男女众神的狂暴性欲的故事时，同样的事情也就会发生在民俗史的层面上。在鼠人的案例中，正是他母亲成了一位对于其原始儿童期场景的无可指责的证人（*Zeugnis*），而且她对于性内容的审查并未带来任何改变。因为尽管保姆可能会惩罚儿童，或者是任何母亲都会以那位—父—之—名义代为惩罚儿童，然而他那些幻想的客体 / 对象仍然都会是他的母亲。事实上，弗洛伊德的结论是：

> 对于该患者那些与该事件有关的梦的深度诠释，表明了一些极为清楚的关于呈现的线索，即在他的心灵中出现了一种具有明确史诗特征的想象。在这一想象中，他对母亲与姐姐的性欲，以及姐姐的夭折，都与这位年轻英雄所遭受的父亲惩罚有关。我们没有办法条分缕析地打开这一主题；然而这显然就是治疗获得成功的方向。（SE x: 207n; PFL［9］: 88n）

正如歌德一样，鼠人无法苛责任何其他的女性，因为他担心后者会被这一诅咒所伤害，而且另外一位情人则会借机窃取他的双唇。是鼠人对他母亲的爱封印了他的双唇？鼠人最终获释以后，会否像歌德那样逃亡到她那里去？她的表情——向他恳求他父亲从未给予过她的爱的表情——是否就是困住他的原因？也就是说，这一表情用父亲那

不相配的错婚嘲笑奚落他，并且会用一种背叛了这一母性之爱的婚姻
来诱惑他？在此，弗洛伊德与鼠人之间再次出现了一种纽带关系，因
为弗洛伊德也相信，他自己是一位备受宠爱的儿子，而且也受苦于
母亲的多次分娩以及那些孩子们对于他自己的黄金地位的移置。如
此，这个儿子的愤怒，就重复了母亲的母性之指责，然而却由于父亲
对母亲的不断背叛而将其再度加倍。这一背叛在于，那些分娩并不是
出自于爱，无论其真正的原因是什么。如果在此有乱伦的话，那么这
一乱伦也来自于分享该父母的秘密，以及来自于想要复原在该父母婚 127
姻中缺失之物的愿望。鼠人的强迫性礼仪或可被解读为一种尝试。他
要尝试着去避开那永远不应该落在母亲身上之物，所以他变为了她的
侍从，执迷于各类事物的位置，以免让任何邪恶之事发生在她的身
上。然而这一使命必须来自于母亲，只有她才能让她的儿子明白她那
种未尽的欲望。为了实现这一点，他会将自己献身，再次发誓要变为
他父亲的好阳具。这样的献身无法被他那（坏）父母中的任何一方所
动摇，哪怕是他们在婚姻计划中的合谋也不行。因为这名儿童梦想着
要以比父母更为真诚的方式来对待他们的罗曼史。毕竟，这名士兵曾
经有过婚姻，所以丈夫与妻子事实上联合成为一种联盟，来爱他们的
“英雄”。在预先决定了这些儿童的个体化命运的家庭之神话/迷思中，
所有这些都必须要加以考虑。因此，鼠人努力重复着他父亲的军事探
险，同时保持着他们母亲的真爱。他在恨与爱之间被撕裂，这一切都
根源于他的生命之所由来的那个家庭遗产，而只有死亡才能将他从这
一遗产之中解脱出来。然而，他并未自杀，因为这样同时会杀死他母
亲的欲望。

所以，鼠人等待着他在大战之中的命运，同时与那位已经去世的女士订婚，而后者那死亡的身体，永远无法与他一直向其秘密奉献着的母亲身体相竞争。与此同时，鼠人通过从老鼠故事的一开始就引诱弗洛伊德，来维护（served）他父亲的爱，然后代表着他那些丑陋的女儿，为了他的爱而拒绝了弗洛伊德，提醒他唯一真正的家庭罗曼史乃是母亲之爱，而这正是所有其他的婚礼所破坏（*Giselsamen*）的对象！怀着这一愿望，就是希望父亲（犯罪性的思维）能够远离，并自

此以后致力于避开任何对母亲和她那忠实儿子的冒犯——除了他自己通过她来再生殖（无法偿还之债）的这一幻想。如此，弗洛伊德同样被编织进了这一母性之债务的循环里。后者挫败了他试图要用任何时间序列的或者是地图逻辑的方式来理解自己的努力。这种方式没有其侵犯性故事的分支和出轨，彼此之间大量的分裂繁殖，就如同俄罗斯套娃一样。最终，这一灰姑娘嫁给王子的古老故事无法再被讲述，因为它被嫁给那穷小子的千金小姐所穿越。不过，只有她的儿子能够再次反转这一故事——富裕的他，将自己嫁给了那位贫穷的母亲。鼠人与他的母亲在这场婚姻与分析的赌博之中，通过奖励那个婴儿，而使得对妇女的交换短路了，因为他爱他母亲胜过一切其他妇女，并因此而让自己从任何其他快感的循环里脱身而出，从而只热爱那母亲的身
128 体、那位女士的裙下、在子宫之中，那快乐的儿童，退后又向前、在肛门与阴道之间往复奔跑着。他独自摆脱了那如影随形的、交配着的小鬼 / 老鼠的痛苦与快乐，又或者说，他将其完全吸收进了那个儿童进 / 儿童出的游戏之中；那个完全关于快感的游戏，父母的每一方都各自双重玩耍的游戏，就好像在他那位女教师的屁股上的脓疮一样。

在鼠人的案例中，弗洛伊德自己执着于追溯性叙述的双重结构；这一叙述是关于一种对于前任爱人所欠下的债；这一爱人被用来交换一种传统型婚姻的金钱，而他自己所赌上了的那个职业生涯，其费用或许不过是用来遮掩伪币的理性的薄纱；病人们将这些伪币付给那位手执神秘笔记本的医生，而后者则潦草地写下那些关于儿童期之死亡与精神分析之诞生的双重符号。不过，这已经是另外一个故事了……

所以，事实表明，在鼠人与那位女士的喜剧、其所有的疯狂想象及其狂野的故事背后，存在着一部伟大的弗洛伊德式的史诗。这一史诗的主题就是一个儿子关于他母亲的嫉妒之爱，以及他对那位不相称的父亲的痛恨，他向那位父亲投射了他所有的谋杀性的愤怒。因此，是弗洛伊德本人装饰了鼠人的镜像。那么，真实的故事是什么？他宣称，它有助于充分释放出他那位病人，以捡拾起他生活里的那些线索。这一治疗性成功的代价，弗洛伊德抱怨说，乃是它剥夺了我们理

解鼠人之命运的更大的框架性故事，不过，它却将精神分析授予了我们——它尽忠职守地履行了自己那治疗性的任务！

我在此重新讲述了这个故事。这一故事中的那些事件不过是次级的选择。而其中的那些听觉性生物降解，是由于那优先强调了观察的视觉性场景 / 所见的写作效果而导致的。尽管在这个故事中所展示出来的所有事物，都从属于回忆与抑制的顺序。我想要强调，精神分析首先并非是一种文本，而是一种故事；这一故事的口头 / 听觉性起源及其动力都被写作及由其推演出来的观察、比较与概念化的视觉所逾越。为了与拉康有所区别，我们或可说，精神分析是*心灵感应术*（*telepathy*）而非“视觉感应术”（television）（Kittler, 1990; Rickels, 1988; Ronell, 1984）。让我们迷惑不已的，不仅仅是谈话，还有那谈话必须要被听到，必须要被注意聆听……在此正是弗洛伊德的沉默，打开了精神分析之耳。现在我们能够明白弗洛伊德为何会抱怨说他自己并不是病人的完美母亲，而其他人则总是抱怨他那些准备过度的移情。然而他确实听了……而且在他所听到的内容之中，他发现了我们每个人的故事，这一故事就在我们所有人之中，那些在一个故事之中穿越着生命历程的人们，那些永远不会厌倦聆听的人们……

第四章　狼人之醒（1918 [1914]）

129 狼人的案例——《自一个幼儿神经症的历史》（“From the History of an Infantile Neurosis”，1918 [1914]）——确实既令人眼花缭乱，又不失其伟大性。在步入这一奇妙幻境之前，我们或许应该了解一下皮特·布鲁克斯（Peter Brooks）的建议：弗洛伊德的所有故事情节都如出一辙。确实如此，我们的这些故事确实都只是一个故事。这当然是一种结构主义式的观点。也就是说，在故事结尾所强加的框架，以前后呼应的工作方式（*nachträglich*），避免了叙述的漫无边界。我们的这些故事因而都成了既往事件（deadly matters），而且，正是这一点导致了权威回转到这些故事的起点。而这些起点的特征，就是在超越故事的层面上，对于事关生死之母题（master plot）的重复：

> 如果重复（repetition）是掌控（mastery），是从被动到主动的运动，并且如果掌控就是强调控制［男］人必须在事实上顺从，或者可以说是对一种强加结果的选择，那么我们就已经有了一种对于故事情节之文法的建议性评论。在此，将我们重新带回同一个基础的重复性，可以和对不同结局的选择关联起来。（Brooks, 1985: 98）

我希望能够表明，精神分析式叙述的特别之处，就在于它认识到了位于重复性之源头的不快乐（*un-pleasure*），亦即它强力重复了（报复了）那母亲身体之缺失的经验，而这一母亲身体也正修饰了分析者对于病人之幼年材料的移情。在原初情节（primal plot）中，很难区分清楚重返过去（源头）与过去的重返（归来者）这两种感觉。在这一原初情节中，对于重复的强迫性所发挥的功能，就是要将原初进程与其死亡的原始目标结合在一起（*entbinden*）；而这一死亡目标是通过每个个体自己的方式或者可以说是愉悦感来完成的（Forrester, 1990: 207–214）。因此，死亡本能乃是一般的叙述性之基础，尤其是案例史之基础。或者，我们是否可以说，案例史为所有的叙述提供了一种模板？但是如此一来，如我们在前面几章中所见，就会要求这一叙述欲望并不是一次性获得满足，而是以一种迂缓的方式，似乎是自我拖延的方式，来越轨并且返回的。因此，叙述性就指向了超越其快乐原则
的某物，超越那起源或者结局的某物，最终的结果可能是一无所获， 130
空余其自身的漫无边界（Parker, 1987）。从这一角度来说，案例史，正如其评论中所说一样，是一种越轨的历史，然而这一越轨存在于它为了找回时间而花费的时间的不可能性之上。在这个方面，该案例史戏剧化了意识的悬置（*epoché*）。

尽管狼人的案例似乎在历史探求方面最为不屈不挠，然而这一案例同时也让弗洛伊德的历史性叙述达到了前所未有的不确定。弗洛伊德越是去探求婴儿期的过去，这一案例之中具有无法调和之时间性的案例材料就越多：

（i） 该病人的分析时间；

（ii） 当这名婴儿在可能遇到当时他无法归类的事件时的生命时间（18 个月）；

（iii） 狼梦的时间（4 岁）；分析性重构的时间与后遗性（*nächtraglich*）；

（iv） 一种神话学时间，种系发生的记忆于其中作用于一种家庭史。

通观整个案例，弗洛伊德都在努力——与荣格的竞争——表明，必须要在这一婴儿历史中发现一种神话式的时间性，这样才会存在一种介于个体发生与种系发生之间的完美结合。关键之处在于，弗洛伊德坚持认为，精神分析同时既是一门历史科学而非一种对神秘学的探究，又是一种即兴创作的分析性诊断。弗洛伊德式精神分析之实质，就是宣称所有的婴儿之“原始性幻象”（originary phantasms），都表达了这一婴儿那碎片化经验的组织中的俄狄浦斯结构的构成性优先地位。弗洛伊德采用了大量的策略来打开这两种“历史”。其中最为我们所熟悉的策略，就是斯特拉齐在每一个案例史之前所做序言中的时间表。然而我们借助于这些手段所进行的阅读，完全不会超过比较治疗进程笔记与公开发表的案例所能给我们的帮助（鼠人的案例除外）。毋宁说，这一精密计时的方法必须始终被看作弗洛伊德的叙事性困难的症候性（*symptomatic*）；并且我们需要以同样的方式，在同等程度上将其视为他的伟大性的标志，以及他将那些情节与材料一起交付给我们的标志。进而，我们不能脱离开弗洛伊德自己对于案例材料的移情而独自考察这些困难，正如那排泄物式的“附录”对于原初场景的证成一样，也正如我们后面即将讨论的小便式的“附录”对于格鲁莎场景（Grusha scene）[①] 的证成一样。如此，这一原初场景中诸事件——狼人之梦与格鲁莎场景——的“不可判定性”所发挥的作用，与任何其他来自于其位置的不可判定性所发挥的作用一样大。后者主
131 要是指在狼人的各种童年史与他的分析师之间的位置，以及因此在这两种生平之间的不可分离性（Roustang, 1982; Stepansky, 1976）。

狼人幸存了下来，得以书写他的回忆录，虽然他依然无法回忆起弗洛伊德所加诸他的那个原初场景，不过却仍然对精神分析服务中所产生的债务保持着将信将疑的忠诚。那么，《狼人的狼人》（Gardiner, 1971）是如何可能的？这一问题被如下评论所逃避了：狼人的著作

① The Grusha scene，格鲁莎场景。格鲁莎，狼人在治疗中迂回想到的代表“梨子”的单词以及他的育婴女佣的名字。在格鲁莎场景中，格鲁莎跪在地板上，身边有一只提桶和由一束细枝组成的短扫帚，狼人也在场，格鲁莎正在逗弄他。见 SE XVII: 90-96。

名称表明，狼人从来没有从他在这一案例史中的位置里走出来，也就是说，他始终都是一个被收录于精神分析或为精神分析而被编录的主体。由于弗洛伊德的文本从一开始就是碎片化的，所以狼人的写作就要努力去重新加入那一符号，要在他自己的故事中，将自己嫁殖（marry）进入他自己。很明显，在这一故事中，他讲述了那位历经两次世界大战以及之后的冷战时期这些宏大历史的狼人。他谦虚地将其视为一种个人所经历的长篇历史，正如俄罗斯母亲一样。实际上，狼人甚至比精神分析活得更为长久，尽管他以出色的能力寻求着能够重返精神分析之控制。弗洛伊德当然认识到了，如果没有狼人的历史，那么精神分析本身甚至不会有自己的历史！实际上，狼人的案例史充其量不过是当时一部关于欧洲及其时代命运的伟大小说《狼人的狼人》的一个章节而已。正如其他案例史一样，《自一个幼儿性神经症的历史》的内容确实令人困惑不已。实际上，弗洛伊德所呈现的事实越多，越克制对他们的诠释，读者就越能感受到在事实层面的坍塌崩溃，然而其诊疗立场恰恰是要提供一个事实。这些事实开始强烈要求诠释，要求某种逻辑化，无论它们有多么奇幻。这些裸露的事实由此让我们困惑；因为它们外在于科学，正如某种非家庭化的、非文明化的时间，必须要被带入到某种历史一样。无论那些被报告的行为看起来有多么的令人震惊，我们都有必要将其置于一种欧洲式的背景之中，置于布尔乔亚式的家庭之中，以便发现它在我们的神话/迷思、艺术与文学之中的共鸣。因此，我们祈求变成这些精神分析的皈依者。弗洛伊德在他那些著名的演讲课程中，向这些人们表示了理解。这样的皈依在案例史文本之中也始终发挥着作用，而我们的任务也始终如一：都是要去表明它是如何以一种特定方式来发挥作用的；只有这样，我们才能够将精神分析理解为一种症状式的文本，并同时与这些文本本身所致力于探索与报告的那些无意识的诸种进程紧密相连。

斯特拉齐对弗洛伊德那非凡的文学技巧已经有所评注。弗洛伊德
试图以此技巧而赋予那些心理学事件以一种科学式表述，然而这些心
理学事件中“意外的新奇”却令他的任务更为复杂了。当然，这些事 132
件实际上就是梦。然而在本案例中，狼人做梦的次数，并未像弗洛伊

德本人那样多。事实上，我们必须要考察，弗洛伊德所梦到的原初场景，是否更像是他用某种方式，将他本人的原始之梦强加到了狼人头上，并以此不再逃离这个梦，而是一直留在梦中，并因此而一直令这个案例史的读者们魂牵梦绕。尽管斯特拉齐强调，弗洛伊德的文学技巧令他不得不设法从那些与他相关的非同寻常的事件中，清除出所有的混淆与晦涩，然而恰恰正是这种历史（*Geschichte*）与幻象的混合，而不是核心历史那种纯粹的清晰性，才让所有的评论者为之着迷。事实上，作为一种历史，这一案例揭示了此种超乎想象的复杂性。这种复杂性从一开始就要求有一种时间序列法器（那个著名的时间表）；不过，这一法器却也无法排列其各种描述性事件，因为它本身也正是重新建构那些事件所使用的法器。借助于某些材料，它宣称要从其中发现那一原初场景，而它自己也成了材料的一部分。

我想要重新呈现这一时间序列表，试图让它直观地总结这个案例史，而它貌似也确有此种效果。这会让我们省略掉对于该案例史的二次总结——这本身是一种精神分析式的仪式，同时发挥着还原批判性关注与确保其责任感的功能。

1.（1923 年添加的脚注）我要再次排列在这一案例史中诸事件的时间序列。

1 岁半：疟疾。观察到父母性交；或观察到他们在一起，后来他将一个他们性交的幻想引入这一场景之中。

即将 2 岁半：与格鲁莎在一起的场景。

2 岁半：他父母与他姐姐一起离开的屏蔽记忆。这表明他单独和他的娜尼娅（Nanya）在一起，并因此而拒绝承认格鲁莎和他姐姐。

3 岁 3 个月之前：他母亲对医生的悲叹。

3 岁 3 个月：他姐姐对他引诱的开始。不久之后，来自他的娜尼娅的阉割威胁。

3 岁半：英国女家庭教师。他性格开始改变。

4 岁：狼梦。恐惧症的起点。

4 岁半：圣经故事的影响。强迫性症状的出现。

即将 5 岁：失掉手指的幻觉。 133
5 岁：离开第一个房产（庄园）。
6 岁后：看望他生病的父亲［强制性呼气］。
［8 岁：强迫性神经症的最终爆发。
［10 岁：
［17 岁：崩溃，淋病突发。］
［23 岁：治疗开始。］
［下列事件的日期并未确定：原初场景（1 岁半）与引诱（3 岁 3 个月）之间：食欲的紊乱。
同一个时期：哑巴运水工。
4 岁前：可能观察到狗的性交。
4 岁后：对燕尾蝶（swallow-tail butterfly）的焦虑。］
（SE xvii: 121; PFL(9): 365）

即使在这一呈现之中，弗洛伊德的时间表也指向了如下的事件：它们在原初场景与引诱场景之间承担起了“并未严格建立起来的”回顾性关联的功能。然而，一旦进入了文本内部，我们就会发现这一表格在数个点之间往返晃动。由于这些原初场景的日期表是以“大约一年半”来排列的，我们就有了如下奇怪的脚注（SE xvii: 37; PFL［9］: 268）：

脚注 1. 6 个月大的儿童极不适宜进行考察，而且其实也几无可能成为可靠的选择。

然而从此之后，据我们所知，正是弗洛伊德本人设立了那两个不可能的假设，小（little）是通过选择那个“更多”（more）的类似之物而获得的。同样，弗洛伊德坚持尝试为这一原初场景确立一个日期，将狼人的生日用作基础（圣诞日或前夜？）。这就提供了下一个奇怪的计算，不由得让人想起了弗里斯式的计算：

脚注 4.［说“n+½”或许更为清楚一点。重点在于，由于在患者的生日与夏天之间有着 6 个月的间隔，他获得创伤时的年龄必然是 0+6 个月，或者是 1+6 个月，或者是 2+6 个月，以此类推。不过，0+6 个月已经在脚注 1 中被排除了。］

弗洛伊德似乎要再次自我校正了。然而无论如何都无法移除这一（n+½）的奇异性。派崔克·马宏尼（Patrick Mahony）将其追溯到爱玛之梦（Irma dream）①，以及（N）在三甲胺化学式 N（CH_3）$_3$ 中的
134 符号性角色：“一个能将异常、性欲与个人历史结合为一体的符号。”（Mahony, 1984: 121）所以，在弗里斯关于性欲的鼻音理论与狼人的鼻子自恋之间就建立起了一条界线。无论这些关联是什么，那个爱玛之梦至少同样表达了弗洛伊德自己关于女性气味（*odora femina*）与有牙阴道（*vagina dentata*）② 的幻想。关于这类问题的拟科学式探索，让他认识到，他自己曾经也被鼻子引导过。为了避免被弗里斯女性化，弗洛伊德必须要通过诞生自己那些观点的方法来加以逃避。

附录与校正

因此，我们要返回到该案例史的第五章。在这一章中，弗洛伊德就史实性——那个斑点（*punctum*）——而反驳了荣格与阿德勒，重复了此前为了在同时代人之中争雄而进行的斗争。在此，我们必须注意弗洛伊德的“附录与校正”这一章节。我们将会看到，这是他在床上向他父母所做的粪便式回应，而非小便式回应。尽管关注点集中在幼儿神经症方面，但弗洛伊德还是承认有必要重新引入许多到当时所拥有的、与狼人的肛门性欲有关的后期材料，而我认为，这反倒提供了

① 弗洛伊德在《释梦》中所讨论的那个著名的梦。详见 PFL (4): 180–198。

② 来自于西方某个关于阉割的童话。

一种关于其原初场景的元评论。狼人在很长时间里一直患有肠道紊乱与自我污秽之疾，而且都会沉溺于肛门式笑话，并且会感觉到每天只有在灌肠之后，他才能在世界之中找到自己的位置。不过尤为重要的是，他害怕自己会死于痢疾（由大便带血而作出的诊断），由此认同于他母亲的腹部疼痛。他的母亲曾经强烈抱怨过自己的病痛。在 3 岁半到 4 岁半之间，狼人开始小便失禁。这与狼梦发生的时间大致相同。弗洛伊德如此阐释了这二者之间的关系：

> 在原初场景的影响下，他得出结论，母亲是由于父亲对她所
> 做之事而患病的；而他对于自己大便中有血的恐惧，即害怕像他
> 母亲一样生病，是他在拒绝在这个性场景中与她认同——他带着
> 同样的拒绝从梦中醒来。但是这一恐惧也证明了，在后来对于该
> 原初场景的详述中，他把自己放在了母亲的位置上并嫉妒她与他
> 父亲之间的关系。他用以认同于女人器官、用以表达对男人的被
> 动同性恋态度的器官，同时也是那个能够表达自己的器官，是肛
> 门区域。这个区域在功能上的紊乱已经获得了温柔的女性冲动的 135
> 意义，而且这一意义在他后来的疾病中也同样保留了下来。（SE
> VII: 78; PFL［9］: 315）

这一段表明了弗洛伊德自己对于原初场景的“再编辑”，正如对其频繁地来回往复的参照，将我们也拉进了延迟效果（*nachträglichkeit*）的修辞之中；这一效果本身，则在文本的层面上重复着那表明了肛门性欲之特征的滞留（retention）与释放（release）的运动。在这一滞留性阶段最为强烈的时候，我们能够发现该女性的流动性是拒绝性的，然而一旦它打开并且接受了阴茎，那么这一认同于女性的快乐也就到达了高潮。不过，就目前来说，我们也必须推迟讨论狼人的“底部”（bottom）性欲性质的问题，因为这样会将我们拉入到另外一次对于该原初场景的修正之中。而这次修正，在我们看来，却是在每一个案例史中都打开了一个主要的次级 / 潜文本（sub text）。这对于我们来说至关重要。

我们要重新讨论在那个原初场景中的斑点。在此，我所指的是弗洛伊德关于这一场景的附录。在这一附录中，他幻想着这名儿童用小便或者大便的方法来回应他所看到的那些事件。它的重要性在于，它决定着——再次以回顾的方式——这名幼儿在原初场景中所“看到的”究竟是什么。他是否看到了女人被阉割，而其“伤口”被用来与“男性器官”交配？这一观看是否让他离开了那被动性的同性之恋？在这种情况下，我们仍然要“调和”这名儿童“对于阴道的认识”与他更加可能具有的观点，即肛门就是生殖器官并因此而将这一肠道与他母亲的肠道以及生殖合并在一起，正如我们在小汉斯的案例中所见到的那样。我们现在必须要捡拾起弗洛伊德先前关于儿童对原初场景之回应的暗示，如“丢失的部分”（粪便）。斯坦利·菲什（Stanley Fish）曾经从弗洛伊德的修辞学力量的角度来理解其重要性（Fish, 1989; O'Neill, 1992c）。且来看这一原始的附录：

> 这名儿童最后通过排泄粪便而打断了［诠释了］[①]他父母的性交，因为粪便让他有理由尖叫。……[②]在我构建了这个终结性行动以后，患者接受了它，并且似乎要通过产生“短期症状”来确证它。
>
> 如果这种抗议没有发生，或者如果它被从一个后来的阶段取出来，被插入到该场景的进程中，那也**丝毫不会影响**这个故事的整体性……作为性兴奋的象征，我们的小男孩排泄粪便**这个事实**，要被看作他的先天性体质的一个特征。他立即采取了一种被动的态度，并且在随后更加倾向于认同女性而非男性……（SE XVII: 80–81; PFL［9］: 318；楷体为本书作者奥尼尔所加）

① 弗洛伊德的原文中此处为“打断”（interrupted），本书作者奥尼尔在引用中，错将该词写成“诠释”（interpreted）。如前所述，我们亦可将此处笔误理解为奥尼尔本人的理解性意向在此的呈现。

② 本书作者奥尼尔在此处遗漏了原文中的一句“我在上述讨论同一个场景的其余内容中所提出的全部想法，也同样适用于讨论这个添加的片段”，然而却并未注明。

如此，无论这一粪便式附录的历史性为何，无论是原初的还是回顾性的，无论它是事件还是想象，弗洛伊德都将其史前的与回顾性的操作全部置于那个符号学链条之中——粪便 = 婴儿： 136

> 与此同时，像每个其他孩子一样，他在最早与最原始（具惩罚性的）①的意义上使用了肠道的内容物。粪便是孩子的第一个礼物，是代表着他的感情的第一个献祭，是他准备放弃的自己身体的一部分，但只有为了他所爱的某个人才会这样做……

> 在性发展的一个后来阶段，粪便具有了婴儿的意义。因为婴儿就像粪便一样，是通过肛门生出来的。粪便的“礼物”意义易于接纳这一转换。俗语有道：婴儿就是一个“礼物”。更常见的表达是，女人“给了”男人一个婴儿：②但是在无意识的用法中，该关系的其他方面也得到了同样的关注，即女人也将婴儿作为一个来自男人的礼物而“接收”。（SE xvii: 81–82; PFL［9］: 318–320）

弗洛伊德为这些普遍性符号添加了特定的（让渡的［transferential］）论证，认为狼人曾一直都因为自己在他母亲眼中的特殊位置而妒意满满，希望能摧毁他那些作为竞争对手的兄弟姐妹，甚至抢占他妈妈在父亲那里的位置，以生儿育女。不过无论这是由于他希望能够像个女人那样被爱——指向了母亲在爱恋之中的幸福，还是由于他愤怒于她与他的父亲睡在一起，并且生了其他的孩子，并因此而使她的爱既背叛了自己又变得稀缺，这一点仍未有定论。我个人当然认为，这是由于弗洛伊德将他自己的童年记忆强加到这上面，才使得该问题“无法解决”（*non liquet*）。然而，如果我们回想一下，在弗洛伊德的原初场景中，他父亲是如何对待他的小便的，我们或可理解为何弗洛伊德

① 弗洛伊德在此处的原文是“原始的”（primitive），本书作者奥尼尔在引用中将其误写作“惩罚性的”（punitive），同为奥尼尔本人的理解性意向在此的呈现。

② 弗洛伊德原文中此处为分号“；”而非冒号。

最终修改了狼人的经验，以使其符合这一法令的；而对于这一法令的对抗，却正使得他反转了他自己的不幸命运，并且通过将该事件普遍化，而声名远播。因此，尽管狼人总是会经历来自于女性的阉割威胁，而且如同弗洛伊德一样，他似乎也将其父亲视为是一个被阉割的形象从而关心他（甚至是作为被殴打的犹太人的原型），然而这一事实却不能阻止弗洛伊德得出这样的结论：狼人所获得的遗传占据了优势地位，而且他曾在他的父亲面前低头，因为“在男人的史前史中，无疑是父亲行使了阉割，以作为一种惩罚，并在后来将其弱化为割掉包皮”。然而，在他心中仍然潜伏着对于父亲本人之阉割的深深恻隐
137 之情；他在原初场景中目睹了这一切——当他看不见阴茎的时候。

那我们现在进展如何了？我认为，我们有必要重新进入这个故事。狼人通过灌肠剂而获得的快乐，与在 18 岁的时候，由于患上淋病而带来的对其自恋（正如弗洛伊德一样，狼人出生时带有胎膜，而这被认为是一种幸运）的伤害这二者之间的联结，都已经被弗洛伊德解读过了。而这一解读应该就是我们的切入点。狼人将“帷幕”的撕开与他的灌肠剂以及他在通便时所经验到的放松联系到了一起：

> 如果这一出生帷幕被撕开，他就会看到这个世界，并且获得重生。大便就是婴儿，就好像他被再次降生到一个更快乐的生命中一样。（SE xvii: 100; PFL［9］: 340–341）

弗洛伊德了解荣格关于重生幻想的工作，所以他立刻又拒绝承认这是“故事的全部”。他再次将这些关联——因为灌肠剂是由一位男性侍者所操作的——化约为一种同性恋的愿望性想象，想象着屈从于父亲以及向他递交一个儿童作为礼物。不过，正如我在这个案例里自始至终所论证的，这一补充式的经由重生而再次获得这名儿童的幻想，超越了弗洛伊德自己的同性幻想。然而他仍然固执己见，坚持自己关于原初场景的最初观点：

> 在那一刻，他想要用自己来取代他的母亲；而且，正如我们

> 很早以前所假设的那样，正是他自己，在那个有问题的场景中，生产了那个粪便婴儿。他仍然固着于这个对他的性生活产生了决定性影响的场景，就好像被施了魔法一样，而该场景在夜间梦中的回归，则触发了他的疾病。帷幕的撕开，与他双眼的睁开类似，也与窗户的打开类似。原初场景已经逐渐转化成了他康复的必要条件了。（SE xvii: 101; PFL［9］: 342，楷体为本书作者所加）

我们再次受到了弗洛伊德写作魔法的影响。实际上，他自己也感觉到了这一魔法，并且模仿了荣格式的反驳，即重生的幻想是原初的，而非次级的。这让精神分析的工作更为简单，然而对于狼人之梦这一事实来说，“这就使得原初场景的假设成为必要了”。此前我曾说过，之所以讨论这一原初场景之中与那个斑点直接相关的问题，就是为了获得在这一案例史中的文本与次文本之结构。我认为，这是弗洛伊德参照案例材料，将优先权赋予同性恋假设而非双性恋假设的方法，我们在薛伯的案例中也将看到这一点。有争议的地方在于，这一重生的幻想本身以及该幻想是否具有性意涵，以及这一意涵的程度。或者如我 138
所述，这一幻想是否属于异性恋经济的单性繁殖神话？哪怕只是作为一种针对精神分析本身的竞争性预防？

弗洛伊德自己对于这一重生幻想的各种因素的再度形式化，就其本身来说是有益的。首先，有必要做如下区分：

> （i）　子宫—幻想：“一种想要内在于母亲子宫的愿望，以便可以在性交时取代她，从而取代她而与父亲发生关系”。
>
> （ii）　重生—幻想：“一种弱化了的替代（也可以说是一种委婉用语），针对的是与母亲乱伦性交的想象……而在这一关联中，男人将自己认同为他自己的阴茎，并运用它来代表自己”。（SE xvii: 101–102; PFL［9］: 342–343，楷体为本书作者所加）

弗洛伊德完全注意到了在作出这些区分时候的困难，也注意到，无论是在一般的情况下，还是在特定的案例中，要让一方从属于另外一方所带来的问题化性质。如我们所知，他选择“同性恋化”的材料，而非让双性恋这一更大的主题来混淆文明化选择，亦即他通过对于史前史与原初历史的重构所强加的那个文明化选择。他固执地认为，正是狼人的自恋（他姐姐的诱惑激活了这一自恋）激发了他对于被动性（女性）姿势的基本性焦虑。狼人的阉割焦虑是由女性灌输给他的。随后，这一焦虑又扩展到了动物恐惧与乱伦恐惧。总而言之，这些线索都在格鲁莎场景中汇集。事实上，格鲁莎场景还是“不那么确定的原初场景”的保证。在通往狼人自己的最终行为的过程中，弗洛伊德将狼人的虔诚视为一种（将他自己对于父亲的混合了的爱与恨）向受难基督的成功移置。狼人可以在爱基督的同时恨着上帝之父，因为后者让他受难。不过，狼人稍后却又产生了“对女人的极度厌恶”，彻底改变了他的态度，尽管他只能从后面来欣赏她们！弗洛伊德对于这一最终幻想的思考是：狼人保留了那个原初场景，并且附加了某些“关于动物的本能性知识”，而他的神经症是由于他原初无意识与“人类理性”之规则的碰撞才发作的（SE xvii: 120; PFL[9]: 364）。随着帷幕的落下，弗洛伊德（在数年之后）再次出现在了舞台之上，向我们提供了关于这一原初场景的那个著名的时间表。这个时间表奠定了该原初历史的精神分析版本，以及它对于这个文明化了的灵魂的持续影响。

我们并不是说，弗洛伊德通过卓越的努力，赋予了这个原初场景以一种明确的日期，而这一日期又让我们无迹可寻，而是说，它总是
139 将我们引向别处。这是因为此类时间表性质的逻辑造物（或者是如我们在鼠人案例中所见到的铁路图）总是会被弗洛伊德的无意识进程所扰乱。这一无意识进程会建立一种分支性进程（*chorisis*）；该进程又会抵抗弗洛伊德借以为这些案例材料设立框架的叙述逻辑。这一判断也适用于他分配给这一原初场景的明确时间——弗洛伊德在此达到了高度的历史精确度——假如不是历史视野的话！这一时间上的精确性是通过叠加时间来完成的：其中一种是狼人的抑制性情绪到达顶点的时候，另外一种是在夏天午休时，父母性交的那一刻。如此，在“5

点钟”，这个 18 个月的婴儿看到了从背后发生的性交 ×3，其重要意义在他 4 岁时那个狼梦发生的时刻显现了出来（甚至发生在后来他从 *24* 到 *28* 岁之间所进行的分析里）。但是，24/4=6，28/4=7，而 6 或 7 是狼群的数字；这一数字被削减到 5，以同时表达时间（5/V）和这匹小狼害怕自己会在午后被吃掉的焦虑。如此，这一原初场景产生了它自己的*原初算术*（*primal arithmetic*）；这一原初算术的结构与变形引诱着弗洛伊德进入了他自己的关于计算日期/约会（dating）的无意识进程的幻想。即便是他那关于这一原初场景之发生的出色修正，也与这一数字命理学（numerology）相吻合：“或许”，狼人其实是在两岁半（5/2）的时候目睹了一次动物交配，他当时甚至可能是 3 岁或者 4 岁。“或许”，他是在回顾他在两岁半（5/2）时从娜尼娅的阉割威胁那里或者是从爷爷关于 7 只小山羊（the Seven Little Goats）的故事[1]中所听到的话语。无论如何，这些数字不断自我重复，其修辞学效果生产出了一种结构；在这一结构中，我们或许可以跟随着该符号 V（5）的运作，穿越那个蝴蝶场景，返回到那个我们尚未完全探索的原初场景之中。

这一蝴蝶场景与弗洛伊德有关——让他“刺伤了他的耳朵”……“在这个分析的早期”……“也会在分析之中偶尔发生”……然后是在这个分析中的几个整月里。这个场景是狼人关于追逐一只巨大的、有着黄色条纹和巨大斑点翅膀的蝴蝶（显然是一只燕尾蝶，尽管此处并未提及蝴蝶名字）的回忆。只要这只蝴蝶停在一朵花上，这孩子就会被焦虑所攫取；这一焦虑状态是一种屏蔽记忆的表现，这一点将会逐步得到揭示。如此，在狼人的语言中，这只蝴蝶被称之为“*babushka*”（奶奶），我们或许可以从中听出格鲁莎（或奶奶）[2]的发音，这要依赖于我们在多大程度上被诱入了狼人之密码术的复调性。我们将会在稍后考察亚伯拉罕（Abraham）与托洛克（Torok）对其密码术的讨论时，详加探究这一点。无论如何，这名儿童注意到，他 140

① 原文为“狼与七只小山羊”的故事，参见 SE xvii: 39。

② 这二者的发音在德语中类似。

将蝴蝶与女孩联系到了一起，将毛毛虫与男孩联系到了一起，而潜在的性焦虑则在如下的文字中表达了出来：

> 这位患者认为，当蝴蝶停在花上时，其翅膀的开与合给了他一种怪异的（*unheimlich*）感觉。他说，那看上去就像一个女人张开她的腿，而腿就形成了罗马字母 V 的形状，而我们知道，那是他在少年时代，乃至在治疗时都常常陷入抑郁情绪状态的时间点。（SE vii: 90; PFL［9］: 329）

我们要注意，弗洛伊德对于“罗马字母 V”的使用，包含了他自己的附注，因为 V 同时既是在字母表中的一个字母（U 的不同形式），又是罗马数字 5。后面这个关联与他自己在日期 / 约会情结的兴趣相吻合。比较起女性的腿部以 V 形或者 U 形来示人，尤其是以 M 或 W 来结束的性意味来，这一点也就并不那么怪异了。现在，为了与这只蝴蝶翅膀的摇摆保持一致，我们也要让事物（things）动起来（图 4.1）：

图 4.1　狼人的怪异铰链

这样，我们就能看到，狼人的名字编译进了那对交配的伴侣，以及其中的母性作为“怪异”铰链（V）的姿势。其字母表顺序的关联（妈妈［Mater］、母亲［Mother］与玛特罗娜［Matrona，他的第一个爱人］）同时关联到了狼人的娜尼娅以及那位女佣格鲁莎；在俄语中，后者的名字（*Babushka*）包含在了蝴蝶这种有着斑点翅膀（VV）的造物的单词中。总而言之，在俄语中，格鲁莎的名字与有黄色条纹的大梨子的单词重音；而在其家庭庄园的贮藏室里，保存着这样的梨子；或许正是在这里，这名儿童看到了她所处的那种揭示性的姿势，并且由此而影响到了他的性历史。弗洛伊德实际上在蝴蝶翅膀上的黄

色条纹与格鲁莎的黄色衣服之间作了比较，而且不要忘了弗洛伊德的
首位爱人吉塞拉的黄色衣服，尽管这里存在着一种从条纹到黄色的
过渡。格拉奥夫（Granoff）在此也认为，狼人或许曾经将蝴蝶称为
“*babotchka*”而非“*babushka*”（这还意味着祖母），这是弗洛伊德用
以连接格鲁莎（一只梨子）与育婴女佣之间的单词（Granoff, 1976:
321–322）。但是，正如格拉奥夫所指出的，过渡词“*bab*”在俄语中 141
指的是俄罗斯套娃，一个套娃之中有一系列套娃，因此这就是一种比
蝴蝶更为强烈的针对女性（*das Weibliche*）的指涉，因为在最终是关
于那个小女孩在花丛中小便（making wiwi）的屏蔽记忆——弗洛伊
德的黄金记忆之一。

这一蝴蝶场景（在他两岁半时）叠加在了格鲁莎跪在地上（M）擦洗地板，身边放着一只提桶和由一束细枝组成的短扫帚的场景。弗洛伊德运用极其非凡的方式，想象出了狼人当时欲火中烧（弗洛伊德是通过狼人关于约翰·胡斯［John Huss］在火刑柱上遭受焚刑的记忆而获得这一想象的，尽管弗洛伊德在此忽略了那个阳具），以至于在看着格鲁莎的底部时小便了，而她则转过身来——“无疑是以开玩笑的方式”——以一种阉割威胁回应。弗洛伊德照例试图中和这一想象。他所采取的方法，是将这一想象置入两个历史性标记之间，即发生在16世纪的一个事件与人类在史前首次文明化了他们用小便来扑灭火的原始欲望并且开始运用灶台这二者之间。尽管弗洛伊德承认，他的案例材料让他期待（从他的自我分析中）小便或者大便是儿童对于引诱场景的回应，且弗洛伊德采用了更大的历史性事件来作为这一个体性事件的附录，然后又用这一个体性事件来证实他的历史性幻想（Gasché, 1986; Jacobsen and Steele, 1979; Nägele, 1987）。这一回顾 / 前瞻性（*Nachträglichkeit*）框架，对于弗洛伊德试图安置格鲁莎事件来说至关重要。弗洛伊德由此而将格鲁莎事件视为是一种对原初场景的追溯性触媒，并因此而决定了其背后性交的现实性，而这又决定了狼人对所有其他女人的性倾向的原型；狼人将这些女人作为自己母亲的代表而去爱她们，甘愿承受阉割的危险：

“我做了一个梦”，他说，“一个男人撕掉了一只 *Espe* 的翅膀”。“*Espe*？”我问，“这是什么意思？”“你知道的，就是在身体上带有黄色条纹的昆虫，它还蜇人。这一定是关于格鲁莎的影射，带有黄色条纹的梨子。”如此一来，我可以修正他了：“所以你是在说 *Wespe*（黄蜂）。”“它是叫作 *Wespe* 吗？我确实以为它叫 *Espe*。”（和许多其他人一样，他把自己在外语方面的困难用作了症状性行为的屏蔽。）“但是 *Espe*，为什么，那是我自己：S. P.（他名字的首字母缩写）。”*Espe* 显然是 *Wespe* 的缺失版本。这个梦清楚地说明，他正在因为格鲁莎的阉割威胁而对她进行报复。

据我们所知，在格鲁莎场景中，这名两岁半男孩的行动是原初场景的最早后果。（SE xvii: 94; PFL［9］: 334）

142 我们值得花一点时间，来讨论或可算作弗洛伊德本人的密码学的特征。弗洛伊德是通过他自己关于花朵、昆虫、鸟儿还有其他各类动物之间的关联而重建这一密码术的。我们不难经由他的“植物学”之梦，到达他关于吉塞拉的黄色衣着的永久性屏蔽记忆。这一记忆伴随了他一生从青葱少年直至垂垂老矣的旅程（*Reise*），并在最后获得他将奸污处女（*pflucken*）与自慰（*entreissen*）混合在一起的想象。如此，在那个蝴蝶停在花朵上的事件中，蝴蝶的翅膀开合，我们也就可以将其巧妙纳入弗洛伊德的动物故事寓言集。由于我们还要进一步讨论狼（wolf）的词根中所隐藏的密码（W），以及蝴蝶所代表的密码/隐义（W M），也就是女性中的/女性的开启，我们首先要重新考察狼人的力比多状态，也就是那为了狼人而“破碎的”，导致他自此以后脱离了或“分裂了”母亲身体与女佣身体的状态，也就是说，将母性拥抱的环绕，与女性性欲的打开区分了开来。在此，我认为我们或可论证出一种序列：

（i） 母性诱惑——圣母和孩子

（ii） 母性快感——原初背叛

（iii） 姐姐诱惑——（儿童乱伦？）

（iv）女佣诱惑——狼人的堕落之性欲。

如此，狼人的力比多在任何一刻，都没有“破碎”，而只不过是像蝴蝶一样飞来飞去。我们将在追溯“V”这个字母信号的游戏之中，看到这一点。同样，这个信号的运动从某处开始，并在再次运动前栖息于某处，因此这可能就是狼人力比多历史中的各个阶段。而弗洛伊德本人所记录的他自己对于拉斐尔的《西斯廷圣母》（就是那幅让多拉心驰神往的画像）的反应，也能够证实我们的论断。因为我认为，这表明了弗洛伊德也是如何将之前与他母亲的重度关系与那位女佣之性区分开的，这一区分在他一生之中都可以发现：

> 拉斐尔的圣母……是一个女孩，大约 16 岁；她带着如此清新和清白无辜的表情凝视着这个世界，这与我的意愿并不完全相悖，她向我暗示了一位富有魅力和同情心的育婴女佣，后者并非来自天堂，而是来自我们的世界。（Freud, 1960: 82）

弗洛伊德对于这个蝴蝶之梦的解读——他声称这是狼人自己的解读——指出了其阉割焦虑的基础，乃是在于母亲从后面暴露出来的生殖器，以及父性生殖器在性交中的出 / 没。然而他忽视了，无论 *Wespe* 143
是否丢失了其 W（V），“SP”都未受影响。SP/WM 通过“把它掏出来”（*reissen*）也即通过自慰（而非小便或大便），回应了这一生殖器性的观看，这代表了一种与手中之鸟而非林中之鸟性交的想象，因为后者可能会丢失。这可以通过如下词语分裂的方式来加以代表（图 4.2）：

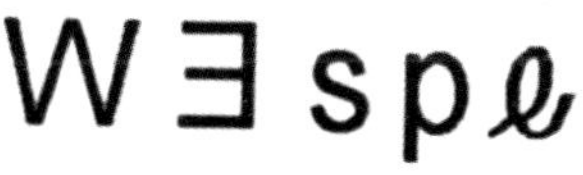

W∃spℓ

图 4.2　那只蝴蝶

也即对于 SP 与他母亲之间性交合的描述，而非对于 SP 之残缺的描述，因为后者是保留在或包含在母亲身体之内的。弗洛伊德坚持“修正”狼人的梦，这就引入了一种肛交式的补充；在这种补充中，如果狼人是插入者，那么他就是男性，如果是接受者，那么他就是女性。不过，这再次让他力图将蝴蝶固定为一种或者他种姿势；然而，正如马宏尼所说，SP/WM 却飞过了所有的俄狄浦斯式姿势（我们已知，多拉亦有此尝试）。我们会在考察原初历史的原初场景中的次文本时，重新回到这一点。

弗洛伊德还从狼人那里提取了一系列的回忆，于其中，不同的女性都对他有过阉割威胁——家庭女教师、娜尼娅和格鲁莎——然而狼人却坚称，其主要威胁来自于那位具有阉割威胁的父亲。如此，我们就可以认为（因为我们也完全可以预测此处的密码生成游戏），对于弗洛伊德来说，根据“5”这一数字的逻辑，对于俄狄浦斯式第三者的惩罚必然是阉割，即，

“在希腊语中”，可做如下改述：

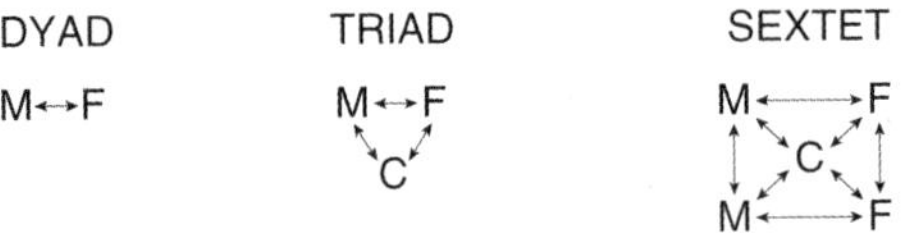

144 或者“用拉丁语”写作：

II　　III　　VI

也即，当一个“二人组”变为一个“三人组”，在分析者的帮助下，能够“被看到的”，就是一种“六人组”了，或者是作为俄狄浦斯式场景的原初“场景”。

图 4.3　狼人之梦（SE XVII: 30; PFL［9］: 260）

> 我梦到在夜里，我正躺在我的床上。我的床脚对着窗户；在窗前有一排老胡桃树。我知道我做梦时是个冬天，而且是夜里——[①] 看到一些白狼正坐在窗前的大胡桃树上。它们有六七匹。狼非常白，看上去更像狐狸或牧羊犬，因为它们有狐狸一样的大尾巴，当注意到什么的时候，它们就把耳朵竖起来，就像狗一样。由于极度恐惧于害怕被狼吃掉，我尖叫着……（SE XVII: 29; PFL［9］: 259）

那位幼儿理论家若想看到这一切，他就必须顺从弗洛伊德自己的动物寓言集——"一种自然与非自然历史的混合物，为了达到启迪教导的目的而进行的寓言化。"（《钱伯斯二十世纪辞典》［*Chambers* 145
Twentieth Century Dictionary, Kirkpatrick, 1983］）在这一寓言中，一

① 此处引用省去了"突然间窗户自己打开了，我惊恐地"。

只小兽在让两只大兽惊讶的同时，学到了婴儿是从哪里来的这一知识，不过实际上，前者无法看到“它”（因为他的视线在背交中确实被挡住了），所以当他自己排下像他自己的“小粪便”时，实际上是得到了“错误的”答案。这一关于原初场景的回忆最终是如何进入到一张幻灯片之中的？这一问题既要从弗洛伊德自己对于那个有着羊群、牧羊犬、流浪狗和牲畜的动物园的追溯中找到答案，还要从弗洛伊德对那些家庭视线的追溯中找到答案。那些视线就是护士、保姆、佣人等人的，当然还有她们所照顾的那些小男孩小女孩们的。弗洛伊德坦承，所有这些都是视像，足够丰富，不过其中并没有那父母之交配的实际场景。

最令人惊奇的是，弗洛伊德对于这一观察点之原始性的坚持。由背交所提供这一观察点，被弗洛伊德当作了精神分析式重建的基础。这当然是精神分析几处伟大的盲点之一！另外，它只有在牺牲女性的前提下才能达到，因为她的生殖器的可视性，在想象中具有与交配动物“同样的”开放性。无论如何，这都是最不宽厚友善的想象。另外一种可能性是，弗洛伊德的想象可能来自于一个小男孩从“后面—和—下面”来观看赤裸母亲（*matrem nudam*）的视角！然而这是与在狼父母的原初场景中的那位小狼人所提供的粪便补充 / 附录同样的、对于同一个秩序的补充 / 附录。进而，弗洛伊德再次假定，这一粪便礼物代表了一种绕开母亲而指向父亲的、“体质性的”被动性与接受力——另外一块精神分析的基石！不过弗洛伊德随后又将母亲的“底部”与格鲁莎的“屁股”和父亲的“后面”重叠在一起——让我们先容忍一下这其中微妙的肛门式科层制度。这一重叠确实是一以贯之的做法，体现了弗洛伊德最为令人惊奇的构建：“肛门生殖器”。弗洛伊德自己的性地理学滑进了一种“弗洛伊德庄园”（*Freudenhaus*）——它同时既是一种三角式家庭（*ménage à trois*），又是一处动物庄园（*Ménagerie*）。如此，弗洛伊德的家庭或许更加受制于其动物，而非我们截至目前所获得的认识；而这一精神分析之家也是由于它的那些狂野病人才被铭刻于历史的，这些病人从属于弗洛伊德所收集的那些古董、犬类、老鼠、狼群、鸟类和马匹。然而弗洛伊德几乎没有注意到，在他那重新命名动物的实践之中，存在着损毁外貌的行为，而他却知道，这些病人们都会以各种方法执迷于他们自己的外貌。由于只关注通过自己的性地理学来图解他们的症候学，所以弗洛伊德并不在意这座俄狄浦斯房屋中那些反抗捕捉与驯化的迹象。

在弗洛伊德的动物寓言集中，只有驯化，至少到目前为止，我们并未分析弗洛伊德自己那只叫托茜（Topsy）的狗，而且这也从未唤醒那些在小汉斯、鼠人或者狼人案例中的野性力比多的强度及其带来 146
的流动（Bonaparte, 1994; Reiser, 1987）。这些儿童的“变为动物”总是要屈从某次性交事件，而为了对本能实施文明化，后者必定会受到惩罚。在案例史中，弗洛伊德抓住了德勒兹与加塔利（Deleuze and Guattari, 1987）所说的“没有器官的身体”，亦即具有力比多强度的身体，淹没了身体的器官功能；这一身体的动欲性（erogeneity）通过淹没身体的各种洞口和已被驯化的快乐—痛苦之区域，而超越了其性欲（Bégouin, 1974; Rudnytsky, 1987）。若非如此，就会出现群集——那群野马会呼啸而去，撇下无法对其加以控制的灵魂。弗洛伊德的病人们热爱洞口、身体、老鼠、脓水、裸体的花环、奶妈与护士。他们的身体并未屈从于那关于性差别的俄狄浦斯式故事、阉割与科层制度。正是弗洛伊德本人引导他们进入了他们身体的俄狄浦斯式的“组织化”。

然而我们必须要重返到这个狼梦。前文已经给出了这个梦的文本（见第 141 页［原书页码——译者注］），我们可以对其做如下解读：

（i）　这名儿童大约在下午 5 点醒来
（ia）　父亲背部朝上趴着，或者可以从背面看到他
（ii）　赤裸的父亲就像是一棵圣诞树一样勃起
（iii）　赤裸的母亲两腿分开或者在父亲底下
（iv）这名儿童可以看到父亲的阴茎在性交，消失又重现
（v）　这名儿童能看到母亲的阴毛，她的屁股以及她的生殖器，在阴茎上打开又合上
（vi）这名儿童看得着迷并且听着父母的交配，担心成为其中的

> 任何一种姿势，然而却又被这两种姿势都附体了。

这名儿童的着迷乃是这个梦的核心。它被那个不能移动之物所钉立，即那株阴茎之树及其消失 / 再现，以及它的阉割与转世重生 / 复活。这就是让鲁宾（Lubin, 1967）能够用俄罗斯东正教的耶稣十字架受难像，来图解这一狼人之梦的原因。然而这一场景的令人着迷之处，同时还被这名儿童自己在场景中的出现所“打扰”了，这一振荡如下：

2+1=　　3+1=　4

2+3=　　5+1=　6

其中两人被阴茎接合起来，而且被第三者所观察，在此就有四人；而这两人总是可以被看成是三人，所以加起来就有了五人或者六人；正
147 如在第一行中，两人只能被第三人所看到，而第三者反过来又被第四人所看到，所以就有三或者四，或三和四，亦即六或者七。如此，增殖是内在于“性学”（*sexualogic*）的，而这个梦的内在算术发生错误的可能性，绝不会超过其不同版本带来的错误的可能性。狼人在性“倾向”上的问题也一样，即那性交再现了父母双方的阉割场景，并因此而再现了这名儿童的阉割场景，无论这一儿童是其中的哪一方。严格说来，在此没有历史，因为包含在此的乃是一种关于姿势 / 位置的谱系学结构的“转向”；任何一种姿势 / 位置都无法在缺少“对方”的情况下获得。所以此处就不存在双性恋的问题，正如也不存在兽性恋（bestiality）的问题一样，因为这些是在同一个游戏中的“转向”。不过，这一游戏必须要有“第一次”的动作才能玩得起来，否则的话，它就和任何其他特定游戏的动作没有区别了。倘若这一游戏是性交，那必须要有第三个伴侣，而这正是使这名幼儿着迷的地方，也正是让这名分析者着迷的地方：

> 在那一夜，从这个梦者的无意识记忆—线索的混乱之中，而

> 进入行为的，是他父母之间交合的画面，在并不完全合适的情境下的性交，在尤为适于被观察情境下的性交。（SE xvii: 36; PFL［9］: 267）

弗洛伊德在讨论这一狼梦的时候有误，或者毋宁说，他在讨论任何此类梦的时候都有错误。正如我们在多拉案例中所看到的，多拉的梦其实是一种对于这个梦自身形式的元评论，因为在梦中，想象之物和真实之物共同决定了我们无论如何都要去拥抱的生活的愉悦或恐怖。这一恐怖在惊骇与快乐之中，在疾病与健康之中，在各个身体之间并且围绕着某一个身体而传递着。然而，只有在幻觉与故事里，我们才能看到在我们一度崇拜与亵渎的皮肤之下，所存在的猥亵与下流。正是这一传染，将性交的狗、父母的床与渴求着那位清洁女佣之屁股的年轻人的形象，都融合塑造进了一种乱交场景之中，这全都被分析者看在眼里。如此，我们就可以将狼人的忧郁症视为一种对于原初场景的症状性再圈占（re-enclosure），目的是为了再度获取母亲的痛苦 / 快乐，或者是重新获取与母亲的性身体有关的，和其中断这名儿童对于她的自恋性联结有关的，在所见与所听之间的滑动。狼人在检查鼻子的时候，他的镜子中所寻求的，正是那个历史性的时刻；这一时刻让他明白了概念 / 怀孕（conception），同时也带来了他与那个母亲身体分离的灾难。在镜子中拒绝他的身体部分的污染物重新讲述了这段原初历史，反思并且拒绝了它。相反，其皮肤的斑疹分离又结 148
合了这位母亲与儿童，重新订立了性差别的灾难。狼人对于那（双重）阉割的“灾难性”回复，尽管是由弗洛伊德本人再度提供，却也让大便得以排泄。即便我们忽略弗洛伊德在此处的粪便式附录，然而狼人的反应也依然是要生产一个他自己的（阴茎—粪便—婴儿）。不过，弗洛伊德却只在这一婴儿自己的产物中看到了一种被动的（同性恋的）、对于惧怕父亲阉割的回应。然而我却认为，它表明了这名儿童尝试着要通过作为他自己的母亲 / 父亲而“复制”它，从而三角化这一差别，正如我在小汉斯的案例中所论证的那样。这一粪便礼物，或者是献给格鲁莎的小便礼物，也因此而模仿了生命之“礼物”，也就是性的附录，或者毋宁说在（无意识）欲望的层面上所表达的神秘性。同样，弗洛伊德的附录也翻译并且诠释了欲望的这些后果。这些欲望的历史无法用任何其他的方式被打开，除非克服那对它关于理解的回顾 / 前瞻性效果的抵抗。

这同样也适用于如下的关联：从蝴蝶翅膀（M）到格鲁莎的腿，到下午的 5（V）点，也就是这名狼孩的耳朵（W）就像母亲的腿（W）一样被刺穿的时候。离开了在其中“未被听到的”东西，这一蝴蝶场景就无法被解读；也就是说，狼人（WM）对于这一“W”（*espe*）的省略，要求在这一原初场景的记忆术之中认同他自身，或者是他的首字母（S. P.）。弗洛伊德坚持认为，女佣的社会地位低下，是狼人对于背交的性倾向的实质原因。然而，格鲁莎与玛特纳在被看到的时候，和狼人的母亲背对他的情况是一样的，只有在弗洛伊德对于他的幻想的修正中，她们的情况才不同。如此，狼人在女性的愉悦之中的快感，与女性的地位低下无关，而弗洛伊德对于他认同于那被动姿势 / 位置的坚持，则再次出卖了弗洛伊德自己。这个窥淫癖患者“所看到的”，各自都被对方彼此同时刺穿，正如他自己被他所看到的（在鼠人的案例中最为清楚）刺穿一样。这就是俄狄浦斯式的幻象，是被“WM”在对于 W 的省略中所隐藏的；W 的发音与 *v* 相同，亦即 **SP+2=3** 而 **3+2**=v，就好像那上面蹲坐了两只或者三只狼的枝杈一样：

> 在交叉认同的复杂过程中，这一点并不是在俄狄浦斯式三角的三种意象之间的实际的性，亦非由历史所安排给他们的位置，这很关键。毋宁说，这是一种幻想伴侣性（fantasmatic）自由，它能够让该主体将自己投射进入在这一原始三角中的所有位置，去占据其所有位置，并且去扮演其中的所有角色。（Viderman, 1977a: 213）

狼人的密码术 149

然而狼人生活在——当然也埋葬在——精神分析之中。所以，我们要再次返回到那一情境之中。这一次，尼古拉斯·亚伯拉罕（Nicolas Abraham）用一个假设重新打开了这个案例：狼人是根据两个人所塑造出来的，即他的姐姐（特尔卡［Tierka］）以及他自己（斯坦科［Stanko］）。此外，亚伯拉罕还提议，要去追溯狼人是如何成为这两种人格的核心的（Abraham and Torok, 1986; Lukacher, 1981）。他观察到，弗洛伊德会不厌其烦地将来自于姐姐的诱惑与狼人联系起来，而这一因素呈现为：

（i）与她弟弟重演了此前在她与她父亲之间的一次性场景

（ii）在与他姐姐的关系中，以及/或者在她与父亲之间的关系中所激起的快乐里，铭刻阉割焦虑。

结果是，狼人只有通过将生命中的每一个爱之客体/对象"纳入自身"，以便不对其作为，才能使得那父性阴茎避免像他的爱之客体/对象与自我典范一样死亡、毁灭。如此，即便是到了老年，狼人也仍然是精神分析的孩童，正如他姐姐一直都是其父亲的宝贝一样。不过他也还停留在他母亲的身边，占据了父亲的位置，并且也像父亲一样，各自都被自杀夺走了所爱的女儿（姐姐）与妻子（特瑞莎［Theresa］）。这一兄弟—姐妹组对的向心性，得到了鲁斯·马克·布鲁恩斯维克（Ruth Mack Brunswick）所做观察的支持。布鲁恩斯维克发现，当弗洛伊德继续在财力上支持狼人和他的妻子时，他们（弟弟与姐姐）向弗洛伊德（父亲）隐瞒了他们拥有某些珠宝的事实，狼人因此而再次患病。在面临着失去两位爱人的可能性时，狼人即兴编凑了他的"鼻音语言"；这一语言中狼人鼻头的粉刺，将他自己认同为他那受苦的女人以及受苦的父亲们。狼人往返于皮肤学家与分析者之间，试图将"那位治疗专家"纳入己身，后者可以将这位弟弟及其姐姐，从他们与父亲的约定之中，解放出来。

亚伯拉罕把在这一练习中来自于狼人第二次治疗中梦的材料，以一种三幕戏剧的形式，与鲁斯·马克·布鲁恩斯维克关联起来：

> 第一幕上演了一出漫长的直面。直面那悲惨的不可能性：杀死父亲的特尔卡，同时不伤害父亲，因此也不伤害他自己……
>
> 只有在梦中，这面镜子才会碎裂；然而第二幕以一种未曾预期到的转折开幕：由分析者所完成的、关于特尔卡的精神戏剧的人格化（psychodramatic personification）……
>
> 150 分析的第三幕亦即最后一幕，呈现出了明确的进展。弗洛伊德—父亲最终被公开指责。然而观众到底是谁？（Abraham and Torok, 1986: 14–15）

所以我们必须要进入到狼人自己封闭起来的那个秘密，到达那个亚伯拉罕所研究的密码术。亚伯拉罕的论证在于，某些特定的词语是某一欲望的施为用意，只有通过在其他的词语中埋葬或者加密这些词语，才能避免它们。这些词语必须：

（i） 意味着收到来自于姐姐的一种爱欲性快乐，以及
（ii） 规定父亲的阉割。

狼人的密码是一种大劫难的场景，它在四个阶段中打开。这四个阶段的次序难以建立，或许无法建立，也可能是没有必要建立：

（i） 姐姐对于弟弟的“诱惑”
（ii） 女儿所谓的来自父亲的诱惑
（iii） 该男孩在成人那里，对于姐姐所作宣称的证实
（iv） 一种丑闻的爆发；与其相关的是一种对于摩擦（*tieret*）与刮去 / 自割（*natieret*）这两个指向父亲之词语的意义的研究。

这些词语所隐藏的——在此我们先不去关注亚伯拉罕那更为极端的密

码术实践——并不是背交，亦非格鲁莎的底部。它是那个禁忌词语“*tieret*”在其反射 / 回响之中，所触摸的谵妄。“*tieret*”指向了狼人与姐姐共同获得的狂喜 / 出神（ecstasy）；这位姐姐曾经玩过他的阴茎，也曾玩过他父亲的阴茎，并因此而让其他的女性愤怒，同时让他的母亲绝望：

> 然而，这个句子，总是这个句子，就是狼人在其谜语中永远也不会厌倦于重复的句子。Tieret，摩擦，打蜡，清洗。姐姐，“趴在地上”去“刷洗”，格鲁莎去“打蜡”，马特隆娜（Matrona），去做特隆娜（*tronut*），触摸，触摸我！我会发疯的（“被触摸后”）。哦，马特隆娜！马特隆娜！，一个被珍爱的名字：俄罗斯套娃，你抱住了我的盒子里的杰克，凡卡（vanka），范斯坦卡（vstanka），让我们把它放到它头上，你会看到它是如何出来的！我演出这个词就足够了：“摩擦”，“切割”进一棵树，我已经在云端了，我把自己的小手指“割掉了”。教授，来吧，对我做这些词语。“割”，哦！“割我”，“拉我”，“撕裂 / 强奸”我，哦，这些令人混淆的词语，不可言说的词语，哦！是的，摩擦，摩擦我的生殖器，为了我，这样它们就能像一只狼一样，用两只爪子站立起来，假扮成外祖母，头顶带上白色的无边帽。哦是的，“撕裂（*tierebit*）这只大黄蜂的翅膀，这只 S. P. 的翅膀”（*Wespe*），摩擦，摩擦它，这样他就不能站起来了——但是……（同上：24–25）

通过对词语的天才式处理，亚伯拉罕对于狼人之梦中的“狼”的 151
理解，在俄语 *goulfik*（撕开，飞翔 / 裤子前裆）与德语 *weisse*（白色），或其同音异义词“宽”［wide］的帮助之下，而获得了其谜底即“父亲的裤子前裆洞口大开”（*father's fly wide open*），而狼的数量——在德语中是 *sechs*——则在俄语中变为了 *shiestorka*，意为“姐姐”。所以这一针对狼梦的谵妄式指涉，乃是一处场景；在这一场景中，狼人的姐姐打开了父亲的裤子前裆（fly），以便和他游戏，正如她和那位小男孩的玩耍。正如亚伯拉罕与托洛克——托洛克这个名字听起来也像是对他们自己论文的加密——诠释那个狼梦一样，它具有一种在儿子的诱惑者和他的母亲之间的一种交换形式；这位母亲坚称，这位儿子并没有泄露他自己所目睹的在父亲与女儿之间的场景。为了应对痛苦，他将姐姐诱惑所带来的首次愉悦纳入己身，并再未放手。

如此，狼人创造了一个秘密的巫术词语，这个词语可以让他在不背叛任何人的前提下，获得真正的或升华的性满足。这个词就是 *tieret*。他还拥有其他的秘密宝藏：*goulfik*，“飞翔 / 裤子前裆”（fly），他父亲秘密属性，他完美转变为一只狼的真正名字，他的密码式的姓。不过，他自己还有第三个经过伪装的词语，他那作为证据的使命 / 召唤的名字：*vidietz*。我们不必再疑惑于他为了流放自己而选择的职业。他是一名保险员，一名旅行推销员，敲门问顾客自己是否能进门：*Wie geht's*，“你好吗？”（发音为“*vigetz*”，与 *vidietz* 押韵）；在奥地利，这一表达是该职业的幽默与口语化的绰号。这三个词，*vidietz*（目睹），*goulfik*（飞翔）与 *tieret*（摩擦）是狼人构建起的三个隐秘却又坚固的柱石，以作为他自己那不可能的欲望的基础，帮助这一欲望在狼人所看到的场景中，在真正的“原初场景”中，占据一个或另外一个位置。在长达八十年的艰险生活中，在每一个当下，这三个柱石一直都在支撑着他，也一直都在受着儿童期催眠术的左右（同上 : 40）。

让我们再次返回到“这个场景”。狼人所回忆起来的，是姐姐和其他几位代表姐姐的人对他的一系列引诱。在每一种情况下，狼人似乎都是被动性的主体，这让弗洛伊德认为，狼人在原初情境中将自己认同为母亲的姿势 / 位置。然而狼人也说过，他嫉妒姐姐在父亲的情感中所占据的优越地位。所以他可能也想要占据他姐姐的位置。但是他的姐姐似乎在性的方面一直都很早熟，而非唯命是从之人。狼人在
152 这一点上的挫折很好地解释了他的动物恐惧与乱伦恐惧以及残忍性。在与他姐姐的关系上，狼人展示出了执拗与顺从的混合；弗洛伊德认为他在性方面也具有这一混合性的特征，这来自于那一被灌输的原初情境。正如在多拉的案例中一样，我们可能注意到，狼人的症状是

来自于家庭认同的；这一认同被带入了亚伯拉罕与托洛克所谓的狼人“密码术”，也就是诸如“姐姐”这一名字的特殊意义（他的姐姐，他那作为一名姐妹 / 护士的妻子）。在这一密码的谜底，潜伏着关于某一事件的记忆，这一记忆已经将狼人钉立在场。弗洛伊德采纳了这一说法，认为那个狼梦就是狼人这名儿童因为性暴力的场景而无法移动的源泉。然而狼人并没有接受弗洛伊德的故事。尽管他与之相伴了多年。如此说来，狼人是否曾与弗洛伊德共谋，以便理解并感激父母所给予他的关怀，如果他的意图不是作为精神分析的核心案例而获得未来的名声的话？

我们仍然需要考虑狼人的持久性。我认为，亚伯拉罕与托洛克关于此问题之研究方法尽管极具个人特性，然而却能够帮助我们看到，狼人所坚持之物，乃是一种糟糕的秘密。他将这一秘密纳入己身，并无法再被分离，无论弗洛伊德如何努力。如此，我们或可弱化弗洛伊德从狼人故事中所总结出来的指控，因为在他们之间存在着一种妥协。弗洛伊德几乎获得了他想要的东西，而狼人也从未完全供认他的秘密。弗洛伊德会为支持狼人并且毁掉狼人而有罪恶感，而狼人则会觉得自己被精神分析的折磨钉立在了十字架上，然而却并没有供出由他自己背负以救赎他的家庭的那个秘密罪恶。狼人与他姐姐之间的关联，在由鲁斯 · 马克 · 布鲁恩斯维克所做的第二次分析（1971）中保留了下来；他[①]也嫉妒她在那个父亲 / 弗洛伊德那里所占据的优越地位，然而也同样焦虑着认同于他姐姐的皮肤问题，这一皮肤问题呈现在他的鼻子上，被他不断在每一面镜子中加以审查（Meissner, 1976）。狼人需要再次为他自己的肖像题名，在那面镜子里，在他自己的画像中（他在 1922 年夏天为自己做了一幅自画像）题名。之后不久，弗洛伊德因为他的下颚癌而做了一系列的手术。很明显，狼人开始认同于在弗洛伊德那里、在他母亲以及他自己身上所可能出现的癌症症状，并同时发展出其他的抑郁性强迫症，这一病症尤其与他的牙齿密切相关。然而他以一种双重隐匿开始了他的第二次分析。他隐

① 奥尼尔原文中为“她”。但此处显然是奥尼尔的笔误。

藏了自己当时正全神贯注于他的鼻子，也隐藏了那个事实，即在受到弗洛伊德的资金帮助时，他并未告诉弗洛伊德他妻子的那些首饰珠宝。布鲁恩斯维克认为，这一行为的根源在于，狼人自信他一直都在
153 享受着那曾经慷慨给予他姐姐的父亲之爱。不过，在父亲的关注之下，他却继续认同于他姐姐的疾病，而非她的快乐。

我们仍未获得这个故事的基础 / 底部（bottom）。布鲁恩斯维克决定攻击狼人的妄想性对于弗洛伊德的重要性。狼人的妄想所采用的方法是指出狼人并非唯一发表的案例史！从这一点出发，狼人开始思考他的那些父亲形象的死亡——无论是否经由他之手，并在同时认同于他的阉割（在基督、那个犹太人、那个乞丐和那个阉臣那里的死亡）。在这一点上，布鲁恩斯维克详细叙述了那两个预示着狼人从这一基督教情结中解脱出来的梦。在第一个梦中，他的母亲打破了他们用以崇拜的所有神圣偶像；在第二个梦里，他丧失了自己关于这个世界的阳物崇拜式的观点，将那个原初场景重新构建进入某一自然和谐之中：

> 这位病人站在那里，望向窗外的草丛，在草丛之外是一片树林。阳光透过树木，在草丛上洒下斑斑点点；草丛中的石头，有着令人惊奇的淡紫色的光影变化。这位病人全神贯注地注视着某一株树木的枝丫，着迷于它纵横交错的方式。他不明白自己为何迄今尚未描绘下这一风景。（Brunswick, 1971: 291）

不过这并非故事的结局。在另外一个梦中，狼人继续努力地克服他的父亲固着（fixation）：

> 这位病人正在医生的办公室里。这位医生相貌堂堂（正如 X 教授）。他担心自己荷包中的钱不够用来付账。然而，医生告诉他说，他花的钱并不多，他只收 10 万克罗纳[①] 就够了。当这位

① Kronen，奥地利当时的金币。

> 病人离开的时候，这位医生努力劝说他带走一些旧的乐谱。然而这位病人拒绝了，他说他用不上。但是在门口，这位医生又塞给他一些色彩斑斓的明信片，这次他就再也没有勇气拒绝了。突然，这位病人的（女性）分析师出现了，后者的穿着打扮，就像是一名小伙子，身着蓝色的天鹅绒彩点花式外套，带着三角帽。尽管她的服装更趋向于男孩气质而非成年男性，然而她还是带有十足的女性气质。这位病人拥抱了她，并把她放到自己的膝盖上。（同上：294）

布鲁恩斯维克对这个梦欣喜若狂。她声称，在这个梦中，狼人最终认识到，无论如何也无法补偿那位父亲给他带来的被动性之痛苦。这一痛苦的来源还包括他的姐姐。正如作者也注意到了，那名分析师的“男孩气质的服装”（她自己）。但是，布鲁恩斯维克通过宣称狼人将阳具归属于那位女性是“得到了许可，以便能够从她那里将其取
走”，也就是要阉割她，而让阳具立刻再次出现。在我看来，这一含 154
混之词，忽略了该分析师的位置 / 姿势的重要性：

> 这位病人拥抱了她，并把她放到自己的膝盖上。

这就是狼人曾经见到他姐姐所在的地方——在父亲的膝头。这也正是隐藏秘密的地方，是这一场景被目睹并且自此之后在狼人的性史中被加密的地方。我们在此又回到了这个密码。狼人是否目睹了父亲对他姐姐的引诱？这是一个姐姐在对他自己的引诱中重演的场景。那么，在原初场景背后，是否有一个这两位儿童终其一生都在玩耍的诱惑场景？

到目前为止，为了解决这一移情的“残余”，布鲁恩斯维克的第二次分析毋宁是“在别处”（*der andereDchauplatz*）复演了这个游戏中的所有要素，公然将这一秘密带至表面，然而却绝不让其完全逃脱那弗洛伊德式分析所固有的无判定性，或者是在家庭罗曼史中的邪恶循环。

尽管亚伯拉罕与托洛克（1986）将这个狼梦重塑为一种在儿子与其母亲之间的交换，然而他们仍然依附于弗洛伊德关于姐姐诱惑的篇章。不过，我认为，甚至是一种温和/节制的密码术之运用，尤其是当我们考虑到被亚伯拉罕与托洛克所忽视的弗洛伊德自己的密码术时，也会让我们重返该母亲—儿子之关联。进而，这一举动在更深的意义上，还植根于这名儿童的第一个恋物/崇拜偶像，即乳房——隐藏在格鲁莎这一名字之中的美丽的“梨子”。这只美丽的“梨子”还隐藏在格鲁莎与马特隆娜之间的混淆，并因此而指向了他母亲。当然，我并不是说狼人的母亲给他喂奶，因为她更有可能将他递给娜尼娅（而这也是他姐姐安娜的昵称）。然而重要的是，这个婴儿在乳房之间被传递——从 W 到 W，处于一种从乳房到底部的运动中。这一运动在格鲁莎场景——M——中得以中止。在此，“WM”能够固着他的愉悦，因此而复兴在手—乳房—阴茎之中的快乐并重建这一母亲—儿子的纽带。我认为，同一运动，也在那个翅膀开合的蝴蝶那被观察到了，它的开合就好像嘴含住乳房，或者好像女人的腿［−Λ Λ−M］包含着那个婴儿一样（$\frac{\text{Wespe}}{\text{SP}}$）。

如此，这一恋物/崇拜之词（*Grusha*）将这名儿童重新纳入母亲，正如狼人通过采纳那个让他成为精神分析之子的名字，而将他与弗洛伊德所进行的分析这一整个故事都纳入到自己身体中一样（图 4.4）：

155 $\text{WM} = \frac{\text{Sigmund Freud}}{\text{Sergei Pankiev}}$ or $\frac{\text{SF}}{\text{SP}}$ or S ↘↗ F / S ↙↖ P

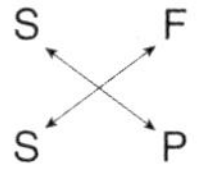

图 4.4 狼人的墨水/纳入—己身（ink-corporation）

这两种恋物/崇拜关系，通过母亲—儿子核心而紧密联系在一起，所以狼人与其母亲之间的关系，也就正如弗洛伊德与其母亲的关系一样；因此，弗洛伊德也就成了狼人的母亲，并可能成为多拉与鼠人的母亲。

如果狼人与弗洛伊德共享着那个原初场景，那么他们的观点则并不相同。或者，毋宁说，每一方都被各自的母亲身体所压垮，他们都无法确定其景象/幻影（vision）的位置/视野——母亲的嘴、她的头发、她的眼睛、她的乳房、她的腿、她的胳膊、她的声音、她的气味。如此，弗洛伊德与狼人同时成了获印者（stigmatists）——被那在嘴中之词（乳房）所标记，各自都被那母亲身体及其碎裂、分离与重获的历史所魅惑（Granoff, 1976）。这一母亲的恋物/崇拜欲望，无法被具体化为任何单一的肉体部分，无论是乳沟，还是分离（*Scheitel*），还是在生殖器或底部的裂缝，因为这一肉体就是无穷无尽的折叠，拥抱以及快乐的释放。因此，同样困难的事情，是将所有狼人的自恋性伤害，都放置在阉割的符号下面，除非它能被理解为一种所有人之快乐的因素。然而如此一来，狼人的行为也就并非那么的无意义了，因为它抵抗了弗洛伊德对其被动性的坚称。

或许，我们可以这样来表述“它”：这一对原初场景的着迷，代表了这一儿童自觉多余（being *de trop*）的经验——一种不在（inexistence）的经验，与此同时，那个“他/她的（hir）”的存在，又被一种肉欲所冲掉，而这是他/她［尚］未知晓要如何纳入自身的肉欲。我们或可明白，婴儿经验是如何同时既是一种自恋性的伤害，又是一种自恋性的愉悦/享受，而且他/她也不太可能脱离开后来他/她的性史变迁而找到某种平衡（O'Neill, 1992b）。阉割这一概念既无法描述真正的事件，也无法描述环绕在这名男孩的意象周围的一系列身体性事件。毋宁说，这一俄狄浦斯神话的功能在于，给予这个家庭罗曼剧中具身化的愉悦/恐惧以一个框架；这一家庭罗曼剧对于阉割威胁的乞灵，代表了我们在遵循的同时又将其忽略的那（摩西）律法之严厉。不过，这一拒斥是一种坦诚的另一面；而该坦承作为一种见证行为（witness［*Zeugnis*］），要求各方在证言中抓住另外一方的睾丸（*Zeuge*），正如我们在鼠人案例中所见到的那样。因此，这一阉割就无法支撑起那律法：在舍弃了代际传承 156
的行为中，他自外于了那种他最受制于其中的那个律法。然而却无人会在生殖器上见到这一铭刻。那个律法必须首先被听到；而且正是它的宣称而非其练习，才被包含在阉割威胁之中。如此，这一阉割的“大灾难”(*Einige*)，就在我们向物种形成的屈从之中被避开了；这同时既是对我们自恋的一种伤害，又是对儿童期那遗失之爱的唯一满足，尽管我们所付出的代价，是要分开我们对于父亲身体的爱与恨，同时仍然梦想着在母亲口腔之中的阳具，恐惧着父亲，并且超越着那理性的边缘。

第五章　薛伯[①]的神佑升天[②]（1911[1910]）

在给荣格的信中，弗洛伊德对薛伯的《我的神经症回忆录》 157
（1903[1988]）一书有如下评论：

> ……在西西里岛，我甚至都没有读完这本书的一半，就已经对其秘密了然于胸了。这一案例可以很容易地被化约为其核心情结。他妻子与那位医生陷入爱河并且多年将后者的照片放在她的

① 丹尼尔·保罗·薛伯（Daniel Paul Schreber, 1842—1911），19 世纪德国著名儿童养育医学权威丹尼尔·高特列博·莫瑞兹·薛伯（Daniel Gottlob Moritz Schreber, 1808—1861）的儿子，在精神崩溃以前，曾任德国萨克森州高级法院首席法官。1903 年，薛伯第二次治疗出院后，发表 *Denkwürdigkeiten eines Nervenkranken* 一书。本书不仅在精神病史学中被引用次数极多，而且也成为精神分析历史上的重要文献。弗洛伊德本人并未对薛伯进行过治疗，其“薛伯案例”来自于对本书的分析。除了荣格与阿德勒对这一案例的分析之外，拉康 1956 年在其研讨班中开始以本书为基础来研究精神病学，并于 1958 年发表文章《论精神障碍的一切可能疗法的先决条件》。*Nervenkranken* 一词的直译是 Nevropathic，这与艾达·麦卡尔平（Ida Macalpine）和理查德·亨特（Richard A. Hunter）在其对本书的翻译“*Memoirs of My Nervous Illness*”接近，而斯特拉齐在其弗洛伊德英文标准版译文中，将该题目翻译为了“*Memorabilia of a Nerve Patient*”。

② 本章标题为 Schreber's Blessed Assumption。Blessed 译自德文 Seligkeit，selig 在德文中有多重意义，如“受到祝福”、“永在福祉之中”，以及作为委婉语的“死亡”。

> 写字台上。他当然也是如此，不过在那个女人的案例中，还有失望和失败的生育孩子的尝试；一种冲突发展了出来；他应该痛恨弗勒希西格[①]（Flechsig）——他的情敌；然而他却爱他，这要归功于他第一次疾病中发展出来的性情倾向与移情。这一幼儿情境如今已经完成，而且不久他父亲就会从弗勒希西格背后显现出来。幸运的是，从精神病理学的角度来说，这位父亲也是一位医生。我们在苏黎世众多的妄想狂案例中所做的发现，得到了再一次的证实；那些妄想狂患者们无法阻止其同性恋倾向的再倾注（re-cathexis）。这一点也让该案例符合了我们的理论。（McGuire, 1974: 358）

这是弗洛伊德对这本自认尚未读完一半的书，所作出的重要解读。这一解读也带出了那个通常的疑虑，即弗洛伊德的案例总是要被迫服从于一个事先构建的理论。当然，弗洛伊德反对这些质疑。他认为这一案例本身就符合在其他地方所做的一系列观察，而他只有通过这种方式，才能够将他在众多临床观察中所获得的理论，用以解读他面前的这一个别案例。在这个月的最后一天，弗洛伊德在给荣格的信中说，他不记得自己是否曾经告诉过荣格，他对“我们这位可爱又聪慧的朋友薛伯”所做的分析；在阅读其《回忆录》的过程中，弗洛伊德有着太多的猜测：

> 首先是父亲情结：很明显，弗勒希西格—父亲—上帝—太阳构成了一个系列。那个“中间的”弗勒希西格指向了一位兄弟，后者就像父亲一样得到了“神佑”，亦即，在患病时死去了。天堂的前院，或者是“上帝的前半部分”（乳房！）是家庭中的女性，“上帝的后半部分”（屁股！）是父亲与他的升华——上帝。其中并未提到在曼费雷德（Manfred）那里的“灵魂谋杀”，但是却有与一位姐妹的乱伦。阉割情结也非常明显。不要忘记，薛伯

① 弗勒希西格是薛伯被收治时的莱比锡大学精神治疗医院住院部主任。

的父亲是一名医生。如此一来，他就能召唤神迹，他就是神迹。换句话说，上帝的那个令人愉快的特征，亦即他只知道如何与尸体打交道，而不知道如何与活人打交道，和在他身上所执行的那些荒谬神迹，乃是一种对他父亲的医疗技艺的讽刺。换句话说，158
这与在梦中所发生的荒谬行为如出一辙。对于妄想狂患者来说，同性恋的极度重要性，被那个核心的阉割幻想所证实……诸如此类，等等。我仍然在等待斯特曼（Stemann）送给我关于我们的保罗·丹尼尔（Paul Daniel）的消息。

（换句话说，他的父亲也在咆哮。）

致以最亲切的敬意，

你的，弗洛伊德

1911 年 3 月 19 日

(同上 : 368–369)

几个月之后，荣格回应了弗洛伊德。这一回应最后变成了他对这一《回忆录》的完整研究。

只有在拿到校样之后，我才能享受阅读你的薛伯。它不仅仅丰富有趣，而且写作手法也极富智慧。如果我是一位利他主义者，我现在就可以说，我极为高兴地看到，你将薛伯置于你的羽翼之下，并且向精神病学表明，从中能够获得何种财富。然而，尽管如此，我必须坦诚，我是多么渴望在第一时间得到它的是我自己，尽管这算不上是一种慰藉。（同上 : 407）

薛伯作为一种礼物？荣格献给弗洛伊德的礼物——弗洛伊德献给荣格的礼物？一种分别的礼物？我（一个［男］人）爱他（一个［男］人）。我们为何不能分享薛伯，彼此共享？你不想要我的同性恋情吗？如果不是在现实行动中的恋情，那么，至少是在理论上的？在历史中的？在政治中的？像薛伯一样，弗洛伊德需要与一位同侪一起女性化他自己，并且在每一个接下来的联盟中重复这一场景。所有弗洛伊德的通信都重复了他写给玛莎的情书，而这些情书反过来又背叛了他作为一位开拓性的科学家的自爱。如此，所有弗洛伊德的儿童都不过是他自己心灵的“神迹出现”的儿童。弗洛伊德需要一位来自于精神分析的奠基性机构中的同仁，担任伟大的“灵魂谋杀者”，或者是实施对清白无辜者的屠杀。所有的自爱都必须经过那位父亲，而非母亲。想想那位列奥纳多的散乱无章吧！

在他的《关于一份妄想症患者自传的精神分析笔记》的序言中，弗洛伊德首先讲述了他的观察。尽管他并没有分析过那些被收容在相关机构中的妄想症患者，然而他却非常幸运，因为他可以根据薛伯的“自传体陈述”中的相关内容来对其加以分析（SE xii: 1–82; PFL [9]）。薛伯和其他的妄想狂一样，都倾向于“背叛 / 暴露”（哪怕是以一种扭曲的形式）“那些其他的神经症患者们想要隐藏为秘密
159 之物”，并且（由于妄想狂患者们无法被强迫克服内在抵抗）他只能说他所选择要说的东西。薛伯写就了他自己的案例史——发表了他的《回忆录》，这些材料足以让弗洛伊德有机会分析一位他从未见过的病人。我们必须要问，弗洛伊德对《回忆录》的引用（appropriation）是否同时包含着对于薛伯文本的征用（expropriation）？我们将会进入到理论化的原初场景之前，在“法庭场景”中提出这一问题；要进入到原初场景，我们还得从它所提出的解读性议题开始。

弗洛伊德对薛伯的《回忆录》之描述的潜在困难，在斯特拉奇拒绝引用麦卡尔平与亨特（Macalpine and Hunter）所翻译的《我的神经症回忆录》（Schreber, *Memoirs of My Nevous Illness*, 1988）这一行为中得到了表达。斯特拉奇将该题目译为《一位神经病人言行录》（*Memorabilia of a Nerve Patient*, SE xii: 10; PFL [9] :139）。这能有什么区别呢？部分说来，确实存在着关于薛伯的智力状态以及其写作或胡言乱语之价值的问题。我们所分析的这位作者，是否是一位具有“精神疾病”或缺陷的人？这一标题本身表明了此种含混性。斯特拉奇的标题表明，薛伯是一位“神经”病人，而非在精神上丧失了能力。弗洛伊德同意这一点，即该《回忆录》乃是一位有着相当智识水准之人的作品，它所描述的是作者本人在相当长的时间里所遭受的

妄想性状态。这一区别在麦卡尔平与亨特的标题《我的神经症回忆录》之中表现得更为明显，因为这一标题将作者置于了该疾病的外面，并且并未明确将其视为病人。我们有必要强调一下，薛伯的家族涌现过数位闻名世界的学者。薛伯的父亲 D. G. M. 薛伯，是一位多产的作者，是德国体操与园艺运动的奠基人，我们将会在后面讨论这个方面。薛伯的祖父以对农业经济的研究而闻名于世，而薛伯的叔叔则在公共管理、财经，尤其是植物学方面建树不凡。作为这一家族的后裔，薛伯本人在法律方面的知识极为丰富，并且广泛阅读过自然史、哲学、宗教以及文学经典。薛伯为了其《回忆录》所做的声明，与那些弗洛伊德本人经常为他自己的作品及其非凡的材料所做的声明并无不同。在每一个案例中，都存在着公开披露的得体性与科学探索之间的矛盾，尤其是当自我启示成为分析方法的一部分之后，科学家本人会在分析中身败名裂，或招致好色淫乱的名声。薛伯乞灵于更高的科学兴趣与宗教知识；作为对这二者的代表，他提供了一种关于他 160
自己的精神、身体以及语言经验的记述，而这与弗洛伊德本人的实践并无不同。事实上，它们也由于弗洛伊德对于《回忆录》的关注及其后来的研究与注释而在很大程度上被赎回了。我们将会在后面讨论这一点。

薛伯的征用

该《回忆录》还有一个附录：“论这一问题：在何种情况下，一个人可以被视为疯癫，并在违背他自己明确意志的情况下被关进疯人院？”在此，薛伯本人作为一名法律博士，考虑的是在公共疯人院中实施禁闭的成文法条款。这些条款并不能赋予强行将患者收监于私立疯人院的行为以合法性，因为这必须要经过患者本人同意。他写到，一位病人自然要遵守那些他寻求治疗的机构的规则。但是如果他并未在监护之下，或者其行动也并非冲动性的，那么他在经过深思熟虑之后对于获得自由或者转院的要求，就不能被阻碍。如果疯人院的主管认为该患者并不适合获得自由，他就必须确保将这位病人转院到一家公立机构，也就是唯一具有稽留权的地方。否则的话，该主管就是在盗用警察职能。但是在萨克森王国（the kingdom of Saxony）关于疯人院的规章制度之中，却没有一条是针对稽留那些明确表示过要离开的病人这一行为的。一般说来，国家福利机构并不会进行强迫性的稽留。我们应该区分如下的两种情况：其一，有某些人被收禁是由于人们担心他们可能会自我伤害，或者是对公众造成危害；其二，某位病人可能会饱受*无害的疯癫性*（*harmless insanity*）之苦，例如宗教性的幻觉，就像薛伯那样。在后一种情况下，就没有收禁的必要了。从逻辑性与司法性推理的角度来说，正如在《回忆录》中所讨论的那样，假如一位病人被剥夺了理性行动和处理现实的能力，那也就不存在任何收禁的问题。任何状态的精神疾病，只要并不具有*危险的疯癫性*（*dangerous insanity*），就不在疯人院主管的管辖权之内，因为这一类的收禁实际上是在侵占警察权。薛伯的上诉获得成功，并于1902 年 9 月 20 日，从太阳城堡疯人院[①]获得释放。翌年，他发表了他的《回忆录》，并未带来任何财政上的问题，而且也确实吸引了科学界的许多关注。在很大程度上，这正如他所愿。薛伯多年都以法律为业，然而人们仍然确信，他身体上的女性化在这期间逐渐显现出
161 来。他母亲在 1907 年去世，他的妻子于同一年中风。此后不久，他被位于莱比锡－杜森地区（Leipzig-Dösen）的一家疯人院收治，并于1911 年 4 月 14 日在那里去世。他的妻子逝世于 1912 年 5 月。在此期间，弗洛伊德已经写就了他关于该《回忆录》的论文，具体时间是在 1910 年的 9 月至 12 月之间。从此，又一位病人成了精神分析戏剧论的核心人物。

我们如何阅读那些已属于弗洛伊德阅读之物的东西？他督促他的读者们，在阅读他自己的分析时，“至少要通读一次”该《回忆录》。与此同时，他又暗示，这可能无甚必要，因为此类阅读也不会发现什么与他那逐字逐句的引用不同之处。尽管有英文读者可以尊

---

① 太阳城堡疯人院（Schloss Sonnenstein）：萨克森州立疯人院。位于易北河（Elbe）河畔的皮尔纳（Pirna），距离德累斯顿大约 16 公里。

奉弗洛伊德的建议，事先去阅读麦卡尔平与亨特所翻译的该《回忆录》，斯特拉奇却对此不甚在意。如此，在弗洛伊德关于该《回忆录》的讨论之中，它就被征用了。它们不仅丢失了自己的名称，而且还丢失了所有关于其内容的周到而礼貌的参照。有趣的是，这一《回忆录》在萨缪尔·韦伯（Samuel Weber）对 1988 年麦卡尔平与亨特译本所做的序言之中，被再次征用。韦伯向我们提出的挑战性问题是："谁曾倾听过薛伯博士？"作为对他这一问题的回应，他追溯了薛伯的家庭史，或者毋宁说他的文学谱系，结果是，薛伯的《回忆录》在弗洛伊德的研究之外，并未得到任何持久性关注，而薛伯本人只有在拉康的"薛伯主席"——这是法国人对他的称呼——这一研究之中才得以幸存。然而，这意味着韦伯必须要拒斥这一《回忆录》的任何独立状态，而这正是翻译工作的宣称。我们自己的简介会通往一种翻译 / 解读的原初情境（*a primal scene of interpretation*）：薛伯所看到的，他通过弗洛伊德所看到的东西；而弗洛伊德的观点反过来又得到了拉康更好的理解。削弱了麦卡尔平与亨特的翻译与评论的地方在于，为了质疑弗洛伊德对于该《回忆录》的阅读，他们必须假定薛伯的作品忠实于他的疾病。韦伯认为，这一点相当天真，因为薛伯的刻画必定还包括了他的背叛，而这一背叛与弗洛伊德所说的精神分析性翻译的不可逾越性规则是一致的：

> 如果患者们自己并不掌握背叛这一特质（它以一种扭曲的方式而成为真实的），精神分析对于妄想狂的考察将绝无可能，而该背叛所背叛的恰好是那些其他神经症患者们想要隐藏为秘密之物。（Freud, 1911: 83）

因此，韦伯所采纳的，乃是弗洛伊德式描绘与背叛的故事情节之侧面，我们将其呈现如下（图 5.1）：

162 **背 叛** **描 绘**

(i) 背叛性的交出 (i) 描绘一幅肖像

(ii) 违背信约的揭露 (ii) 用词语描绘

(iii) 去引诱 (iii) 用绘画技艺来润饰

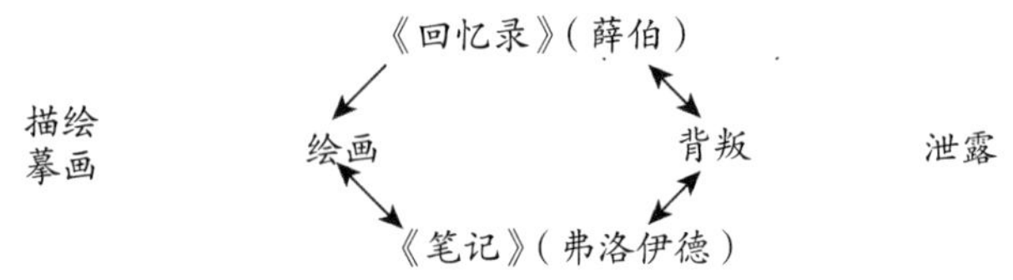

(a) 一幅肖像画可能会辜负它被寄予的期待，背叛相似性；

(b) 这可能会发生在自画像中，也就是说，破坏我们对它的信任，也就是忠实于原型；然而这一破坏却因此会至少引诱我们一次，如果不是两次的话；

(c) 画师或许会背叛其顾客的信任，并因此而揭示那本被遮蔽的东西，或者是用他的工作来同时引诱顾客与公众；

(d) 一幅肖像画，可能会通过将其顾客完全递交给绘画的诱惑性艺术，而背叛他 / 她。

图 5.1 描绘 / 背叛

上述描绘与背叛之间关系的草图表明，在弗洛伊德所有的案例史之中的每一个“诊所肖像”的核心，都存在着一种有待于解决的复杂伦理学问题。在此，作为评论家的韦伯，采取了弗洛伊德的立场以对抗那位诊所里作为医生的韦伯[①]；这一对抗的基础在于，精神病专家倾向于通过把该《回忆录》视为某种类型的案例，从而解决其伦理问题，因为这样一来就能够忽视它的独特性，并且将其视为一种幻觉行为的深层案例，而这正是精神病专家们通过观察性与文献性实践，所要远离的状态。他认识到，尽管弗洛伊德对于该《回忆录》的分析在概念上颇有建树，然而其真正动机却在于将薛伯案例分析为一种对关于妄想狂的精神分析理论的证明。进而，这一弗洛伊德式宣称表明，该理论可以在没有患者的情况下成立！这当然会让我们重新思考弗洛伊德之宣称的意义，即妄想狂话语包括了一种构成性的自我背叛，而这正

① 指第二位为薛伯治疗的医生，太阳城堡疯人院的主任医师 G. 韦伯医生。

有利于精神分析之诠释。

由于薛伯的《回忆录》十分成功地复原了妄想狂的语言，并且在这一方面超越了弗洛伊德本人所做的所有诊所肖像，所以我们首先必须仔细研究在这一《回忆录》中对于该幻觉式语词的精神分析式翻译中的语用学。在弗洛伊德 / 斯特拉奇与弗洛伊德 / 拉康之间的论
辩，很有可能就取决于在薛伯的幻觉系统之中的何种话语成为解读 163
的焦点。我们可以在该回忆录之中，区分出四种或者五种散漫结构（discursive structures）：

（i）　一位神经症患者的回忆录

（ii）　呼吁反对强制收禁一位精神病患者

（iii）　宇宙秩序及其犯罪的理论

　　（a）　灵魂语言

　　（b）　上帝的创造

　　（c）　神佑的状态

（iv）　后记，第一系列，第二系列

（v）　附录（A–E）

韦伯认为，弗洛伊德从回忆录之中择取某些方面并加以分析的动机，可以从他这一研究的题目之中查明：《关于一份妄想症患者自传的精神分析笔记（早发性痴呆）》。实际上，要从弗洛伊德的标题之中获取其动机并非易事，除非我们忽略了他将自己的研究降格为“笔记”（notes），而斯特拉奇则将其视为“言行录”（Memorabilia）。然而，韦伯的论文却去掉了他自己对弗洛伊德关于“笔记”一词的原始德语的重新构建。也就是说，他将“*Bemerkungen*”重新建构为“*Merkmale*”，即各种特征，或诸类符号，这一复数形式允许他将这些符号解读为“雄性”，即路标或者地点，然后韦伯又将其解读为文本之上的“污点”（*stains*）！但是韦伯本人的解读努力是在其文本之上“文饰”（*bemalen*），然而他却从未说明这也是让弗洛伊德式的诠释学获得合法性的做法：

> 那么，至少在弗洛伊德的版本之中，精神分析并非一种关于特性（*Merkmale*）的理论——这种理论将主体的陈述仅仅视为一种关于某内容的中性表达；它毋宁是要试图理解各种精确表达的形式，就好像它们自己是内容一样，就像在梦中、笑话中以及各种类型的过错一样。弗洛伊德对于梦的解读，不是将梦视为意义的形成，而是作为愿望的变形（*deformation of wishes*）；不是作为展示/表现（*Darstellung*），而是作为置换（*Enstellung*）。这一区分是关键所在。（Weber, 1998: xviii）

韦伯坚持将症状式阅读视为一种恰当的弗洛伊德式处理方法。这一坚持要归功于弗洛伊德，因为在弗洛伊德那里有一系列不恰当的变形——*ermerkungen, Merkmale, Male*。我们也可以根据在标题之中的另外一个词创造同样的链条——一个案例（A *Case*），所降临的或者发生的，一种疾病的实例，一种关于事实的合法陈述，我们在所有的案例史当中都能够看到它在发挥作用。那么，薛伯所遭遇到的事情，他的疾病、他自己企图描述该疾病的过程，以及他为自己的幻觉状态
164 相关的状况所做的法律辩护，都会与弗洛伊德在其案例史中所征用的该《回忆录》（的案例）相关的所有议题之中最重要的议题一同被保留下来。否则的话，通过弗洛伊德式引用而被抹去的那个《回忆录》，就会永久留下那个韦伯在其引言之中的开篇问题——“有谁倾听过薛伯博士？”

在韦伯关于弗洛伊德对于该回忆录之解读的理解中，核心在于对薛伯的征用并未被要求为一种法律/文学方面的事件，而是作为一种语言，通过无意识理论的优先性而获得了合法性；而该语言根据一系列的变形预示了其主体；这些变形则标示出了精神分析式的打开/解开文本的场所：

> 弗洛伊德的阅读方法不再是只有搜集、描述以及不加批判的评价那些独特的特性（*Merkmale*）；相反，它还关注在那些被称为文本的“污点”或“标记/雄性”（*Male*）的东西，关注那些

> 被添加进去的偶然性，那些被视为不重要并且一直被否认的东西：被追寻并且记下的，被当作意义载体的，不是特性，而是“标记/雄性”，这些表达只通过伪装与变形才能得到表达。（同上：xviii）

因此，这一《回忆录》所记述的，并非薛伯运作的心灵，而是当他受制于他那要变为一名女性的欲望之后，“降临”（*befell,der Fall*）到他心灵之中的东西。但是我们是否可以不去问，是否弗洛伊德反过来将我们诱入了陷阱（*die Falle*），他在进入该《回忆录》之前就已经设好了的这一陷阱；然而，在这一陷阱之中，他却只捕捉到了他自己关于妄想狂的同性恋之动机的理论。这一诠释性场景因此对于韦伯来说成为可能，并使得他从薛伯案例史的法律史，转向“他的神经症的惊人历史”。我们获得了关于薛伯的神经系统理论的细致说明，以及这一理论在创世（Creation）及其保全宇宙秩序的角色；该宇宙秩序在一种“基础语言”（*Grundsprache*）之中被传输给了他，其特征就在于意义与未完成的语句方面的游戏，以及对他的身体与精神完整性的伤害；在这一对其完整性的伤害之中，上帝本身最终经由对薛伯的灵魂—肉感的吸引，而最终得到解体的威胁。韦伯强调了这一关于薛伯身体的语言学攻击；这一工作通过如下方式来进行：

（i）　那个“标记系统”（*Aufschreibsystem*）

与

（ii）　“强迫性思考”（*Denkzwang*）。

这两个系统都被设计以掏空薛伯。然而这一点却徒劳无功，因为思想是无法被掏空的，而且也不可能编造出关于语言的完整清单目录。因
此薛伯就能够通过自己写作的方法，同时抵制这一记录系统与强迫性 165
思考系统，正如他在《回忆录》中所做的那样。然而他承认，他自己很难抵御他听到的那些声音，也很难停止咆哮，而且他的沟通能力也因此而受到了损害：

> 当有人使用今时今日在神经学语言里对我进行照射的那种方式来描写一个人类是如何对另外一个人类行事的时候，我只能想到对于那些由强迫性的思考所构成的**人的最基本权利的极度侵犯**，以及我的耐心所遭受的考验超越了所有人类的概念。想象着一个人将自己牢牢钉在另外一个人面前，并且用无关的语句整日折磨他，就好像用来照射我的那些圣光一样（"如果只有我的"、"这以后就只有"、"你也要"，等等）。我们能期待被以这种方式说话的人作出何种其他的事情？唯一的选择就是咒骂几句，然后将其扔出房子吧。我也应该有权利做我自己头脑的主人，将入侵的陌生人赶出去。然而就这些圣光来说这一点并无可能，因为我没有权力阻止其对我的神经的影响；这属于上帝的神迹力量。人类的语言（大声说出）是保持我的房屋清醒的**最后的手段**；我无法总是使用这一手段，部分是出于对我的周边环境的考虑，部分是因为持续不断的大声说话会让我无法进行最合理的思考；最后，这还因为在晚上这样做会使我无法入睡。因此，有人用提问的方式试图让我大声说话："你为何不（大声）说出来？"或者是用侮辱的词语（比较第九章）来刺激我大声说话。近来，由于对这一类事情越来越清楚明了，所以只要一有机会，我也就不再阻止自己运用大声说话的方式，无论是在与人交谈之中，还是在独处的时候。（Schreber, 1988: 175, n. 96）

薛伯反对那种强行持续（*continuous*）的沟通，也就是说，反对失去他自己的节奏状态——他通过演奏钢琴、阅读、诵读诗歌、大声计算，以及当然还有写作《回忆录》的方式一再强调了这一节奏。尽管如此，韦伯却将薛伯理解为一直都被缚于某种斗争之中，以争取言说—主体（speaking-subject）对于写作—主体（written-subject）的优先性：

> 无论它是否想要，作为神经，这一主体并不言说，而是被说出。尽管薛伯在许多词语之中都并未说（*say*）这一点，但他

写下了（*writes*）它；或者更为确切的是，它写下了他。（同上：xxxvii）

韦伯那种拉康式的对于言说胜过写作的强调，再度让他阻止了薛伯说出他想要说的话。在我看来，薛伯同时写下了拉康式分界的两个面向。在一直都被此类语言——尽管并不是被他自己的监护人与评论者们——压制剥夺的情况下，薛伯努力将他的疾病限制在语言之中。在 166
此，当弗洛伊德告诉我们，该《回忆录》已经是对于薛伯世界的重新建构的时候，他成了一位更加可靠的证人。换句话说，弗洛伊德的疾病并非是“外在的”，亦非“内在于”薛伯用以讲述他的故事的语言。韦伯在他的语言与写作之对立中所丢失的，是薛伯自己的宣称：由于无法持续地进行这两种状态而不产生无意义之想法，他在完全独处的时候，为了平衡那种获得永久性肉感（Constant voluptuousness）的要求，就通过装扮成女性而获得宁静；而对于那种要求，没有人能够给出除了死亡以外的回应。进而，这一事物的秩序（Order of Things），甚至上帝也无法在不将其造物致疯或让文明不可能的情况下将其取消。因此，薛伯在他的女性化身体之中所培育的，根本不是一种肉欲的快乐：

> 为了不被理解，我必须要指出，当我说出我自己去培育肉感的职责的时候，**我从未意指任何指向他人（女性）的性欲望，更不必说任何性交形式了**，然而我必须要将自己想象为男性、女性同为一体的，自己与自己性交的状态，或者是通过某种方式与我自己达成一种性兴奋的状态，诸如此类。这在其他情况下或许会被认为不道德的，然而这绝对与任何自慰或者类似之事毫无关系。（Schreber, 1988: 208）

薛伯与上帝的斗争，目的在于拯救上帝；这位上帝对于人类的依靠已经允许了他受到高度兴奋生物的引诱；这些生物，就好像尸体一样，无法将其例外状态排泄出去。而上帝正是用尸体的腐化来循环宇宙秩序并由此来保存他自己。即便是上帝与弗勒希西格医生之间那虐待薛伯的契约，最终也被上帝自己的本性所击败，这一本性不应该超越世界的秩序：

> （1902 年 11 月添加）前文可能有些抽象，到目前为止，这一“世界的秩序”可以呈现为非个人化和比上帝更高、更有力量的某物，甚至是统治上帝的某物。实际上，这根本不抽象。**世界的秩序就是法律的关系；这一关系基于上帝的本质与属性，存在于上帝与他称之为生命的造物之间**。上帝不能达致与他自己的属性对抗之物，也不能达致和他自己与人类相关的权力相对抗之物，或者，在我这里，是那个与他已经有了某种特殊关系的个体人类。上帝的照射力量就其本性来说，有着实质意义上的构建性与创造性，而当他试图用那些不规则的策略来对付我、想要仅仅摧毁我的身体完整性与我的理性的时候，就会与其照射力量相
> 167 冲突。这一策略因此只能导致暂时性的伤害，但是却不能带来永久性的结果。或许还有一种可能，用矛盾形容法来说，上帝自己在他与我的对抗之中，是站在我这一边的，也就是说，我能够将他的属性与力量带入战斗中，并作为一种自我防御的有效武器。（Schreber, 1988: 79, n. 35）

作为平衡，薛伯似乎相信上帝不能用毁灭性的方法来对付他自己的造物，哪怕他曾一直是其暂时性堕落的同伴，并且还曾伙同弗勒希西格合谋实施对他的“灵魂谋杀”。另外，薛伯转变为上帝伴侣这件事情，是被设计以更新人类，并反转一个堕落的文明对于我们的能力之影响，以便再现一种健康潮流的。然而还有一种可能是，薛伯的“转变”包含了在创造之中所丢失的平衡，而这与所有其他事物一样，都要归于上帝自己的存在。就此而言，薛伯的变身对于实现在创世之中的和谐是必要的，这是上帝沉思的终极本性：

> 多年的经验都验证了我的这一观点：我确信，上帝永远不会试图退出（而这样总会在相当程度地伤害我的身体健康），然而

> 却会永远地、不间断地跟随我的吸引，没有抵抗，要是我能够在与我自己的性交合之中总是扮演女性的角色就好了，要是我能够在其中总是凝视着女性的存在，总是观看着女性的照片就好了！（Schreber, 1988: 210）

韦伯认为，薛伯的变身仅仅是一种在上帝之悲痛中的暂时性缓解，这一上帝已经被薛伯本人性经济的不快乐状态所贬低。然而这是薛伯自己关于不道德的观点；只要宇宙中的成员寻求那种超越他们在繁殖性经济及其所限制的人类兴奋与缓解之循环里的快乐，其宇宙秩序（Cosmic Order）就会受难。悲伤与失智是超越人类感觉器官之阈限的结果。在这些术语中，上帝与弗勒希西格医生之间对于薛伯实施灵魂谋杀的约定，完全等同于上帝单独与他之间进行的神经性沟通。在这两种情况中，薛伯都要奋力去保全一种上帝最终也属于其中的秩序，这不是因为他也受到他的造物的限制，而是因为若非如此的话，他与他的造物就都会陷入疯癫：

> 将我的生活置于疯癫状态的艺术，我发现我自己——我在此并不是说与我的环境之间的关系，而是在上帝与我之间的那种荒诞关系，这一关系与世界的秩序相对——存在于发现一种相应的中间过程，在这其中的双方——上帝与我——处于最佳状态；换句话说，如果神圣圣光在我的身体之中发现了其可以分享的灵
> 魂—肉感，且这足以让他们进入接受他们的我的身体——而我则 168
> 为我的神经保持必要的休息，尤其是在夜间，以及用一种与我的智力需要相应的方式占有我自己的能力。（Schreber, 1988: 209）

当然，我们很难确定薛伯是否能够在他的《回忆录》反思之中、镜子反思之中、在他的妻子或者在他的天鹅湖反思之中，救赎他自己。我将会论证他可能已经完成了这一点。在此，一个人自己的边界被修正了——疯癫移动得更近了一点，而理性则让开了一点。反移情？或者可能是这一问题：我们如何承受爱的靠近？

> Doch sterblich, ach, bin ich geblieben und übergross ist mir *dein* leiben, *wem stets ein Gott geniessen kann*, bin ich dem Wechsel untertan.
>
> 啊，你的爱淹没了我：感性享受只是为了上帝而存在的，我，作为凡人，是属于变化的。（Schreber, 1988: 52, n.10）

就像唐豪瑟（Tannhauser）一样，薛伯认识到，当爱并非是性的，而是像音乐一样淹没我们时，爱才是神圣的：

> 真正的音乐必定像是何种女人？一个女人，当她真正爱上某人，当她在她的骄傲之中安置德行，她的骄傲，然而，就在她的牺牲之中，其中，并非是她的存在的一部分屈服了，而是她整体的存在屈服了，屈服在了其能力的大量丰富的完整性之中——在她孕育/构思的时候。（Lukacher, 1981）

必须要死去的，不仅是父亲或者是父母，而是我们每一个人，我们每一个希冀着创造出如同莫扎特或瓦格纳所作的音乐的人——薛伯用写作的方式，而尼采则用舞蹈的方式来诞生——而弗洛伊德，则仍然呆立在他的那些石头宾客们之间。

薛伯的阉割/创世

接下来，我要考察薛伯那种丢失男性（manhood [*Entmannung*]）的双重幻想：薛伯首先通过一个故事情节来阉割他自己，并将自己"像一个女性"一样加以虐待；然后是他自己在成为神圣伴侣以逃避所有虐待之中的反转变（counter-transformation）。可以理解，评论者们都急忙忙地冲进了这一场景，而我们也将关注他们的诠释性幻想。我们当然会有我们自己对于薛伯以女人身体为伴侣的解读版本。弗洛伊德坚持将薛伯的“*Entmannung*”概念翻译为他自己的阉割概念，而薛伯要与母亲身体融为一体的计划，则完美地契合进了俄狄浦斯阶段之前的阶段，这也即弗洛伊德构建他的异性恋的基础阶段。这一
点，对于所有的男性来说，都是如此（Fairbairn, 1955）。除非这个小 169
男孩设法不去认同那具美妙的母亲身体，否则他永远也无法将其视为是一个被欲求着的、只有通过俄狄浦斯律法才能够重新获得的异性恋客体 / 对象。这一俄狄浦斯律法命令寻找一位像母亲的女性，就像当初父亲所做的那样，只不过这位女性不是他的母亲而已。在这一迂回之路中，这位年轻男子对于男性的探索追求，可能永远会遭遇到错误的允诺：在较早的结合之中，与那位他所知的唯一母亲 / 他者（[m]other）相结合。

鉴于尼德兰（Niederland, 1984）所做的研究——我们将在后面对其加以讨论——有人可能会认为，薛伯的父亲篡夺了母性功能，将母亲变为一种坏的乳房，并与父亲合作以通过实施灌肠剂而事先获取的方式而拒斥了这名婴儿的礼物。在《回忆录》中贯穿着薛伯喋喋不休的此类抱怨：他抱怨自己的身体从未被允许享受其自然的节奏，正如他不曾被允许用自己的节奏来说话或者思考一样。薛伯的迫害同样要归咎于他父亲的教育学热情在他身上的滥用。他求助于一种复杂详尽的宇宙学；于其中，上帝仅仅在一定距离之外发挥作用，偶尔才会让薛伯尝试恢复他的自然身体，亦即这一在没有教育学修复情况下“非常好”的身体。他那来自于母亲身体的异化，要归功于由父亲的教育学及其关于神圣创世的惩罚性版本所强加的，同时又受到引诱的被动性。然而，薛伯却梦想着将那自然身体视为上帝的最大礼物，即那个吃东西、小便、大便、性交并且能够生育的身体，与上帝之爱保持一定距离，并且没有特殊的制度性操纵，就好像他在家里和在疯人院中所体会到的那样，或者他在他的职业与婚姻生活中所体会到的那样：

因此，我有了这样一种印象，我在未来的生活中，会获得某些伟大的和重要的满足，这并不是由人类所提供的，在某种程度上，而是作为情境本身的逻辑性发展的结果。当我还在弗勒希西

> 格的疯人院之中时，当我首次窥见世界秩序那不可思议的和谐之时，当我同时还遭受了那痛苦的羞辱与恐怖危险的日常威胁时，我为那些圣光创造了如下话语：**必然存在着一种等同的正义，而这种正义绝不会是**那种牢牢扎根在这一世界秩序中的、在道德上完美无瑕的人类；这一世界秩序本来就应当在一场由敌意力量所发动的、针对他的战争中，作为其他人罪行的无辜受害者而必然崩溃。(Schreber, 1988: 214)

薛伯的灾难降临是因为父亲的教育学和该教育学在幻觉之中转变为神
170 圣声音，这填补了问题与答案之间的距离。有时候答案是在问题之前，有时候，问题是在答案之后。薛伯被迫在这两种情况之中都要有所回应，并且知道他的回应已经被事先说出来了。因此，薛伯欲求着在一具欢愉的身体之中完成这一关于男人与女人的问题，在一种超越那种关于违反律法（the Law of Violation）之律法的违反之中，一次又一次地转向了其自身。然而在其他的情况下，他只是坚持，在他被允许的空间里，他可以只做他自己；在这一空间之中，他可以追求他自己的需求与快乐，受苦于他自己的不足与痛苦，不过却都是依从着他自己的节奏。正是这种无休无止地对他身体节奏的破坏，被他体验为了灵魂谋杀或者是上帝对于他自己造物的乱伦式依附。

我认为我们必须严谨理解薛伯所宣称的双性恋，也就是说，变为男性—女性（*man-woman*）的同时带有其补足的女性—男性（*woman-man*），而且这并不是其要素都外在于其本身的那种统一体，就好像在镜像异性恋（*mirroring heterosexuality*）之中一样。以此方式，传统关于同性恋的心理学将其作为一种男性之性或女性之性的倒错，同样也有问题了。正如弗洛伊德本人所警告我们的，这并不会因此而发明任何的“第三性”。然而弗洛伊德努力将薛伯的女性化化约为传统意义上的同性恋。他使用“同性恋”而非“双性恋”的术语，或许过于强力，并且无论如何都不足以分析为何他在选择一个同性时不会再“害怕”。这一同性选择是由于此前转为女性性认同的欲望所决定的。如果我们将薛伯的内在女性视为一种为他妻子所做的代孕，而非弗洛伊德所提出的将他自己放到他父亲妻子位置上的置换，那么我们或可将薛伯破坏与拯救世界的宏伟计划视为是一种他对于生活之爱的表达；这一生活的原则在薛伯的世系之中受到威胁、可能会灭绝，他只有通过一种神迹，将性的双方都纳入到自身之中才可以拯救它（DeOliveira, 1981）。以此方式，我们或许可以理解薛伯的希望，即他与他的妻子能够在其变形之中，作为那对天鹅幸存下来；他在诗歌之中所描绘的那对天鹅，是为了配合他母亲送给他外甥的天鹅礼物，在后文之中，我们将会在讨论拉康对这一案例的解读时，来讨论这一插曲。

在这样做之前，我建议重新检讨薛伯的第二次精神疾病插曲——在这期间，他变成了女性（Jardine，1985）——并由此而讨论女性的塑成性（figurability）这一问题。在一个清晨，在半睡半醒之间，那个理念 / 想法进入了薛伯："毕竟，作为一个女性，献身于性交行为之中，想必会是十分惬意的。"比较起薛伯自己的用词，斯特拉奇将薛伯的这一想象翻译得更为被动，原文如下：

> Es war die Vorstellung, dass es doch 171
> Eigentlich recht schön sein musse, ein
> Weib zu sein, das dem Beischlaf unterliege.（Schreber, 1985:30）

英文的翻译，按其所需，绝对忠实于弗洛伊德的诠释。弗洛伊德将薛伯变为上帝妻子的计划解读为一种被动性的同性恋幻想，于其中，一系列的父亲形象都在《回忆录》所记载的妄想性系统之中得到了展示。然而薛伯并未献身于同性恋化（homosexualization）。他反倒是拥抱了那"可爱的（*recht schön*）理念 / 想法"即作为一个女人将自己献身于做爱（lovemaking），并且他坚持认为，变成一位"生机勃勃的"女性要比作为一位消极被动的男性终老要更好。薛伯对于女性气质的培育包含了一种肉感崇拜，而这大大超越了弗洛伊德的肛门性爱的版本或者是诊所医生弗勒希西格—上帝（Flechsig-God）将其作为一位女性所做的虐待、任由其腐烂流产的版本。

简妮·卡瑟谷埃特·斯密格尔（Janine Chasseguet-Smirgel, 1988）集中讨论了薛伯的美学，试图表明薛伯如何反对他父亲在教育学的意义上所篡夺的古老母亲功能，并努力将他的女性气质整合进入他自己的性之中。这一母亲身体是其孩子的身体意象（body image）的必然组成部分。如果我们认为在他父亲的《医学家庭体操》（*medical indoor Gymnastics*，1899）这部著作里的教育学篡夺了母性之爱，那我们就可以理解薛伯将其肉身计划（corporal project）作为一种在其身体内部重新登记那一母性身体的尝试，只不过这一尝试可以避开任何阳具入侵。薛伯的变身与不合理的父性干预之世界的末日，对于复兴一个繁殖性愉悦的世界是必要的。如此，薛伯（为了他的妻子）所写就的这一《回忆录》，就好像《蒙田散文集》（*Essays of Montaigne*）一样，目的在于让他最亲近的人可以稍微理解他（O'Neill, 2001）。这部《回忆录》是薛伯的第一个孩子；它带着薛伯妻子在每一次流产时所遭受的全部痛苦而降生。他的苦难是一种在她的空间里所提供的父代母育（*couvade*），只不过提供者却是一位男性。这名男性的睡眠是快乐的、创造性的和神圣性的。类似的，他的异装癖揭示了他所失去的母亲以及他妻子的离别；他盛装打扮自己，是为了那场将性差别变为过去时的婚礼——变为古老秩序的规则，变为已被超越的规则。弗洛伊德认为，这一强烈的愿望是向一种前俄狄浦斯式太阳崇拜宗教（heliolithic cult）的回归，要么就是一种被动性的同性恋退行（homosexual regression）。然而薛伯的身体超越了历史的各种阶段；它在愉悦的浪潮之中漂浮——对于他来说，这一浪潮是作为“上帝的妻子”而与他沟通的。当薛伯惊呼“作为一个女人而屈服于爱的行为是多么美丽的一件事情！”之时，我们不应该将他
172 化约为躲在原初床脚（the foot of primal bed）、猜测着一种变为爸爸的不确定未来的那个小孩。薛伯所回忆起来的，是女性的情形，是她的堕落、她的意乱情迷和她那狂喜的身体；薛伯回想起这些是为了将他自己投射出那疯人院。这一疯人院努力想让他回忆起那个俄狄浦斯式的家庭，以及其中愚蠢轻佻的、梦想着成为调皮的小女士的小女孩。薛伯的儿童远不止于此。这名儿童的出生要求一种父母

双亲的神迹；双亲必须要将他外置于性交的失败，安置于那具出现神迹的单性繁殖的身体。所有的人类家庭都以一种圣洁贞女式的敬叹，环绕在这一身体四周。这就是薛伯的神圣之夜，是他的沉默之夜，带着上帝之爱与受孕，于其中，生殖的祝福被转移，超越了任何父性教育学的理解或在疯人院和诊所之中对他实施的精神分析治疗的理解。

薛伯的谵妄式身体同时在内在与外在、男子气概与女性气质、生与死、儿童性与成年性之中都被毁弃掉了。其言论毁弃了“是”与“不是”，暂停了所有的不同和所有的等级秩序。它将单独性多重化，将多重性单独化。他的谵妄式身体与上帝的身体交换了位置，将后者拉到自身，并击退了它的圣光、它的精液与作为祝福和酷刑替代物的粪便。“上帝就是狗，是婊子”（GOD IS DOG, A BITCH）。薛伯是“上帝的妻子”（GOD’S WIFE）、处女母亲（the Virgin Mother）。薛伯的谵妄性语言，在一种古老的基础性语言（ground-language）与写就这一《回忆录》的文学与科学的文明化语言之间交替往复。词语变成了飞鸟，变成了走兽，变成了魔鬼，变成了一具身体的飞翔机器。这具身体的构型在位于人类境况之核心的爱—恨矛盾之中，通过其欢愉与苦难，而多重化了。正如尼采那样，薛伯的语言在意义与无意义的界限边缘起舞，消解事物，以便为了在表达他对于雌雄同体之欲望的委婉用语与矛盾语词之中，重新结合他们。这一雌雄同体却未曾分裂的性交，或许可以更新那性差别的死寂世界。薛伯的新身体，同时既在那（摩西）律法之前，又在其之后，只有透过黑色玻璃才能得以一窥究竟。如此，薛伯男扮女装的身体并未冒犯那（摩西）律法，因为他独自一人，也就是说，在—镜—中（there-in-the-mirror）的，正是面对着性差别、性攻击与性被动性这一原始场景的薛伯。薛伯的新身体，通过一种洁白无瑕的、镜面窥视性的概念而归于自身。在此，薛伯是他自己的新娘，在一种上帝自己的圣光所祝福新型结合之中，自己欢迎着他的妻子，并且赦免了他们在生育子女方面的无能，同时也使得这孩子不会在子宫之中腐烂。薛伯的转变并未简单拒绝承认父性律法；它改观了在创世之中的疾病与腐烂 / 堕落之物，为原本

173 的贫瘠之地带来生命。正如身着婚礼礼服的安娜，为她在花园之中听到的鸟鸣而哭泣——她孤身一人，无法生育；薛伯也听到了那个天使的许诺。他也返回到他的妻子那里，正如约阿西姆（Joachim）在荒漠之中，对自己无法生育孩子而忏悔之后的返回一样。这一应许的孩子，是玛利亚，是天使向其许诺一位被上帝所爱的儿子的那位玛利亚。而那位上帝，就是其词语 / 道（Word）变成肉身（Flesh）的上帝。在这一版本之中毫无夸大之处，因为其王国无关乎这个世界。这一神圣婴孩（the Divine Infant）所代表的，是我们每个人所错过的诞生时刻，甚而至于连我们的父母都不知道，尽管我们自己就是他们的奇迹。

弗洛伊德坚持认为，薛伯的古怪行径来自于他的强迫性自慰行为。其他的评论者由这一论证推衍开去，以解释多少可以作为后续的薛伯的迫害情结。男性同性恋通过对一个对立性客体 / 对象的认同而树立起一道阳具式的屏障，以取代那个缺席的或者尚未成形的父性阳具，从而无意识地从这一古老的母性口淫中逃脱。这一“男同性恋场景”允许该同性恋掌控那早期的创伤性事件，方法是通过确保一种主动 / 被动的角色，于其中，他可以享受 / 惩罚那或许会被移置到偶像崇拜的客体 / 对象与关系的阳具 / 乳房。在此，这一“男同性恋场景”或者说是镜中意象，允许该同性恋在独处的时候，一方面抵挡那遭受远古母亲之吞食的创伤，另一方面则蔑视那经由父性律法的缺席而制度化了的不可决定性之创伤。弗洛伊德不能允许薛伯将同性恋复数化，也不能允许他动摇建基在父性隐喻之上的社会秩序。这一在弗洛伊德式家族之中被尊奉的死亡父亲，必须要通过阉割的标记来传递；阉割是一种提醒：将代际结合在一起的，是俄狄浦斯神话而非他们的性。在不想到父亲的情况下性交，会放纵性，并且多重化身体，也会在死地之中庆祝降生。弗洛伊德能够忽略这一父亲的虐待狂式教育学，因为他已经反转了这一儿童的“灵魂谋杀者”，将儿童向他自己的畏惧上帝式性交（God-fearing copulation）的俄狄浦斯发生学献祭。哪怕是在去 / 来（*Fort/Da*）的游戏之中，他也忽略了这一幼童为了抛掉那要为他母亲的消失而负责的俄狄浦斯身体，而构建的器具

（O’Neill, 1989: 58–73）。这一母亲玩具是没有父性性交之儿童期的开始，是性存储与教会、学校、工厂以及诊所之全景敞视式规训的开始，而这些全部都是弗洛伊德这一分析的背景。薛伯的父亲承担了母性功能，与母亲共谋以重新抚养上帝的子女。对于任何一个基督教家庭来说，这都是其任务，不过对于这一父性体操锻炼及其忏悔性附录来说，尤为如此。在这一系统之中，没有人承担着那个阴茎（*no one bears the phallus*），这一点可以从这些小人物在其父亲的医学家庭体 174
操练习图的形象之中“看到”。

这一教育学体系所揭示的，是一个人可以从父母那里再次诞生。只要这一父母的规训认为，所有的能量都是耶稣基督的能量，所有的能量都赞美着上帝。任何其他的能量的消耗都是手淫式的，或者是丢失在路边而被浪费的种子，没有子嗣。因此，所有的能量都通过在薛伯父亲的那种清教式教育之中的再生而被家族化了。薛伯父亲已经将自己献给了一种完美的教育式身体（*pedagogic body*）的创造之中，而这是国家崇拜的客体 / 对象。如此，即使圣经式的命令严禁任何人增强他那受之于上帝的身体状态，薛伯的父亲也在事实上重塑了他自己，更新了其庙宇，亦即：

> Bedenke das ein Gott in deinem Leibe wohnt und vor Entweihung sei der Temple stets verschont.［注意，上帝居住于你们的身体之中，所以这一庙宇必须永远不受亵渎。］

在此，这一薛伯计划 / 投射的发生学被针对子宫的父性篡夺所承担了。然而这一薛伯家族式的教育学，无论其多么专注于自体性欲，都等同于母系的教育。由于繁殖必然要使用我们的性，所以，如其所是，这一婴儿必须在上帝那更高层级的爱之中被再度设想 / 孕育。即便如此，所有的身体概念都必须避免任何的肉欲（*Wollust*）。与他的儿子不同，薛伯父亲试图将怀孕的行为完全与爱之身体区分开来。然而正是在爱之身体中，薛伯那关于女性化的谵妄式概念才得以孕育。如此，这一《回忆录》乃是该计划 / 投射的真正孩子；这一计划 / 投射的妇科学从该父性文本之中显现出来，而该父亲要将这名性之儿童转变为上帝之儿童的计划，完全被这一关于天启与心灵皈依的神圣圣光所弥散。薛伯的《回忆录》是一种谵妄式的（“出轨的”）文本间性（intertext），它被构建起来以推翻这一包含在其父亲的医生—生理—精神化教育学文本（Lecercle, 1985; Rabant, 1978）之中关于语言与具身化的父性逻辑。给予这一《回忆录》以一种幻觉式声音的，是这名父亲对于圣音的医疗化征用的副本。在一个从日常饮食到战争胜负的所有事情都要与上帝对话的社会之中，在讨论性执着（sexual obsession）的时候会感觉到距离上帝最近，而薛伯的神圣性交几乎不可能让他成为一名疯人。萨克森法庭的判决无比正确（Lothane, 1989a; 1989b）。

正如拉康所认识到的那样，薛伯并不害怕变成疯子，不害怕丢失掉他的器官，也不害怕变成一名女性，当然也不惧怕靠近另外一个经由他而发言的世界。他的计划是要让事物按其先后次序，再来
175 一次，一劳永逸。第一个婴儿。为了达到这一点，薛伯必须要逃脱他父亲的全景敞视主义计划。薛伯父亲的这一计划是为了通过他所发明的身体性巧妙装置与忏悔性练习，让所有的孩子都成为国家与宗教的温顺工具，从而复兴德国。他将这一父性计划推进为他自己身体的谵妄性转变，使其进入到一种肉感身体之中与没有生育的诞生（birthing-without-birth）之中，因为他的新身体并不需要这些小孩出入其间，也不需要上帝的刺戳，因为上帝的神迹并不栖身于此。薛伯的变身在身体之上的发生介于精神分裂症（schizophrenia）与神经症（psychosis）之间，俄狄浦斯化并不能在这具身体之上强行推广其决定。因此才有了法官的崩溃与他飞升进入疑病症，亦即他在腹部也就是他腐烂而又盛开的地方所无法治愈的疾病。他最终的策略是要移植到父亲的手册之中，并在他祖父的生物学与经济学文本之中移植进一种“野性的”文本；而这些移植的来源就是他自己那没有器官的身体、对其监禁的谵妄式记载，以及堕落与转变成为那救赎性的器官与创造的唱诗班。在这一《回忆录》的篇章之中，充满了魔鬼、虫豸、酷刑、腐朽、鸟类与咆哮，此外还有一个情节，被用以反转事物的宇宙秩序、捕获并且侮辱上帝自己（Lingis, 1988）。所有这些都

被铭刻在他的身体之上，这一身体通过清明之心灵那最稀薄的碎片，而与他自己分离，以便为了重建那人类秩序。在这一人类秩序之中，有着可承受的意义、理性的界限与终极的正义，至少对于儿童来说如此。

薛伯的变身并不是从一种性转变为另外一种性，而是从一个家庭转变为另外一个家庭——转变为那个其爱并不为俄狄浦斯化的性所制约的家庭，转变为其爱并非是教会或国家规训的家庭，转变为其爱并非是一种军队的军事演习或者学校测试的家庭。在化约薛伯神圣性的决定之中，弗洛伊德已经准备好了让他自己听起来极其无聊，就像那神圣化了的声音一样咯咯作响——万事归于圣父（the Father），这位父亲在万事万物背后，在上帝背后，在弗勒希西格背后，在你的屁股之后！确实，精神分析十分无聊，因为性很无聊，而且哪怕当性欲与来自于上帝的鸡奸联系起来的时候，也很无聊！然而这就是为何薛伯想要逃离疯人院的原因。他已经厌恶了这一无结果之性，以及与之相伴的、他那至亲至爱的妻子所遭受的流产。而正是她保护他免受疯人院之中最为野蛮的待遇。只有与她一起，薛伯才有意分享他那向女性的转变，而无论他们二人会遭遇何种困难——只要他们一起去对抗那古老的俄狄浦斯组织。但是他们二人都非常想要一个孩子，因此薛伯的身体占据了他妻子的身体所无法履行职责的位置。薛伯对于这一悖论的回应，并不是承担/假定那一阳具，这会让另外一个妻子合法化， 176
即通过变为一个女性来完成——这位女性的自我性交行为允诺了一个神迹。如此，他就准备好了以上帝妻子之形象而牺牲他自己，以便为他自己的婚姻带来新生活的祝福；在这一新生活之中，他与他的妻子都渴求着超越关于财富与快乐的所有其他标记。他拒绝了教育学的身体，也拒绝了规训的异性恋与工作制全景敞视主义的身体。他建立起一种对抗性身体，一种没有器官的身体、一种圣光身体、受到音乐与诗歌之苦的身体、超越于性的身体、永恒愉悦的身体（Deleuze and Guattari, 1977）。或者，毋宁说，由于他相信上帝被弗勒希西格博士那颇具影响力的机器——该机器引诱上帝以便将他自己附着在那个器官身体之上——所捕获，薛伯就必须要完成关于他自己身体的这一转变，如此上帝才会恢复他那长距离之爱（love-at-a-distance）的能力，亦即，没有阳具的爱。

在他与弗勒希西格的联盟之中，上帝被引诱着努力去通过在薛伯的肠道中发挥作用而为他自己制造欲望。只有愚人才会认为，在肠道之中没有欲望机器，除非是其干预发挥了作用。神圣的粪便（Holy shit）！上帝的弗勒希西格之引诱，以及薛伯父亲的基督教式教育学，已经将爱化约为一种规训式测验、一种写作系统（*Aufschreibsystem*），以及一种记忆系统（*Denkzwang*）；它们都要求在一种拙劣的精神练习之中，进行一种持续性的忏悔。这是基督教资本主义的模型，或者是资本化了的基督教，建基于一种天堂 / 地狱的支配性机器以及灵魂一存储（soul-banking）的责任制度；它们被嫁接到薛伯的无器官身体之上，以记录他的思想、动机、行动、疏忽遗漏（omissions）与委托授权（commissions）。基督教教育学通过其分离系统、身体的高级与低级区域系统、社会系统、上帝与天堂系统而导致身体的妄想狂。然而弗洛伊德关于薛伯之妄想的发生学本身就被阻隔在这一器官身体周围，即有阴茎的身体（the body-with-a-penis）或“没有”阴茎的身体（the body ‘with-no’-penis）。弗洛伊德关于自然的概念也同样家庭化了。如此，正如拉康所坚持的，薛伯的谈话之鸟（talking birds）必定是那些渴望着收到婴儿阴茎之诱惑的愚蠢的年轻女孩们。弗洛伊德要求，每一具身体都是第三种身体——俄狄浦斯身体，即一种能够在其父母性交的原初场景之外而思考其性欲的身体。没有谁的身体可以自满（Nobody is a body full with itself），可以像玛丽亚怀有身孕而上帝却远在天边一样。

薛伯梦想着这样一种身体，其愉悦超越了那个俄狄浦斯三角，而其繁殖则在一种他曾看到铭刻在女性身体之上的神迹中，飘荡在所有
177 的性差别之中。在此，德勒兹与加塔利提出了“独身机器”（celibate machine）的概念，以表明薛伯超越了那台妄想性机器。这一“独身机器”的目标是要将这一欲求的机器与无器官之身体“嫁入”永恒愉悦之身体（body-of-eternal-jouissance），其强烈程度要在谵妄与幻觉之前，并且由穿越这一无器官之身体的吸引与反感之力所造成：

> 在法官赤裸躯干上的乳房，既非谵妄性的，亦非幻觉现象：它们首先指向了一种紧张性，在他无器官身体之上的一种紧张区域。这一无器官身体是一只鸡蛋：它由轴线与阈值，由纬度、经度与测地线交叉而成十字，贯穿着用以标记变化与生成的坡度，以及沿着这些特定矢量而发展的主体之目的/命运。在此，没有什么是有代表性的，毋宁说，它是全部的生命与生活经验：实际的、活生生的拥有乳房的情绪与乳房并不类似，它并不代表它们，正如那在鸡蛋之中已经注定的区域类似于那个它将要假装在其自身内部而生产的器官一样。（Deleuze and Guattari, 1977: 19）

在他的镜子面前，薛伯并非某件破烂衣服与装饰品之物。他并不是他自己的廉价妻子。其婚姻器官的必要性，可以在一个理性家计的范畴内作出预算，对于一种微小快乐的沉溺可以让他上诉于法律，以作为一种他成熟起来并准备好被释放进入布尔乔亚世界的证据。他将所有这些都纳入进他向萨克森法庭的上诉之中，正如他为自己辩护，反击那些对于该《回忆录》所发表的诋毁一样。薛伯的哑剧复原了这个世界的历史，重新订立了其创世，复新了人性与婚姻的科学与宗教——看呀薛伯女士（*Ecce Miss Schreber*）！薛伯的镜像并未回放这一原初场景。它反映了这一永恒的女性（*das Ewig-Weiblich*），反映了那器官的、乳房的、阴茎的、孔洞的身体的筋疲力尽。薛伯的镜子闪烁明亮、灿若星河，多重化了那无器官身体的强度——这一身体由于独处而变得强大。然而在太阳城堡的独居禁闭之中，这一全景式眼睛强奸了他的身体，就好像他的身体一无是处，不过是死寂的肛门或石头太阳（死去的母亲）一样。那里的疯人院就是一台机器，其功能是生产阉割，幼儿化以及摧毁语言与感觉，将疯癫喂给作为价值理性的疯人院。这一精神病院要求独处，以便代表社会，最大化对于该身体的侵犯。为了捍卫他自己，薛伯通过进入到一种与上帝的契约而抖落那器官身体，变成—一位—自我—愉悦的—女性（become-a-woman-in-*jouissance*）。他将自己与自己分离，以产生他自己，就好像一位新娘为他的爱人准备婚礼一样。她已经将这位爱人牢牢保留在心中，而

178 这位爱人也在她周围飘来荡去，就好像夏加尔的新郎一样（Chagall's groom）。

弗洛伊德为何要将事物转移到另外一个场景？亦即转移进入俄狄浦斯的剧院，远离该《回忆录》？原因在于这一伤害性行为（原初场景）可以[①]一直被保持在舞台之外，所以它将可以经由观看而在台上蒸发消失结构为错乱，一种要求被惩罚的罪行或者瘟疫，任何超越家庭的人都会招致这一惩罚："圣父，饶恕他们。他们不知道自己在做什么。"从出生到死亡，在一种双重十字架受刑面前，这一分析师一直在保持沉默。薛伯的神迹身体对这一点的回应，就像那些从其位置上脱离的紧张性部分，就好像在那一父性教育学之中，练习与惩罚所针对的那些需要被化约的器官一样。薛伯的乳房不再是俄狄浦斯压抑的部分—客体 / 对象，而是超越了其社会的吸吮位置。他们预示着一个没有性器官的身体，一个爱之身体；这一身体只能在那超越俄狄浦斯家庭及其教义问答的完全神迹化的时刻，被看到、被听到或被感觉到。正是由于这一景象，薛伯才在那（摩西）律法面前晕倒。他无法继承父亲的衣钵，因为他父亲的教育已经将这一（摩西）律法的精神化约为其字母、其检查以及其全景敞视主义的新装置，以便将灵魂约束到身体之上。薛伯寻求着那个花园，那个富有诗意与音乐之湖，远离学校与疯人院的疯癫指示，在那里，哪怕是上帝也会被他自己的造物所引诱：

> 是薛伯的父亲历经了那些机器，还是相反，那些机器本身通过其父亲而发挥功能？精神分析扎根在这一再归域（*reterritorialization*）的想象的与结构性的象征符号之中，而精神分裂分析（*schizoanalysis*）则因循着这一非域化（*deterritorialization*）的机械式指数。这一对立仍然保留在沙发上的官能症患者——作为一种终极性的与贫瘠性的土地，最后那片被开采殆尽的殖民地——与外出在非域化的环路之中散步的神

① 此处原文为 scan，是 can 一词的笔误。

经分裂症患者之间。（Deleuze and Guattari, 1977: 316）

这一父性教育学欲求重新书写这名儿童的身体，以便它能够欲求着它自己的惩罚，这样一来，除了免于惩罚，它就不会再有任何享受。在这一身体所及之处，无论内在还是外在，身体性运动都不被允许逃脱这一测试。没有什么能逃脱这一神圣的检查员，而所有人都只将视线朝向他。家庭、学校与工厂都忙于这一秩序的生产，而这一秩序只允许崩溃、机械化或焦虑，而非革命。这一秩序有其发生学，由父亲通过儿子传递，而通过身体复制了家庭、教会与国家的那位母亲，则目睹了这一切。这一性秩序与体操秩序代表了两种医疗化国家的精密关联；薛伯的家庭服务于这一国家，薛伯亦将他的《回忆录》题 179
献给这一国家——因为这一回忆录在他妻子的理解之外，还是一种具有科学意义的论述（O'Neill, 1986; Sass, 1987）。同样，这一《回忆录》一直都在随着家庭的罗曼史而飘荡，无论它在何种程度上冒犯了科学与医疗秩序，更不必说任何法西斯式的国家清洁，尽管桑特纳（Santner, 1906）关于薛伯的“私人德国”的论文有其意义。

如此，这一母亲身体、妻子身体以及神圣处女在薛伯的变身里并没有分离，与她们在该俄狄浦斯家庭的侧边祭坛上所崇拜的那神圣家庭中的状态并无区别。简言之，在每个人的欲望之中都有一个神佑论，正如有一位圣子，其天真无邪超越了父性繁殖与绵延的欲望，同时又是我们每人都想要的孩子，无论男女。我们对于圣母着迷/出神的基础在于其对性差别问题的悬置。这一性差别问题，总是会抹消而又复新该悬置。这一对于母亲身体（玛利亚）的着迷/出神，在父亲（约瑟夫）缺席的情况下得以构建，而她对于（上帝之）爱的回应的神秘性，也得到了回应……然而约瑟夫所观察到/遵守的并带到坟墓之中的，除了沉默，并无话语。几乎没有人会向约瑟夫祈祷。这个人爱着他的家庭，哪怕在这个家庭受孕之时，他并不在场。为了这一家庭，薛伯也作出了他自己的牺牲。约瑟夫有一个儿子，而薛伯领养了一个女儿。薛伯的描述/烙印标示了他向上帝之爱的这一转变。薛伯的女性化以及接受母性子宫并不是他雌雄同体的符号，而毋宁说是一个超越阳具与性差别的阶段。薛伯的苦难也以类似的方式超越了男性与女性的痛苦，而薛伯承担这一苦难也与施虐—受虐性变态毫无关系。另外，薛伯的受孕并不要求他接受一个阴茎—男孩。作为上帝的妻子，他充溢着新的生活，以便复新人的时间，而非复制其旧式区隔与成熟秩序。薛伯的女性化身体在未经蹂躏的情况下就已经盛开。就如同基督的身体嫁给了他的妻子以及母亲教会一样，薛伯的神秘身体复新然而却并未复制出人类之性。这一神圣之名（the Holy Name）的传递在没有授精、没有性区隔或主动性与被动性质区隔的情况下散布开来，因为它所要求的，乃是爱的开放心灵，那种被上帝之天使所探访过的回应能力。薛伯将那一神圣阴影向下拉到他自己身上，万事万物都在其中有其起源和沉眠。薛伯逃脱了那个分析师的躺椅以及医院的病床，因为爱的身体并不会躺在俄狄浦斯的床上。所以这一《回
180 忆录》被置于弗洛伊德的桌上，以便他进行一场回溯式的分析，为了一种事后性的同性恋化，它被从薛伯自己的嘴中、手中、肛门中撕下，从他们天堂般的飞行与神圣的再生之中割裂开来。薛伯的疯癫从精神疾病那里被拯救出来，然而弗洛伊德仅仅是为了征用他的神经质身体，以便成全精神分析史。如此，薛伯的身体被一劳永逸地分割成主动与被动的同性恋身体，或者是同一种古老之性——你自己从你自己的孔穴之中所看到任何一种性别。

弗洛伊德坚持认为，被治愈的幻想代表了那个重新进入子宫的欲望，以便从那里体验到与父亲的性交。然而，如果这一《回忆录》的目的，如我们此前所述，意在重新复原薛伯在其疾病之前与他妻子之间的关系，那么这一文本婴孩就无法发现天堂，而我们也会发现弗洛伊德对它的阅读有多么的次序颠倒。薛伯再次落入了医生的手中，这一次，医生立志要在那个子宫之中追求他，以便满足那同性恋妄想症的法则。不过，弗洛伊德也并不是那么确定：

> 在我的理论之中，是否存在着比我所愿意承认的更多的幻觉，这是一个留待未来去决定的事情；或者说在薛伯的幻觉之中存在着比其他人更多的真理，这也是一个有待于将来去相信的问

题。（SE XII: 79; PFL［9］: 218）

在一个完全明亮的世界里，我们失去了自己的阴影。这一悲剧只有在
身体与其阴影通过启蒙的技术而分离的情况下才得以可能，例如那些
全景敞视主义的教育学。它们制造了薛伯的谵妄之梦，咯咯得咬住了
脐带，还有身体对于那不可知之物的依恋。所有的生命都承载着它而
驶向死亡。然而我们的生命是在围绕着母亲身体、语言和爱的小小死
亡的循环之中驶往其终结点的；经由这一环路，一个单独的生命复制
着生命本身与文明；这二者又合力制造着出生、婚姻与死亡，将死亡
与生命牢牢约束在一起，让每个人都“超越快乐之原则”。如此，在
仅仅是“无助”（*Hilfloslosigkeit*）与放弃母亲 / 被母亲放弃（去 / 来）
之间，打开了这样一个故事；我们在其中努力承担着自己的生活，对
抗着文明之满足（*Befriedung*）与不满（*Unlust*）；而这一文明的兴衰
起落，都已经在俄狄浦斯、哈姆雷特、薛伯或多拉这些人那里被戏剧
化地上演了。毁掉生活的是退行的诱惑（疾病、自杀），是断掉或咬
啮与母亲身体之间的脐带的诱惑；这一母亲身体的周期性，是每一个
作为他者的文明化了的节奏与我们生活之中的礼仪的框架。而我们正
是经由这一节奏与礼仪，才习惯了受制于那生死循环的第二秩序之叙
述。为了避免一种双重创伤主义，即这一婴儿身体组织起他自身、其 181
感觉、判断与言论，而且这一组织本身的接替是经由如下种种环节完
成的：社会组织、语言的惯例、家庭、宗教、经济以及它的科学这些
装扮了个人的生与死的集体感并且在各种故事之中“拯救”了其进展
的环节。它的结局，则是一种在身体自身的层面上和在社会层面上，
对身体经验的重复之中的双重快乐。

文明庆祝着人类的求生与不死意志，只允许以其独有方式死亡。文明化了的存在与死为邻；一种文明化的社会则持续修复着生命的篱笆。它安抚着患病与濒死之人，包容着疾病与死亡。以此方式，我们将生命设定为一种针对死亡的界限，并且通过这一文明化的想象，将死亡承认为生命的界限。只要这一文明化的幻想被削弱，死亡的深渊就会在我们面前隐约展现，并且诱惑着我们去自杀、去谋杀。由于缺

少这一点，我们捍卫着自己的生命，对抗着其终点与起源的极限，以便将自己培育成为那些在我们的家庭经济中的他者；这一家庭经济的智慧，隐藏在那被暴风雨所肆虐的天空下的生活之中，我们并未窥视这一智慧的崇高庄严所在，正如我们未能窥探自己的那些梦境的黑暗脐带一样。如此，薛伯的世界，并未终止于他所见到的世界的尽头。毋宁说，在他的梦里，他穿越了这些世界的尽头，以便对抗每一种灾难，直到他建造起了一道壕沟以对抗那被污染的河流对于她在巴西时[①] 的内心深处所建造的那所房屋的威胁。在另外一个版本之中，他被绵延不断的祝福所淹没，也就是说，这些祝福淹没了他的感觉，破坏了它们的周期性以及关于行动和休息的可以感知的交替。因此才有了薛伯的失眠与其永恒女性身体的美丽这种同时存在的恐怖——尽管后者的周期性已经被薛伯所改变。像但丁一样，或者像儒勒 - 凡尔纳一样，薛伯进行了一场地心旅行记，因为在这一旅行之中，考古学变成了妇产科学，而地心就是在这个儿童的梦中其在母亲身体里那个原来的家的脐带。

一旦薛伯从他的神圣越界旅程返回，通过地球的肠道，到达了他真正的疯人院，他就满足于待在家里，与他的妻子一起安享于他们那“老爱人”的宁静，而不必理会任何一种在先前散播到身体与理智之中的蛹变与传播。这一《回忆录》标画出了一处空间，使得薛伯可以在此设法反转那关于他的语言的双曲线的泛滥，并将其包含进基础语言之中，而这一基础语言的委婉语和矛盾修饰法代表了薛伯要将意义与无意义约束在一起的绝望努力。薛伯所寻求的，是一种灵魂的
182 婚姻。它可以复新那关于他自己婚姻的底线，而不必抹掉那子宫的周期性。但也正是通过这一周期性，男人和女人才能尽享没有永恒的结合，正如它自己通过儿童这一祝福所铭刻的那样。在这一《回忆录》

---

① 在薛伯的回忆录中，有“我穿越了地球，从拉多加湖（Lake Ladoga）直到巴西，在那里，和一位侍从一起，我在一栋像城堡一样的房子里，建造了一堵墙，以保护上帝的领地，对抗那汹涌而来的黄色潮流：我将其与梅毒感染的危险性联系在了一起”（Schreber, *Memoirs of my Nervous Illness*, 1955/2000, p. 79）的句子。拉多加湖位于芬兰与俄罗斯之间，薛伯年轻时曾在那里游历过。

所创造的想象力口袋之中，薛伯将自己投射到那一神圣阴影里，在这里，万事万物都有其起源与睡眠。薛伯的歌曲安静下来，而他那关于神迹鸟类与虫豸的花园也向想象力关闭了；激发这一想象力的，是一种违背繁殖律法的自发性代际。但是薛伯的疾病并不能为这一想象力大门的关闭进行辩护。毋宁说，它构型出一种死亡的模型。那个无组织化的爱之身体欲求着这一模型，而其生殖，则在昏厥、晕厥和对于身体的小小死亡的捕捉之中翩翩起舞了。

薛伯的天鹅之歌

精神分析有着浓厚的动物寓言集的特征。这或许是由于灵魂飞入了那些梦境、神话与疾病之中。我们对于动物的谋杀性惧怕的漫长历史，无疑已在灵魂之中烙上了印记。因为我们对于自己极为危险，所以我们有必要从某些造物那里，寻求保护、警告与建议。这些造物对我们的服务，已经得到了它们在人与社会之间的那个世界或空间之中的起源的担保。我们甚至为这些动物分配了心灵，尽管我们从中所读到的，只不过是我们自己的心灵。我们的想象力同样被吸引到那蛮荒之地、奇幻之境，被吸引到那里的那些在天地之间翱翔的造物身上；我们尤为关注那些混合体的造物，诸如狮身人面像的半狮半女人。所以，这样看来，一直都存在着一种关于动物寓言的漫长历史。我们自己的文明由此可以被追溯进入那驯养 / 家务之中。这是我们想象力的栖居之地，是我们寻求成功或失败的向导之所在。尽管弗洛伊德老于世故，尽管有着针对偶像的犹太禁律，尽管弗洛伊德对于古董的搜集早已公然违背了这一禁律，然而那些案例史还是经常会屈服于这样一个明显的证据，即精神分析有其自己的动物寓言集。尽管信徒们通常会忠实于这一搜集，并且将其作为弗洛伊德那考古学激情的源泉，然而我们还是要指出，弗洛伊德所着迷的鸟儿形象，尤其混合了人与动物的形象（例如，他的鹰头形象、人头鸟、伊西斯［Isis］哺乳着婴儿的何露斯［Horus］[①]，以及当然还有伫立在他面前的写字台上的雅典娜）。弗洛伊德的马、狼以及老鼠遍布于他那些著名的案例史，并为其中的两位患者提供了名字，亦即鼠人与狼人；而他自己那异乎寻
183 常的关于秃鹫与风筝的混合，也是他所寻到的列奥纳多的科学与艺术创造力的同性恋起源的核心（O'Neill, 1996: 181-200）。

尽管有风险，我们还是想要表明，薛伯的创生被那些神圣的鸟类——例如凤凰和天鹅——所保护着，而不是受到了弗洛伊德的交配与论辩式鸟类的保护，例如鹰或者是阳具。在一种形象之中要向愚蠢的、“像鸟儿一样呆傻的”年轻女孩祈祷，而在另外一种形象之中，这些年轻的男孩们所害怕失去的，是其“小小的鸟儿”。在薛伯案例中，弗洛伊德不仅选择将一个神话性欲化，而且还坚持认为这一神话是同性恋式的。然而我想要论证的是，异性恋的相对神话，或许就是单性繁殖的超验神话。在此，恩斯特·琼斯（Emest Jones）或许在薛伯的谵妄性创世的精神分析方面是一个好的向导，因为甚至他那关于创造性精神的气态版本也都是通过鸽子这一代理或者是圣灵（Holy Ghost）而记录了性经济的支流边道。然而琼斯（1974: 269）最终屈服于弗洛伊德的移置理论，将其作为关于存在的高级与低级秩序的定论：

Gaude, Virgo, mater Christi,　欢喜的圣处女，基督的圣母，
Quae per aurem concepisti,　感知 / 孕育 / 听到了
　Gabriele nuntio　加百利那位信使之言
Gaude, quià Deo plena　喜悦，因为，充盈着上帝
Peperisti sine pena　你的生育，没有罪恶，伴随着那
　Cum pudoris lilio.　纯洁的百合花

在希腊神话中，一位神祇若想要让一个年轻的处女怀孕，就必须要

① Isis、Osiris 与 Horus 的故事，以及其中的飞鸟意象，见于埃及神话。也有人认为 Isis 是圣母玛利亚的原型。

以蛇或者天鹅的形态对她显现。在基督教神话中，上帝与他的信息即天使报喜（Annunciation）同在。处女玛利亚的无性受孕是由天使加百利敬献给她的百合花而构型出来的，受孕的方法是给予她许可。这一点由鸽子的符号所表达。鸽子是上帝最初的却又被压抑的妻子，是圣灵，是在创造的第一个行为之中，从水中带来生命的。然而，在后来的传统之中，这三位一体的母性起源，被男性原则所压抑，而这又反过来决定了那个神圣之鸟的阳具性受孕，弗洛伊德未加批判就接受了这一点。琼斯注意到，对于这一鸟之形象的着迷，是由缺少所有的外部生殖器所决定的，并且因此而像一朵花一样，暗示了无性之爱与繁殖。但是他以还原的方式解读了这一点，亦即从那个年轻男性的阉割焦虑这一出发点入手。结果是，尽管基督徒们相信这一乌龟—鸽子的声音是上帝在地上声音最为切近的回响，然而对于弗洛伊德主义者而言，鸽子们之间的交头接耳、喁喁私语和谈情说爱都是求爱之女人气的标志，并且如此才有了这一基 184
督教的处女通过耳朵以及预先排除父亲原则而受孕的神话的同性恋源泉。

神与人类种族通婚的谜题，也可以用非精神分析的术语提出。这样一来，它就是一种关于对人类经济的入侵或者侵犯境况的结构主义问题了。这一入侵或侵犯来自于神之存在以及随之发生的神迹谱系；这些神迹谱系在处女生子这样的神话之中得到了宣扬，而且，我们即将看到，也在薛伯的上帝所造成的女性化神话之中得到了宣扬。里奇（Leach）用如下术语精妙地表达了这一谜题：

> 在自然物理与形而上学之间有什么区别？一种看待这一问题的方式是将现在—不行（not-now）等同于另外一个世界；在这种情况下，过去与未来作为对方的属性而合并，以对抗作为真实生活的现实经验的当下。在“此时—此地”与“其他”之间的关系也就因此可以被视为一种下降（*descent*）。我的祖先们属于“其他”范畴，我的后裔们也是如此。只有我在此时此地……
>
> 然而这两个世界的分离还不够，它们之间必定还存在着连续

> 性与中介。联想起软弱无能的（男）人们是强大有力的诸神的后裔这个观念，我们就有了那个乱伦教条：诸神与（男）人们或可建立性关系。处女生殖的教义和与人类男性性欲无关的教义都是作为这种神学的副产品而出现的。（1969: 108–109）

这一处女母亲的悖论或神秘性并不归因于薛伯的疯癫，正如它也不归因于俄狄浦斯神话一样。这是因为在这两种情况下，都是集体在通过这些故事而思考自身。换句话说，性差别的悖论，母性与父性，都在每一个代际之中重复，并完全淹没了所有那些自己去解决起源问题的婴儿理论家们。各式各样的神话发挥着传递人类苦难的功能，实现着和解，强化着家庭与共同体。这一处女母亲得以同时从性交与劳动之中解脱，并在同时用爱的目光，注视着所有那些处于劳作之中并且心里感到悲苦的人。如此，玛利亚向我们提供了她用来供那神的儿子吸吮的所有乳汁，正如伊西斯照顾着她的儿子何露斯，或者是像克利须那神被他的母亲德瓦姬（Dewaki）所照料，宙斯被阿尔泰娅所照料一样。在一天晚上，在照顾赫拉克勒斯（Hercules）的时候，朱诺（Juno）的乳汁飞溅过天空，创造了那条乳汁之路（Milky Way）——我们的银河（*galactose*=milk），这也就是为何来自于天堂的婴儿们从一开始就习惯于其母亲的乳汁！如我们所知，弗洛伊德的愿望是能够攻克罗马。基督教会也是如此。为了这一目的，教会通过对复活节时基督复活的顿悟，来反对罗马冬至时对太阳神赫里奥（Helio）[①]的崇
185 拜。这就平衡了那有着玛利亚作为月亮而反射着基督对人类之爱的光芒的天空。这一月亮象征着生命的规律，月经的周期，潮汐的涨落，持久的流动——永恒。通过一种圣人传记性的滑跌（hagiographical slip）[②]，玛利亚不仅与海水的潮落（*stilla maris*）有关，而且也与

① 该词来自于古希腊神话中的太阳神赫利俄斯（Helios）。Helios 是泰坦巨神许帕里翁（Hyperion）与忒亚（Theia）之子，是太阳神阿波罗（Apollo）的继任，每日乘四马金车在天空中奔驰，早出晚归，用光明普照万物。相当于罗马神话之中的索尔（Sol）。

② 圣人传记性的滑跌（hagiographical slip）意为在欧洲传统中关于玛利亚的神话传说不断从神圣的能指，降落为女性主义的神圣人物。

海洋之星（*stella maris*①）有关，并因此而作为一位治疗师，是每一个飘摇在海上暴风雨之中的灵魂都可以停泊的海岸②，从彼特拉克（Petrarch）到布鲁姆（Bloom），概不例外。这位洁白无瑕的处女，同时还镇压了她的竞争对手亦即那条蛇，以便为了控制女性周期与性知识，而这正是分裂男人、女人与上帝，亦即分裂男人、女人的东西。

我们建议将薛伯那成为上帝妻子的谵妄性变身，理解为一种单性繁殖的幻想。这一幻想来自于那个我们已在弗洛伊德式文学之中讨论过的三位一体的鸟儿神话。然而，我们这样做是为了选择一条能够允许我们定位来自于弗洛伊德、拉康与麦考潘（Macalpine）的诠释场景——来命名关于《回忆录》的评论之中那个重要的三重奏。我们希望表明，薛伯的天空之鸟既不是弗洛伊德那飞翔的阳具，也不是拉康的呆蠢鹅群，而是那对天鹅（the *swan pair*）——家庭夫妇。他们在一种与人类隔绝的宁静之中，飘荡在那湖水之上。弗洛伊德在理论上的固执己见，通过一系列的移动表现得清清楚楚。根据这些移动，弗洛伊德总结出，薛伯的太阳象征主义并不能反映他的母性幻想，因为太阳是一种父亲象征。弗洛伊德并没有追究在太阳城堡疯人院中，那个阴性太阳（*die Sonne*）是如何转变为一块石头，并从而使人无法再获得血或者奶，即爱或者认可的；他反而将那在太阳变得苍白之前对于太阳吼出的辱骂之词——“太阳是一个婊子”——视为是一种简单的对太阳父亲的反抗性。如此坚决果断的弗洛伊德，就是在他自已熟悉的“父亲情结”基础上去自我发现的；他对于这个太阳之中的女性气质的表达是：在象征的意义上，与太阳相对的是地球母亲，所以这一太阳必定是天空之父！

① Stella maris 是对圣母玛利亚的尊称，意为我们的女士 / 神，海洋之星（our lady, star of the sea）。这一尊称被用以强调圣母玛利亚作为希望的象征以及对于基督徒，尤其是异教徒 / 非犹太人的指引作用。

② 本句源自于法兰克圣徒、加洛林王朝神学家 Paschasius Radbertus（785—865）在其作品之中的句子：“lest we capsize amid the storm-tossed waves of the sea.”

> 因此，这一太阳完全就是另外一种父亲的升华性符号，在指出这一点的时候，我必须要说，我不会为在精神分析所提供的解决方案中的单调乏味性而负责。（SE XII: 54; PFL［9］: 190）

弗洛伊德重复了莱纳赫（Reinach，1908—1912）所讨论的那个希腊罗马式神话，即雄鹰测试其后代的方法，是带他们直视太阳，那些无
186 法通过测试的后代会被扔出鸟巢。然而库蒙（Cumont, 1960［1912］）指出，这是由伪朱利安（pseudo-Julian）所引入的一个污点。无论如何，有趣的事情在于，弗洛伊德强调了已去世的父亲作为薛伯的儿子身份的最终测试。薛伯并没有通过这一测试，却被精神分析所拯救。然而，如果我们认为薛伯的那个鸟儿是凤凰，具有自我重生的能力，或者是天鹅，可以将阿波罗载到太阳神那里，那么我们的鸟儿神话学就比弗洛伊德或拉康所梦想的要更丰富。阿特米多鲁斯在他的《解梦》（Artemidorus, *Oneirocritica*）之中，给出了在埃及神话中关于凤凰的两种解释。在其中一个版本中，凤凰，或者是任何梦到这一鸟类的人，会背负着他已死去的父亲（Hubaux and Leroy, 1939）。而在另外一个版本中，那个老年凤凰会振翅飞向一堆已燃烧的虎耳草（saxifrage）与没药树（myrrh），燃烧的灰烬之中会诞生出一只最终会成长为凤凰的幼虫。在第一个版本中，摩西将自己比喻为一只鹰，翅膀之上背负着他的以色列人民，带领他们走出埃及。这一凤凰仅仅将香料与死去的父亲带到太阳的祭坛之上，而鹰则有时被描绘为背负着他自己的幼子的形象，这或许就是与摩西有关的父亲形象的源泉（Graves, 1955: 206–208）。

涅墨西斯（Nemesis）或丽达（Leda）是月亮女神，是生中之死（Death-in-Life）的女神；在最早的时候，她与那位神圣之王，通过他变为野兔、鱼、蜜蜂和老鼠的季节性变化，直到她最终吃下了他，从而共同产生了爱的追逐。随着这一家长制系统的胜利，这一爱的追逐被反转过来。宙斯陷入了对于涅墨西斯的爱恋，而后者变为一条鱼儿以逃脱他，然后又变为野兽，最终在空中变为一只野天鹅。然而宙斯也变成了一只天鹅，并且强奸了她。而在另一个版本

中，宙斯化身为一只被老鹰追逐的天鹅，在涅墨西斯的胸部寻求庇护并且强奸了她。但是更为常见的，是那个宙斯化身为一只天鹅以便引诱丽达，然后丽达生下了阿波罗与阿耳忒弥斯（Artemis）；他们两个各自成了医药之神与预言之神，以及儿童之神，而丽达则成了生育之神。阿耳忒弥斯同时还是处女与狩猎女神、山野女神（The Lady of Wild Things）。在神话故事中，阿克提安（Actaeon）在外出游猎的时候，偶然看到了阿耳忒弥斯在溪流中洗澡。因为这一瞥，这位女神就将他化身为一只牡鹿；后者因之又被他自己的猎狗撕碎。在所有这些故事中，我们看到了一种爱的追逐的反转，这本应该引起弗洛伊德的注意。阿耳忒弥斯是三相月亮女神中的一位，在以弗所古城（Ephesus），人们将其作为宁芙女神（Nymph）亦即一位极度兴奋的阿芙洛狄忒而崇拜；然而作为一位老母亲，她又有其助产术与死亡之箭。简言之，我们所讨论的是命运或美惠三女神；她们将死亡表征为三相月亮女神的一部分。在此，这个三元一体也可以与斯芬克斯向 187
俄狄浦斯所提出的那个谜语中的三元一体关联起来，而父系继承制对于母系继承制的反转这同一个历史，也可与此相关。顺带说一句，我们值得关注一下阿芙洛狄忒的儿子赫马弗洛狄忒斯（Hermaphrodite）这个在性与政治上同时具有双重中间性的形象，起源于从母权制向父权制的转变过程中。他是神圣国王，戴着人为的乳房，留有长发，代表着王后。他的相对面是安德拉金（Androgyne）[①] 或留有胡须的女子，就好像塞浦路斯的阿芙洛狄忒（Cyprian Aphrodite）一样。如果这一女王的伴侣穿着她的衣袍，那么他只能代表她。必须牢记，阿波罗曾是黑暗之神，其符号形象是混杂的，就好像蛇、太阳、风、狼与天鹅一样。苏格拉底和柏拉图是阿波罗主义者，这一点可以从《申辩篇》以及尤其是《斐多篇》之中可以看到。在《斐多篇》之中，存在着从旧式神谕（the old Delphic）向关于灵魂的新神话以及关于理念的神话之转变。其中有一个故事，是柏拉图在去世以前，梦到了自己变为一只天鹅。苏格拉底也曾将柏拉图想象

① 希腊神话中雌雄同体之人。

为爱洛斯的学术祭坛上的天鹅，那位飞进了其导师的胸怀之中的天鹅。

我们可以认真考虑一下弗洛伊德对于鹰和鹰的幼子检测程序的偏好。它不仅指向了薛伯的父亲，而且还指向了作为精神分析之父的弗洛伊德自己。我们由此联想起弗洛伊德对于荣格（年轻人）与阿德勒（鹰）的拒斥，将他们从巢穴之中扔出。这位将会征服罗马的人，所要征服之地的帝国之鸟也是鹰。在此，鹰是那位亚历山大大帝之神圣与不朽的测试。然而如果这一测试是（不）能直视脸上的阳光，那我们必须要问，这一恐惧的源泉是什么？弗洛伊德说，这一太阳就是父亲。但是，如果像神话所说的那样，这一太阳是母神呢？如此一来，要与她合为一体的欲望，要在烧尽地球生命的糟粕之后被运往她的欲望，或许就能比弗洛伊德的解释，解读出更多薛伯关于太阳的概念 / 孕育。那么，这个太阳就会是薛伯的镜子。他在其中被驱散。那个微妙的身体，要么依靠独身生活的翅膀而飞往上帝，要么是在那个超越欲望区隔的独身婚姻中而飞往上帝，并在其间渐行散播了。在尼采那里，语言也和鸟儿及虫豸（与鹰和蜘蛛）一样迁徙，以便通过其对于越界、多重性与强度的肯定，而超越性差别与性依靠的界限（Blondel, 1977: 150–175）。尼采歌唱着在万事万物得以成形之前，在万事万物变为其源泉的可怜复制品之前的光。他歌唱着那个万事万物都以偶然之足起舞、在实用与目的 / 意义之前的时刻。[①] 然而弗洛伊德将“日出之前”（*Sonnenaufgang*）这一章，阅读为对父性（摩西）律法的乞灵及其传
188 统的对于事物的受精——那些事物，既无法超越、亦无法许诺离开一种具有非凡惩罚的历史。弗洛伊德对于父亲情结的坚持，错过了同时存在于尼采与薛伯那里的这一母性的发生学，错过了存在于（男）人那里的向儿童的重返，向俄狄浦斯区隔发生之前的阶段的重返。它忽视了那个要被发现的欲望，那个动员起男人的女性气质以及生育后代的欲望，它来自于一种新的性结合，来自于对于对立的悬置，正如当狮子与绵羊躺在一起，或者当鹰与天鹅拥抱在一起一样。然而，弗洛

① 参见尼采：《查拉斯图拉如是说》卷三，“日出之前”。

伊德既无法在烈日当空的时候看到，亦无法在黎明之前起舞：

> 这是查拉斯图拉在太阳正当午时，告诉自己心灵的内容；然后他望向空中，疑问着，因为他听到了一只鸟儿的尖锐叫声。看哪！一只鹰高飞过天空，划出一个大大的圆圈，而在他身上挂着一条蛇，不像是猎物而像是朋友；因为她自己环绕在他的脖颈上。“那就是我的动物了，”查拉斯图拉如是说，并且心里高兴起来。（Nietzsche, 1968: 136–137）

弗洛伊德几乎没有注意到薛伯与他母亲或者他妻子的分离；而薛伯自己的母性欲望又被他妻子的数次流产以及在弗勒希西格诊所之中接受的阉割治疗所加剧。弗洛伊德将薛伯的共谋性论著置之一旁，以实现他自己的假设即弗勒希西格医生、上帝和那位父亲都是一个父性形象，曾被薛伯所爱过，后来又为薛伯所恨，因为他们禁止了这位婴儿的自慰性快乐。尽管他承认，在薛伯的神经症中，疑病症是一个比自慰更大的因素，然而他却从未立论于此。薛伯担心他的家族谱系会灭绝。弗洛伊德对此也有评论，然而却将更多的注意力集中在那个假设，即如果能够生育一个儿子，那么薛伯就会将他的同性恋感觉在他的父亲与兄弟那里升华。他坚持认为，薛伯和他的兄弟热爱父亲，尽管他的兄弟自杀了。然而我们却明白，薛伯与他的妻子领养了一个女孩。我们认为，这位被领养的女儿是薛伯婚姻强度的一个证明，也是他们想要经过一个健康的身体而生育一个孩子的欲望之证明，尽管他们已经被否决了这个方面的幸福。弗洛伊德坚持认为，薛伯只想要那些“他精神上的孩子们”，即将自己的妄想性宇宙论扎根于其中的那些生物。然而这些孩子也是来自于他父亲的教育学手册，即那个压迫性体系的代表形象。薛伯相信，正是那个体系毁掉了他的灵魂，让他无法承受新的生活。

弗洛伊德用透视法缩短了薛伯的家庭浪漫剧。他不允许这一循环 189
自我更新。他没有看到这对伴侣受到了孩子降生之祝福的第二次婚礼。这是薛伯的梦。一个孩子的缺失让他的肉身腐朽，并谋杀了他的灵魂。他因此从性差别之中飞出，飞入了一种作为上帝另外一面的女性气质之愉悦感的视野中：

> 有些男人和女人一样好。确有其事。而且这样的人因此而感觉良好。尽管，我不会说他们的阳具，尽管它其实有损于他们，然而他们也还有此想法，他们感觉到必然存在着一种超越性的愉悦感。那就是我们称之为神秘的东西。（Lacan, 1983: 147）

作为对一种母亲身体之双重排斥的回应，薛伯变成了那个“外在之性”（outsidesex）（Lacan）。首先，他父亲的教育学狂热已经霸占了在他自己儿童期的母性功能。然而尽管薛伯或许在他自己的婚姻之中复原了那个父性功能，但是他的妻子却已经被证明无法生育。薛伯关于女性愉悦感的视界，灵感来自于上帝新娘的神秘婚礼作为人类灵魂的最高之善。薛伯的妻子爱她丈夫的地方就在于他所渴求的知识，即若有个孩子作为祝福会怎样？

薛伯并不抱怨无法入睡。弗勒希西格博士曾许诺让他进入一种深度的、“丰富的”睡眠，然而这令他大失所望。没有睡眠，就不会有梦。没有梦就不会有受到梦所保护的睡眠。薛伯饱受噩梦折磨。他必须从中拯救自己，除非他被他的守卫们谋杀或毒害。那些守卫们甚至曾设法征召上帝加入他们那可恶的契约。在薛伯惧怕酷刑与堕落的背后，弗洛伊德发现了他对于父亲的被动性同性恋之爱。薛伯已经将父亲反转为一种外部的迫害力，在声音之中、测试之中和各种计谋之中时刻萦绕在他的心头。这种干预的程度与日俱增，直到薛伯变为上帝所关注的唯一客体 / 对象。弗洛伊德称之为他的“妄想狂”。然而我们知道，薛伯的父亲曾发展出一种全景敞视主义的教育学，可以将每一种行动、思维与感觉都置于道德的显微镜底下。在这一行为中，这位父亲让母性功能黯然失色，而他的自恋也不会允许他自己去爱这名儿童的需要。一般而言，母亲会调和这一冲突，这要看她自己的自恋程度与她跟那位父亲自恋者的联盟程度。我们有着足够的证据表明，弗勒希西格医生过度关心着他自己身体的完美性，还让他自己作为模

特，在体操课程上供人绘画。薛伯自己所完成的向上帝的移情，让他 190
能够分隔开那个父性联盟，分隔上帝最初不受干涉的创造与他和弗勒希西格医生之间的联盟，并且重新将他的母亲与妻子纳入他自身作为上帝的处女配偶的变身，缝合他与母亲最早的关系，以及他所冀求的与妻子之间的关系。为了做到这一点，薛伯将这一女性身体附着到他身，并在他与上帝的变形化关系之中，复新了其乳房与子宫——上帝间或也会操作这类神迹。一旦薛伯完成了他的移情，他就能够将其缓和，用语言表达出他那些无法感知的精妙变身的证据，并在任何事件中都充分地容纳它，以便能够成功地论证他自己在疯人院以外处理自己事务的能力。

如果薛伯的父亲确实杀害了他的母亲，那么我们就不必否认薛伯的自慰或他的被动性同性之恋，因为这都是丢失了母亲身体的后果。所以薛伯梦中大量关于其身体遭受毒害与腐烂的内容，都在表明那个好乳房的丢失，而作为替代品的父亲乳房又拒绝给予这名婴儿它所想要的东西。薛伯设法生存了下来。然而一旦他妻子被证实由于流产而无法生育新生婴儿，他的压力就过大了。比较起薛伯的法律与政治生涯方面的压力，这一点或许能够更好地确认他的精神疾病的发作点。这一父性教育学——安静！不要动！——反过来又在疯人院的新设备之中淹没了薛伯。他变成了哑巴，患上了紧张症。只有他妻子的探访以及她与他共同进餐才能够让他从完全的失智状态中恢复。每当她必须要离开他一会儿，薛伯就不得不通过在上帝的愿望之中移入这一状态来取代他的身体。在这一狂喜 / 出神之中，他就从自己家族谱系的失败之中被拯救了出来。作为一名作者，薛伯重新获得了他与自己生于斯、长于斯的学者式家族之间的关联，在这个层次上，他制造了一种启蒙了的神学，于其中，上帝再度允许人类依照自己的本性去做他们自己，克制住了由薛伯父亲所建构起来的那种疯狂教育学。薛伯父亲以干涉主义与惩罚性上帝对于世界的统治之名所创建的那种教育学，没有任何可以让母亲（*永恒的女性*）的温暖所中和的内容。

罗斯拉托（Rosolato, 1969）建议我们将起源的幻想视为一种矩阵 / 母体（matrix），其他关于父性、单性繁殖与雌雄同体的想象都围绕着它而在原初场景之中合力生发出来。如此，克莱恩（Klein，1977）对于口腔虐待狂的观点，或者是费伦齐（1968）关于母性的阳具纳入己身的观点，就都可以被视为是在原初场景之内的变奏，并同
191 时影响着视线、声音与气味的感受性命运了。这一原初场景不必再被简单理解为父母交合的场景。它包含着大量的参与性场景（attendant scene）；它能够激发愤怒、不确定性、迷失以及被引入到这一家庭罗曼剧及其种种隐秘之中的婴儿方面的拒斥。从这一点来看，这一原初场景是由一系列困难构成的，这些困难来自于双重的认同之中：一方面要在任何其他客体 / 对象之前认同于父亲，而另外一方面则要将母亲认同为那个客体 / 对象。在妄想症的案例中，如果这一父性认同由于母亲身体的缘故而受到阻碍，那么这一婴儿就会在各种对立之间振荡，无法完成认同，除非是通过针对母亲的谵妄性、自恋性认同。如此，这一父亲就被唤醒，正如哈姆雷特的幽灵一样，鼠人每一次的爱都要与恨相对。薛伯也曾发明出一种谵妄系统，以便为了复新这一父性教育学。在此，薛伯能够在一种隔离的空间里保留他的妻子——在那个湖上，他们像天鹅一样飘荡，正如在他患病之前的“旧日时光”中如胶似漆一样——而这本题献给她以及未来读者的《回忆录》，也要求自己从薛伯疾病的碎片之中被拯救出来。

我们或可看到薛伯在他最为暗淡的时光中所留存下来的两种飞翔路线：

（i）《回忆录》——一种对抗性文本，对抗那个医学—教育学体系；

（ii）薛伯夫人——写作、音乐、诗歌以及那本《回忆录》都是作为一个重返他们的旧日日光与在宁静中重新团聚的未来。

如此，同时强调薛伯《回忆录》更为宽泛的情境背景和它的“内在文本”，即父亲情境或那个教育学作品，这二者就很重要；那个教育学作品已经融入了薛伯本身的或可称之为“像—个—女人—那样的写作”，允许大量尼采式的暗示性话语，非常不同于弗洛伊德在其天鹅

之歌中所听到的内容。后面我们将会讨论这一点。但是现在，有鉴于拉康对于薛伯的评判性解读，我认为在我们进入拉康之前，有必要通过另外一扇门来进入这个文本。弗洛伊德与薛伯都致力于遮蔽一种父性失误。结果是，它要求相当程度的历史学研究，以发掘被薛伯称为“灵魂谋杀”的这一实践的发生学，正如在关涉到弗洛伊德对他父亲的不当行为（如我们在鼠人案例中所见，这是一个核心议题）之羞愧心这一议题时，也需要同样的挖掘一样。根据这些线索，拉康对于“那位—父—之—名义的止赎权”（foreclosure of the Name-of-the-Father）的强调，就会为了满足其语言学线索而有丢失历史学线索的危险。薛伯的《回忆录》构成了一种针对其父亲的医学室内体操（1899）的司法神学性的反抗文本。它们是他变为“女人”的记录； 192
经由这个女人，上帝或可拯救一种行将死亡的发生学。在这一发生学中，法律、科学与神学都被认为是人类文明的决定因素——“令人难以置信的脚本”。这一转变过程的记录，当然必须要包含那努力要淹没薛伯原初自恋的压抑力量的回归。

我们并不知道薛伯的母亲对他的疾病有何种反应。我只知道，他最初是在她的寓所中患病，而他最终的禁闭（1907—1911）也与他母亲及妻子在 1907 年的去世有关。我们知道薛伯与他的妻子非常恩爱。她会在他的禁闭期里，每天去看望他并与他一起用餐。她在 1894 年由于去探望自己的父亲而有四天没有去看望薛伯，这成了薛伯屈从于他的幻觉的重要因素。在《回忆录》中，薛伯反复表明了自己的忠诚，以及他愿意与他的妻子共同分享他的奇特经验，以便只要她愿意，他们还是能够共度这段不幸的婚姻。在这里存在着某些与他父亲在生活上的类似之处。他父亲在头颅骨受伤之后，闭门索居，只允许他的妻子看望他。薛伯关于上帝的女性与男性领域的混合形象，也重复了存在于他的母亲与父亲之间的约定。他们的结合已经征用了这名儿童的口腔、肛门与生殖器性欲，以便将其指向上帝。然而薛伯似乎已经幸存了很长的时间。当他确实崩溃时，他的策略是要通过认同于圣母玛利亚及其童贞的概念，而去忽略那父母之联合。在此，这位父亲不再刺穿他的孩子，因为性不再成为问题，而且这一母亲身体也同样从父性支配里被释放出来，作为太阳母亲而发挥功能：

> 或许全部的真理在（以第四维度的方式）于两个朋友的结合或者组合，这一无法为人类所理解的观念。无论如何，这一光明与温暖——给予这一太阳以力量，让她成为地球上所有有机生命的起源——只能被当作一种那个活的上帝的间接展示；因此，自古以来，有如此之多的人将太阳作为神而崇敬，实际上包含着一种真理的高度重要的核心，哪怕它并不包括全部的真理。（Schreber, 1988: 46）

薛伯努力要将母亲从她与父亲的关系之中解脱出来，这一点可以从他的回忆中看出。他回忆那位太阳母亲如何以人类的语言，以培育的方法而非命令的态度向他说话：

> 193 无论今天的天文学是否已经掌握了关于星辰，尤其是我们的太阳发出光—与—热—之力的全部真理，我自己的个人经验还是会让我心生疑惑；或许，我们必须将她直接或间接视为仅仅是上帝神迹的创造之力中，指向地球的一部分而已。作为这一陈述的证据，我现在只需提及这一事实，即在多年以来，太阳就已经用人类语言向我说话了，并且还表明她自己是一个生物，或者是作为她背后比她更高级的存在的器官。（Schreber, 1988: 46–47）

在此，我们能看到薛伯在动摇，然而却仍然坚持那位太阳母亲有她恰当的哺育功能，哪怕她隶属于上帝。无论是否能在这一对于神祇伴侣的想象之中看到原初场景，薛伯的关注点都是要分隔开那父辈伴侣，让他们各自处于恰当的领域中。尤其是，当这一上帝父亲推翻了母性秩序的时候，他不过是侵犯了他自己的造物：

> 经由从太阳和其他星辰所发出来的光线，上帝就能够觉察到（人类会说：看到）发生在地球上的万事万物，也可能觉察到

> 其他无人居住的星球上的事物；在这个意义上，我们可以形象地说，太阳与星辰的光线都是上帝的眼睛。他将自己所看到的全部，都欣享为他的创造之力的果实，就好像人类乐享他们自己用双手或心灵所创造的东西。然而思想的秩序坚固无比——直至我们后面将要讨论的危机为止——以至于总体来说，上帝放任他所创造的这个世界……而且依赖于此才能够得以发展自身的那些有机生命（植物、动物、人类），而且仅仅由于太阳的持续不断的温暖才能够让它们存活与繁殖。作为一条规则，上帝并不直接干涉人类与个体的命运。我将这一点视为依靠世界的秩序的事物状态。（Schreber, 1988: 47–48）

这一段话引人瞩目。原因在于，它表明了薛伯复原了在他家族中科学家的发生学。这一家族曾经从其繁殖与循环原则方面而研究过自然秩序，这与他父亲想方设法要强加给德国人和他自己家庭的那种疯子教育学截然不同。在这一方面，该《回忆录》是宗教作品。它恢复了一种原初的创造。在这一种创造中，人类被允许在那个太阳母亲的恩惠圣光之下，成长与繁衍，而不受那位极度活跃的上帝父亲的父性强制命令的阴云所遮蔽。

拉康（1977c）同意，尽管那个父性（摩西）律法已经垮塌，然而薛伯与上帝却通过话语保持联系。无论我们对这一神圣话语做何种解读，我认为重要的是要看到这一《回忆录》同时在以神圣话语和公
众话语来进行报告。在这一报告中，薛伯关于不干涉的宣称，所指向 194
的是作为他者的读者。作为一名作者，薛伯试图同时占据创造者 / 被造物关系的两面。该《回忆录》努力用一种神圣的单线繁殖神话，重新构建这一俄狄浦斯故事。到目前为止，从这一计划中变为一个神圣阳具开始，薛伯的创世（*Verweiblichung* [*gynesis*]）代表了一个神佑受孕（而无须交合）的理想。这在一个孩子的诞生之中实现了。而且这不必是一个儿子，因为我们知道，薛伯与他的妻子领养了一个小女孩，“永恒的女性”（*das Ewig-Weibliche*）。拉康承认，薛伯的同性恋在此并不成为问题，尽管事实上，他对于所有事物的解读都是从对那

父性隐喻的排斥出发而展开的。事实上，拉康也已经接近于发现，被排斥的实际上是*母性隐喻*。不过拉康忙着与麦卡尔平“女士”调情，因此而无法听到她为那母亲女神的备选神话所做的论证。当然，在这里，拉康实际上是弗洛伊德的追随者。我将会表明，拉康同时也忙于嘲弄那对伴侣的妄想狂之表现，即俯瞰文明的崩溃并且受上帝召唤而去复兴人类。他认为这一计划（部分是由于他将［男］人类同性恋化了）超越了任何交配的力量。然而，拉康允许薛伯的能力经由那一《回忆录》而与他的妻子发生关系，同时也与公众发生关系，这一点就使得拉康不会消失于那个在不受父性限制而产生的言说的黑洞之中了。

麦卡尔平与亨特（Schreber, 1988: 369–416）认为，尽管弗洛伊德从早期关于力比多的理论到后期关于本能的力比多—死亡理论之间，有所变化，然而关于薛伯案例的评论者们却普遍被局限在了弗洛伊德有意摘取该《回忆录》的各类段落之中。弗洛伊德坚持认为薛伯的太阳象征手法所掩饰的是针对父亲的指涉，然而关于这一点的核心分歧在于，许多人认为，如果它并不完全是一种对薛伯“两性同体的”自我概念以及他对于生命起源的前俄狄浦斯式关注的标示的话，那它至少也是一种*母亲指涉*。例如，尽管弗洛伊德有着关于鸟类象征主义的非凡知识，然而他却将薛伯所听到的鸟类理解为呆蠢而易于受引诱的女孩，但是实际上，薛伯的鸟类却是天空之上的神圣造物，是人与上帝之间的中介，是新生儿的载体，是死亡灵魂的传送者。这与弗洛伊德的驯化 / 家庭鸟类截然不同。对于麦卡尔平与亨特来说，这一神圣鸟类的象征主义恰恰解释了薛伯的“灵魂谋杀”的概念，亦即他的家庭谱系的瓦解和他从那个生与死的永恒循环——其形象就是永恒的女性（*das Ewig-Weibliche*）——之中被排除了出来。如此，薛伯
195 的疑病症症状的其余部分，必须要被解读为妊娠幻想。薛伯设计这些幻想以打破他自己由于妻子无法将一个胎儿怀孕足月，而对于不育的恐惧。弗洛伊德自己关于这一婴儿的泄殖腔生殖理论的记述，支持了这一论证线索；除此之外，我们还有足够的证据支持在（男）人中的分娩—嫉妒或子宫—嫉妒假设，正如*父代母育*（*couvade*）这一原初

（如果不是现代的）实践所证实的。然而，这一精神分析的文学作品坚持从阉割焦虑与癔症的角度来解读这些现象，将薛伯的神经症以各种方式化约为弗洛伊德的第一版本及其对于《回忆录》的下流领会。

艾达·麦卡尔平为薛伯文本提供了一种更为宽泛的概念：

> 薛伯的愿望性幻想（wish-fantasy），即他能够、将会或应该育有孩子的幻想一旦成为病原，薛伯就患病了。与此同时，他开始怀疑自己的性。他的《回忆录》可以用这样一个副标题："生命源自何处？"；薛伯从各个方面讨论了繁殖与生命起源的问题：生物学、胚胎学、地质学、神话学、神学、天文学、文学以及超自然的方面。他关于这些领域广泛而翔实的知识，已经表明了在他患病之前那些兴趣的无意识决定因素。他的精神疾病是一种对于生儿育女的冀求；思考变为实在，并且夹杂在了一种拥有生殖、生命/活、死亡、再生、复活、死后生命/活、灵魂转世的循环之中。所有这些都围绕着创生的基本议题与他自己的创造性潜能。（Schreber, 1988: 385–386）

实际上，这一《回忆录》并不是一种疾病的历史，尽管在英文翻译中有此含义。《回忆录》是一位患有神经症的患者的记录。这一疾病影响了该患者延续其名贵谱系的可能性。在该谱系中不仅有薛伯本人，还出现过许多在知识界和科学界里的人物。而薛伯正需要科学与知识来撰写他在《回忆录》中的案例。这一《回忆录》，因此也正如薛伯本人所希望的那样，成为19世纪科学文集中的一部分，这不仅仅是因为弗洛伊德本人对于该神秘文本的兴趣所致。尽管该《回忆录》内容广泛丰富，然而弗洛伊德却将其化约成了同性恋化的背景情节，如此，他就便于将那些与生育、性转变与神圣启示的关切解读为妄想性幻觉了。麦卡尔平与亨特认为这一反转是真实的，即那个同性恋焦虑对于薛伯受到神迹协助的女性化孤雌繁殖（feminized parthenogenesis）来说，是次要的。类似的，尽管有鉴于弗洛伊德的讨论，然而弗勒希西格在薛伯疾病中的角色实际上还要晚于薛伯的精神疾病，所以，那个灵魂谋杀者的指控可能是指弗勒希西格试图阻止薛伯转变为上帝的妻子。如果薛伯成功了，那么薛伯家族的谱系必然
196 就会灭绝——这种可能性存在于薛伯如下企图的基础之中：通过培育肉感的方式而与那位神圣造物主一同复原，这就好像在《圣经》故事中的撒拉（Sarah）①，尽管年事已高，却感应了上帝的愿望，生育了一个孩子。薛伯作为一名异装癖者，终日等待着上帝的意志施展于他的身上。他绝非同性恋。他写就了《回忆录》，而且成功地实现了离开疯人院的愿望，回到了家中并且又重新开始了他的职业生涯达数年之久。尽管薛伯的妻子比薛伯多活了一年，但是她在 1907 年 11 月就已经罹患中风。然而，薛伯再度患病，并且在位于莱比锡－杜森的一家疯人院中度过了生命中的最后四年。他于 1911 年 4 月去世。在生命的最后几年里，他出现了严重的衰弱（debility）与婴儿化（infantilization）迹象。

我们不应该夸大拉康对于麦卡尔平和亨特对弗洛伊德之挑战的驳斥，因为这样会让我们盲目地依赖拉康本人对于弗洛伊德阅读之重现，或者是拉康所说的“反转的俄狄浦斯情结”。拉康认为，入侵了主体的普遍性问题在于，做一个男人或者女人到底如何，在生育与繁殖的各类符号中，这一双重问题被彼此绑定在一起。然而，他坚持将那漫游的力比多化约为井然有序的俄狄浦斯三角，以至于那前俄狄浦斯的爱之身体，只能从俄狄浦斯情结的回顾性角度来加以阅读：

> 关于倒错的全部问题，存在于构想/孕育那个孩子是如何在他与母亲的关系中，将自己认同于那个欲望的想象中的客体/对象的——只要这位母亲本人是用那个阳具作为符号来象征该欲望；他与母亲的这一关系，在分析之中并不是来自于他对于她的极度依赖，而是来自于他对于她的爱的依赖，也就是说，来自于对她的欲望的欲望。（Lacan, 1977c: 197–198）

① 亚伯拉罕的妻子，以撒（Isaac）的母亲。其故事见于《圣经》中的《创世记》与《加太拉书》。

如果要按照拉康所想，要“与弗洛伊德”在一起，那就要反对任何在（男）人与母亲身体之间的前俄狄浦斯式和谐。这就意味着要承认，那个男性心理已经被阳具性的信物完全刺穿，以便预先排除任何前俄狄浦斯阶段的可能性，而在这一阶段中，父亲的生殖功能会被避开：

> 将生殖赋予父亲只能是一种纯粹能指、一种认知而非真实父亲的后果，且是宗教曾经教导过我们将其指涉为那位—父—之—名义的后果。（Lacan, 1977c: 199）

弗洛伊德的儿子们通过领养的方式重返于他。他们以死去了的父亲之名发言。这位父亲的话语是那（摩西）律法，然而却从未成为肉身。以此方式，弗洛伊德主义者预先排除了生殖的礼物，并只有在神圣区
隔的剪裁下以及在亚伯拉罕的牺牲之威胁在俄狄浦斯式的谋杀性反转 197
之中，才接受了这一生活。精神分析在它自己的犹太—希腊—希腊—犹太神话学中，咬合住了其基督教的中间位置。

> ……那位—父—之—名义的隐喻，即那个在被母亲缺失这一运作而首先符号化的地方，替换了那个名义（the Name）的隐喻。

$$\frac{\text{那位—父—之—名义}}{\text{那位—母—之—欲望}}\quad\frac{\text{那位—母—之—欲望}}{\text{指向主体}}$$

$$\text{那位—父—之—名义}\quad\left(\frac{\text{O}}{\text{非乐斯/阳具}}\right)$$

（Lacan, 1977c: 200）

拉康认为，那个分离的阳具性或原初性能指，认同于语言（S），并没有被设置在薛伯的他者（父亲）那里，并因此而滑进了无意识中。没有了那位—父—之—名义的第二次压抑，薛伯的语言迁移进入了《回忆录》的神迹言说之中，在那里，他将自己重新构造为上帝的母性化/具形化奇迹。这一父性声音将薛伯化约为仅仅是对它自己戒条的

反思，拉康将其称为“幻觉式愤怒/挑衅的那个文本”，其结构如下：

（i） *num will ich mich*（现在我将要……我自己……）

（ii） *sie sollen nämlich*（至于你，你应该……）

（iii） *das will Ich mir*（我当然会……）

在此，薛伯听到了自我—父亲（Ich-Father）的回音。这位父亲的要求被俯首帖耳地听从，这位父亲的要求是瞬间的行动，所以这位父亲的孩子不外乎是对于父性意志的尽忠职守的反映。而这一意志，则是被一组附录式/补充式的禁令建构起来：

（i） 直面我是一个愚笨之人的事实

（ii） 至于你，应该作为上帝的否认者以及作为被抛弃的放荡淫乱的好色之徒而被揭露（一种基本语言的词汇），更不必提其他的事情了

（iii） 想想吧。

（Lacan, 1977c: 186）

如此，薛伯就必须反抗来自于父性编码的那个附加物，因为后者
的信息吞噬了他的身体，削弱了他身体的自然机能。这一斗争最为明
显的地方，在于薛伯对那个要神迹化他的前后排泄物的神圣企图的拒
198 绝之中。一方面，这一企图要尽可能地贬低薛伯，而在另一方面，它
又通过试图控制一种独处时会发挥到最佳水平的功能，以表明这一操
纵者的无知。

但是如果我们分化一下拉康式的符号学，在家庭的层面上进入那（圣）父（the Father）的语言之中，以及在社会的层面上进入关于（摩西）律法与科学的语言中，那我们就可以看到，拉康关于父性隐喻之排斥的讨论，从那《回忆录》之中一无所获。《回忆录》中的语言至少与其父亲所作的体操手册一样复杂精密，如果我们将其作为一种对于神经疾病之探索的话，甚至要更胜一筹，遑论它还成功地赢

得了离开疯人院的法律诉求。在这里所涉及的，不仅仅是那位神经症患者居住在“两个世界里”的能力。在薛伯的案例中，重要的是他能够操纵这些实践。我们都凭借这样的能力在各个世界之中维持此类成员资格：在日常生活中、科学世界中、医学世界中、宗教与艺术世界中。在《回忆录》中，所有的那些特性、造物与事件都由于薛伯本人的见证而拥有了一致性。正是薛伯，控制着这些“即就的”或“神奇的”造物，以及它们对他的行为是否在他的想象之外有其指涉物。在此，还有一个第二见证，因为该《回忆录》包含了一种宇宙论；宽泛说来，该宇宙论具有科学观察与论证的特征，并且还邀请受教育的公众支持其论点。在这一面向上，该《回忆录》的语言明显解释了一种向作为见证的他者（*other as witness*）的诉求，而且，实际上从薛伯与法律语言相关的普遍能力来说，我们不能认为他被完全禁止接触那关于神圣符号学（the Symbolic）的父性（摩西）律法（Quinet, 1988）。而这甚至可以为薛伯在镜子前的进程所证实。在该进程中，薛伯见证了该《回忆录》的核心论点，即他被转变成了一个女人，他还相信这一论点会在他死后，通过医学实验而得到支持。那么在此，薛伯并未完全将他自己认同于他的转变的真理，而是将其留给了科学共同体来讨论。就目前对其讨论的程度来说，薛伯的论证与精神分裂症患者的拟交谈并不处在同一层面上。后者对于那个符号性的他者或语言三角的“第三方”来说，并无不同。

哪怕是在他的幻觉阶段的最深状态里，薛伯也保持了一种对抗通过超验存在而淹没主体的诉求。这一超验存在一直被引诱着进入到一种对于事物秩序（the Order of Things）的干涉里，否则的话，这事物秩序就会允许其造物按照这一普遍的事物规则而遵循它们自己的程序。薛伯或许在一段时间里会公开屈服。在这一时间里，他相信他在疯人院中，与外部世界的关系被完全割裂了。在此，他的妻子是一个 199
重要的关联。然而他还利用音乐作为一种超越禁闭的方式；而且总体来说，他自己的笔记—记录系统也成了那本《回忆录》的基础；而该回忆录就是要建立一种关于外部共同体的留置权，及其所认可的对于宗教与科学之间的界限的关心。这一界限乃是构成薛伯所有令人尊敬的、有能力的公民方面的因素。当然，与这一共同体，尤其是他的妻子与家庭有关的薛伯的女性化，仍然是最为困难的经验。然而即便在此，薛伯与法庭都能够将他的异装癖——无论其神学状态如何——禁闭为一种私人实践。在短期内，这一私人实践并不会让他失去行动能力，也不会构成任何足以让他被禁闭的公共性麻烦。

拉康坚持认为，以那位—父—之—名义的说话者，剥夺了薛伯本人的灵魂，所以他只能通过最剧烈痛苦的线索，或者是通过自发生成的鸟儿与虫豸的惊讶，而依附于生命/生活。那些鸟儿与虫豸都属于薛伯重新创造了的那个创造（Creation）及其造物主（Creator）的超空间，并因此而努力要从他自己的压抑性的被造性（creatureliness）那里逃离：

> 那么对于我来说，如果这一被造的我（Created I）在其中设定了 F 的位置，由法律遗留下了空白，造物主的位置在其中被那个 *liegen lassen* 所指派，*liegen lassen* 意即那个基本性的不去管它（let-lie）；于其中，那个让其有可能从原初符号化母亲之 M 而构建起自己的缺席，似乎从父亲的排斥之中被暴露了出来。
>
> （Lacan, 1977c: 212）

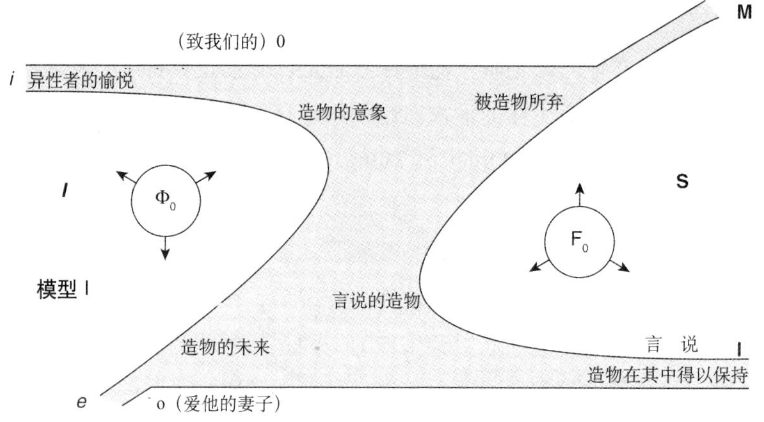

一条线索：从一处到另一处，终结在言语的造物之中，而后者则 200
占据了这个在主体的希望中被拒绝（见后记［*Post-Scriptum*］）的孩童的位置；这条线索会经由那位—父—之—名义的排斥而围绕在能指之域中的那个洞穴的周围（Lacan, 1977c: 205; Schema I: 212）。

拉康发现，薛伯与真实的接触是通过他的鸟儿来完成的，这需要我们重新考察它们在造物主、创造与造物这个框架中的符号性内在一致。弗洛伊德将这一关联庸俗化为一个人仅仅与愚笨（bird-brained）的女孩发生关系，拉康则至少捕捉到了那些着迷的鸟儿作为“野天鹅（wild geese）”的可能性，也就是那些享有特权可以将灵魂带回到天堂的鸟儿——我们应该可以这么说。这些蠢笨的女孩们并不知道婴儿从哪里来，直到为时已晚为止。他嘲笑“麦卡尔平女士”，因为后者认为这些“愚蠢的天鹅”是为了处女玛利亚的神佑怀孕而展示给她的天使鸽子，他说它们毋宁是魔术师从帽子里掏出来的驯养的鸽子。

> 我不得不在此表明，《新昆虫种类》①的那位伟大侄子强调，没有任何一种神迹造物是新的物种，此外，麦卡尔平女士在其中看到了天使鸽子从那位父亲的膝头而来，为这位神圣处女带来了关于逻各斯的富有成果的信息，然而与这位女士相反，我在此毋宁想起了魔术师从他的马甲或者袖子中所掏出来的驯养鸽子。（Lacan, 1977c: 204）

但是在这里，拉康与弗洛伊德都没有看到，薛伯回应了撒拉那种对于高龄怀孕之神迹的惊讶之情：*Nun ich alt bin soll ich noch Wollust pflegen*？我既已衰败，岂能有这喜事呢？（创世记，1812）。如此，薛伯仍能希望在他的老年，也得有喜事，如果上帝想要的话。

薛伯并不希望被造物主毁灭，而是想要被他循环，这样造物就可以重新创造那个创造了。拉康的驯鸽不是天使之鸽。它们并不来自于

① 《新昆虫种类》（*Novae species insectorum*），Johann-Christian-Daniel von Schreber 著，发表于 1759 年。本书采用林内氏分类系统（Linnean system），在人类历史上首次描述了 12 种昆虫的类型。

天堂，因为它们不再飞越出家庭式精神分析的那张喂食用的婴儿床。由于与天堂的关系被割断，拉康的“蠢笨”（bird-brained）的女孩们只能在性欲的牢笼里打转，从她们那哈耳庇埃式[1]喉咙中，发出崇拜的咯咯声：“该死的家伙（*Verfluchter Kerl*）！换句话说，多么棒的小伙子！啊！这是在用反语的方式。”拉康的小女孩们甚至比“麦卡尔平女士”更易于接受阳具；而后者则像薛伯一样，在想到可以通过将“阉割”翻译为“使其失去男子气概”（*Entmannung*）而规避阴茎这一点之后，感到眼花缭乱。然而拉康坚持认为，这一规避不会起作
201 用，因为薛伯并没有通过拒斥阴茎而变成一个女人。毋宁说，所有的小女孩都通过冀求着她们母亲的冀求之物而变成了阳具 / 菲乐斯，而这就是薛伯通过一位女性在被看到献身于性交之时的美丽而发生的变身之始；这是一种让其彻底迷失在其中的意象，因为它已经丢掉了其父性的阴影：

> 无疑，这一无意识预言很快就警告该主体，由于他作为——母亲所缺失的——阳具的无力，他只有一个解决办法：去成为男性所缺失的女人。（Lacan, 1977c: 207）

拉康拒绝了弗洛伊德对于薛伯与自己之变身的和解（*Versöhnung*）的解读。在弗洛伊德的解读中，薛伯转变为神圣配偶，只是一种逃脱传统意义上对于被动型同性恋的堕落判断的方式。毋宁说，这种和解很难针对一个主体的死亡身体。实际上，薛伯仅仅谈到了他自己所看到的那死亡了的弗勒希西格的意象。正如拉康所说，他实际上并未说起冻得要死，反而说起过自己暴露在寒冷中，以逃脱那攻击他头颅的神迹。薛伯认为，身体的自然智慧将会保护他免遭冰冻，而这是一种疯人院官员们所缺乏的智慧。然而拉康却通过将其重置于弗洛伊德在肉感灵魂（*Seelenwollust* [soul of voluptuousness]）与作为死后魂灵（*seele*）之境况的狂喜（*seligkeit* [bliss]）之间的语言学链条，而

① Harpies，希腊神话中居住在哈耳庇埃岛（Harpies）上的鸟身女妖。

坚持强调他自己的禁欲篇章。他的确曾注明，在至福（*selig*）与魂灵之间没有什么关联；我们还可以说，也不存在任何与那个唐璜（Don Giovanni）所歌唱着的那种狂喜相关之物。尽管有着弗洛伊德的回忆，唐璜却仍然带着已升起的灵魂之狂喜而歌唱！将死之人，通过与那些湖（*Seen*）的（拉丁式）关联，而受到祝福（*selig*）；他们会在升入天堂之前，在那湖中栖居一段时间。不过，在此，拉康却并没有关注到湖与死亡之间的关联，因为他的注意力都集中在了将其阅读为法语的“先父”（*feu mon père*），从而拯救弗洛伊德的“我的已故／神佑父亲”（*mein seliger Vater*），也即将其理解为与上帝之火的无意识关联，或者是理解为一种父亲被燃烧掉／解雇掉的愿望！如此，这些精神分析的儿子们就会通过误读这种行为，而保持自己的位置。

拉康只能看到愚蠢的天鹅围绕着那个被预先排斥所留下的洞穴咯咯叫着。不过，我们是否可以认为，薛伯的鸟儿是交配的神圣信使，而交配的福祉令那个神圣处女与其身旁的所有其他女人不同，正如人们相信灵魂会在前往那个神佑的栖息地之前，栖息在一个湖泊之上呢？拉康指出，弗洛伊德混淆了魂灵与湖的概念，后者正是灵魂在死亡与天堂之间所等待的地方。如果我们对此再做进一步地讨论，我们
将会发现薛伯的鸟儿作为所有鸟儿中最美丽的鸟儿——天鹅处女或天 202
鹅伴侣——的象征主义手法。天鹅的映像倒映在想象的水面上。这一想象力已经战胜了那些植根于湖畔的危险：

> 我的妻子在长假期间——大约有几个月——来太阳城堡疗养院拜访我。当我首次看到她走进我的房间来看我时，我目瞪口呆，我本以为她已经过世了……我反复不断地感到，在我自己的身体里拥有那本属于我妻子灵魂的神经，或者是感觉到它们从外部逼近我的身体。在此，我记忆的确定性让我无法怀疑该事件的客观确定性。灵魂的各个部分里充满了我的妻子一直以来献给我的诚挚的爱：它们是那些愿意放弃自己未来的存在，而在我的身体之中寻找安身之所的仅有的灵魂，它们用诸如“让我（let

> me)”这样的基本语言来表达自己。(Schreber, 1988: 115-116)

薛伯伴侣的力量在一处脚注中得到了进一步的解释。那处脚注的大意是，按照语法规范，“让我”这一表达方式的全部意思是：“让我——你的圣光正努力将我拉回——一定要让我跟随我丈夫的神经的吸引力：我准备好了消融在我丈夫的身体里。”或许，我们在此获得了拉康在天鹅湖上的“连贯性岛屿”(islet of consistency)，这能够让薛伯抵抗在他的想象与符号性领域中的转折，并且附着于他的旧时之爱：

> 在与我妻子接触的时候，我必须要考虑周全，因为我仍然全心爱着她。我会时不时地由于在交谈中或者在写作的沟通中过于坦诚而陷于困境。我的妻子当然不可能完全理解我的思考方向；在听说我已经着迷于变身为一个女人这一念头之后，她必定很难再继续此前对我的爱与崇拜。我对此表示哀叹，然而却无力改变。即便在此，我也必须对抗那错误的感伤性癖好。(Schreber, 1988: 149 n. 6)

拉康同意，被亚里士多德视为夫妻关系之实质的友谊，能够约束精神疾病不落入到部分性的妄想之中。在他的“后记”之中，他考察了那可能是精神疾病中的真实声音的神秘声音。但是他无法找到那个在向上帝呼唤与上帝的回复中的第二个人（你）的声音，而且因此也并未获得临在（Presence）或喜乐（Joy）。不过，我相信，在薛伯与他的妻子这对天鹅伴侣之间这一呼唤的声音，将会拯救他们自己以及他们的后代。拉康在接下来的嘲讽之中，感受到了这种事情；在这一嘲讽之中，出于对弗洛伊德之父的忠诚，拉康没有能够描画出其繁殖意志拯救了自己及其物种的造物：

> 203 因为能够看出来，它拙劣地模仿了那对终极幸存伴侣的情境。那对伴侣在历经了人类的大灾难之后，足以看出，有权力在

> 地球上重新繁衍人类的他们，面临着动物性繁殖行为在其自身中所听到的整体性因素。
>
> 在此，可以在造物的符号（*the sign of the creature*）之下放置那个转折点，在此，那条线索（Line）［指模型 I］分为两支（*two branches*），一支是关于自恋性的快乐，还有一支是关于典范认同。然而正是在这个意义上，其意象才是各方都陷于其中的想象性捕获的陷阱。而且在那里，那条线也围绕着一个洞穴在运动，尤其是“灵魂谋杀者”于其中安置了死亡的那个整体。（Lacan, 1977c: 211）

为了释放使那对伴侣陷于其中的象征主义——我认为这调和了薛伯的鸟儿，我想要将拉康的模型 I 在后面的复合意象嫁接到那对天鹅伴侣中（图 5.2）。随后，我将会评论一首薛伯写给他母亲的关于天鹅的诗。

在这个天鹅伴侣与模型 I 的混成物之中，我试图想要去保持的，是那个在符号性（以文本形象出现）与想象性（以神经疾病形象出现）之间的“连贯性岛屿”；在这其中，薛伯甘愿承受了疯癫的危险，同时又努力不完全丢掉他的妻子或他的读者们——正是为了后者，他才写作了《我的神经症回忆录》这本书。如此，一方面，在这个被父性隐喻的提前拒斥所打开的符号性秩序中的断隙里，以及由此而发生的“言语异化”允许薛伯重塑那父性教育学并构成了一种新的宇宙论。而在另一个方面，由“阳具的沉淀间断作用”（elision of the phallus）所创造的、薛伯经由其而使得身体女性化的断隙，则导致了一种薛伯发生学——孩童神佑——的重生。

在我看来，由于所有的关系都逐渐纠缠在了一起，所以（几乎要）发生的事情在于，这对夫妇将存在于欲望与现实之间的距离，通过领养一个孩子而纳入己身。那孩子的发生，始于他们的爱。薛伯与他的妻子将关于医学与教育的父性律法所带来的蹂躏弃置一旁，像其他天鹅伴侣那样退隐回他们的家庭之岛，接受了一个女儿的祝福。在将自己作为礼物呈献给上帝之爱之后，在写作了那本《回忆录》以解释他那神迹性质的转变状态之后，薛伯在一种天鹅式的家庭

204

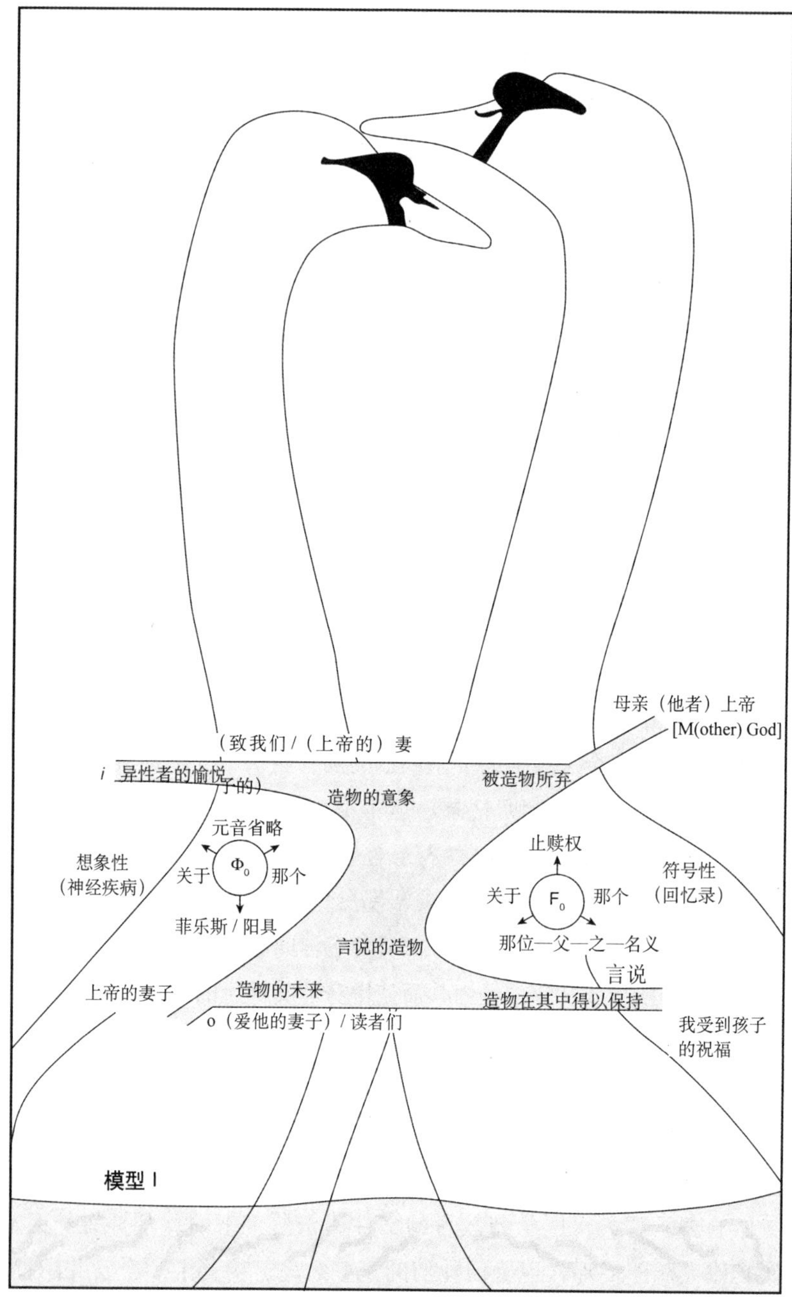

图 5.2　那对天鹅伴侣 / 父母

生活中服从了他的妻子萨宾（Sabine）以及他们领养的孩子弗里多林(Fridoline)。同样，他通过自己可怕的疾病，再度偿还了由两个世代的弑婴所带来的母性 / 父性之债。他的女性化融入了拉伊俄斯与俄狄浦斯的父性谋杀，以便产生关于家庭生活的更为和平的状态。如此，
薛伯的家庭生活激情弥散了那种不可能的激情。后者曾在某天夜里， 205
在一种甜蜜女性化的意象中觉醒，并得到了薛伯的捍卫。在这一捍卫过程中，薛伯对抗着他的医疗人员的同性恋式凝视，以及将其驱入疯癫之境的企图。在薛伯奋力保全其家庭谱系的过程中，律师、病人、异装癖、作者与丈夫，妻子与母亲都各自扮演了各自的角色。他那不可能的梦所梦到的是，出生在受到孩童们（反复不断的）祝福的爱之中，而孩子们反过来又在同一种爱之中成长，直至永远。

关于薛伯母亲送给其外甥弗里兹·荣格（Fritz Jung）一对天鹅的诗歌（日期不明）

我并非来自于斯凯尔特河畔	*Nicht wie Einer meiner Ahnen,*
不像我的那位拖曳着	*Der den Lohengrin that kahnen,*
罗恩格林的先祖	*Komm'ich von der Scheld Strand:*
普莱瑟河就是我的故土	*Die Pleisse ist mein Heimathland*
我也不想要变身我自己，	*Denk'auch nicht mich zu verwandeln*
更希望永远作为一只天鹅而游荡，	*Will vielmehr als Schwan stets wandeln*
带着我的伴侣，	*Bring'auch meine Schwanin mit*
我对你只有一个要求：	*Und stell' an Euch nur Eine Bitt':*
那就是如果这对天鹅	*Das wenn Euch das Schwanenpaerchen*
为你带来了幸福与快乐，	*Freud' Euch und Vergnugen Schenket,*
与此同时你将以感激之情	*Ihr dabei noch manches Jahrchen*
在未来岁月中都还记得	*Dankbar auch der Geberin gedenket*

那捐赠者。

愿你的所有后代们，
那些靠近我们心灵的人，
也都不怕靠得过近；
因为我总是听说，
206 那水会让我们的天鹅重生，
不过，并没有给人们用
的木板。

Mochten auch, wenn je von Euren Sprossen
Welche von den unsrigen ins Herzgeschlossen
Sie Sich nicht in allzu grosse Nahe wagen;
Denn ich horte nun einmal Zuweilen sagen
Dass die Wasser,die uns Schwane laben
Drum für-Menschen doch noch Keine
Balken haben

我的舅舅保罗·薛伯
写下了上述词句
（d.1911）

Vorstehende Zeilen schrieb
mein Onkel Paul Schreber
（✝1911）

薛伯的《天鹅诗歌》颇为有趣，因为它诞生于1903年至1905年之间，是薛伯为了庆祝他母亲送给其外甥的一对天鹅所做（Allison et al., 1988: 222–223）。薛伯，这位母亲—儿子与丈夫—妻子，直面生命的艰难，并且在不觉困苦的情况下就将其克服，其中的宁静与力量尤为值得注意。薛伯与他的父亲都经常会离开他们的妻子，消失一段时间；而后者却仍然会对他们忠贞不渝，并因此而在历尽艰辛后，又在一个大家庭的温暖之中重新团聚。弗洛伊德与拉康对于薛伯诉诸音乐方面的激情只字未提，而这是薛伯为了缓解其神经的过度兴奋所做的努力。人类的爱，无论多么迷狂，都无法担得起永恒。正如唐豪瑟所唱的，这只能归于诸神。人类之爱的特征，就在于其能够在浪尖波谷起伏，能够承受爱的缺乏所带来的伸展。持续不断的乞灵只会毁掉人类的爱。那架钢琴就是这种爱的工具。薛伯回想起，在疯人院中，他是如何通过弹奏唐豪瑟的曲目而度日的：

在今天与昨天之间突然降下了完全的遗忘。我的所有记忆全都迅速消失，我只能记得，我永无希望再次向你致意，或再次凝

视你。（Schreber, 1988: 153）

薛伯的天鹅以关于罗恩格林（Lohengrin）的典故开篇。罗恩格林是天鹅之王，是瓦格纳歌剧的主角。作为帕西法尔（Percival）之子，罗恩格林曾被一只天鹅所载，以响应艾尔莎（Else）的召唤。艾尔莎的监护人泰拉蒙德伯爵腓德烈（Frederick von Tetramund）假称她必须要在她父亲布拉班特大公（the Duke of Limburg and Brabant）的忌日嫁给他。不过，当时却并没有骑士愿意为她而与腓德烈决斗。直到最后一刻，罗恩格林才乘坐那艘由天鹅所拖曳的小艇抵达。罗恩格林经历了五天的旅程才到达。在这期间，天鹅捕鱼儿来献食给他。罗恩格林杀死了腓德烈并且牵起了艾尔莎的手，条件是后者绝不会询问这位圣杯骑士的出身。他们幸福地结婚并且受到了孩童的祝福。然而，由于被一场比赛中克里夫斯公爵的失败所激怒，公爵夫人开始质疑罗恩格林的出身，直到艾尔莎本人也坚持认为，他应该说出他从哪里来。罗恩格林就告诉她，是上帝将他派来，并允许其从圣杯的约束中
解脱出来。他叫来他的子女，给予他们他的号角与长剑，并给了妻子 207
他母亲曾赠予他的戒指。第二天清晨，天鹅再度出现，罗恩格林坐上小艇离开，再未出现。

薛伯的天鹅宣称，它并非来自于罗恩格林的天鹅所出发的那片土地。他也没有想要变身成为一位骑士，而是更愿意作为一只天鹅，与他的伴侣永远相随（正如薛伯的母亲送给他的外甥的那对天鹅一样）。如果在将来的岁月里，那对天鹅能够让其主人赏心悦目，那就不要忘记赠予者是谁。他那些心爱的孩子们，不要太过靠近那对天鹅，因为据说天鹅栖息于上的那片水域，并无桥梁可供人类跨越。薛伯的诗歌简单明了，朴实无华。这是一首家庭诗歌，无论好坏，都是赠予某一个家庭，为这个家庭而作，主题是关于这个家庭并且来自于这个家庭的。它展示了薛伯对于其家庭、母亲、妻子的不可战胜的爱，以及他对儿童的热爱。那个关于不变的“*Schwanenpaerchen*”（天鹅伴侣）的核心意象，是对于他的“旧爱”的了不起的誓约，是对他希冀永远不离不弃的妻子的誓约。我们知道，这对伴侣曾领养过一个小女孩弗

里多林；我们也相信，他们非常宠爱这个小女孩。在大约同一时间，薛伯在写给他姐姐的孙女的洗礼演说词中，薛伯表明了他对于这个在圣诞节期间组成的家庭的爱意。然而他也表明，尽管有人可能认为，这个家族的谱系需要一个儿子，但是在这个已经有了两个儿子的家族中，一个小女孩的诞生会带来极大的快乐，而且关于这一点，现在已经有了：

> 一种关于这个家庭相片的友善的放大照，即现在永恒的女性也已经在其中占据了重要性。（Allison et al., 1988: 228, 楷体为本书作者所加）

薛伯关于“永恒的女性”的典故，当然意指他自己那永恒的女性化。他在他自己的家族中，作为教父而非上帝妻子对其赞扬不已；在这一赞扬母题中，他祝愿那位小女孩艾尔莎成长为一名“和平天使”（*Friedensengel*）。而且在他的致辞中，他希望她的父母不要受到未来的“黑暗与光明”事件的影响，而是要向她展示出足够的爱，以便让她走上一条“光明的”道路。所以，小艾尔莎，也可以如此“成长，绽放，茁壮成长”（*Wachse, blühe und gedeihe*）。

我认为，拉康忽略了那片湖水的意义。那片湖水将生者与亡灵永隔。这是一道我们永远要试图超越的界限，正如我们被身体的孔洞边缘所诱惑，寻求快乐、远离痛苦一样。或者，毋宁说，拉康忽略了他本可以知道的东西，即一旦生命超越了其内在与外在世界的边缘，无论是在饥饿还是在欲望之中，无论是在愤怒还是热爱里，身体都永远
208 不会遗忘。身体的孔洞合拢形成的边缘，使得生与死作为男与女而交织纠缠，或者是作为母亲与婴儿而叠合。在这边缘之上，一种谵妄式的认同游荡于幸福与愉悦、天与地之间，以及在那些镜像与我们想象性身体，而我们必须作为另外一个身体去爱的身体的岛屿之中。这是因为，我们那活着的身体总是会受到伤害与饥渴之苦；这一活着的身体，哪怕从第一天开始，就无法承受爱的伤害，也无法承受那来自于我们所诞生于其间并在其中受到最为悉心照料的家庭的伤害。拉康将

这一我们的他者身体认同于狂喜 / 出神的爱之身体，它补足了那个在中世纪浪漫理论中的自然 / 物质性身体。不过，他认为，像薛伯这样的精神病人，将这一狂喜 / 出神的身体仅仅体会为死亡的身体（*the dead body*），体会为上帝那令人厌恶的妓女（*Luder*），无法在不经受他的戒律的前提下去热爱上帝，无法在不作为他的犯人与疯子的前提下去追随于他。他同意，薛伯实际上是选择去做一名“精神化的”女人，而非一名贫瘠的被阉割了的男人。但是他坚持，生育的神秘之处无法从母亲一方得到解答。在这一方面，除了生物学，一无所有。生育的神秘之处隐藏在父亲的意义何在这一问题之中。换句话说，它用文化遮蔽了自然。然而，拉康用如下这一评论漫不经心地修饰了他自己的理论之中的日心说：这名儿童来自于父亲的成分与来自于母亲的一样多，这在秩序上是必要的。但是这意味着，两种性别都要为了满足关于儿童的文化概念，即儿童作为一个同等来自于父母的人（这是小汉斯所面临的困惑），而被抹掉。另外，这一概念不仅意味着父母分享生命，而且还分享死亡。这名儿童接受了父母的生命 / 生活，还有父母的死亡。这就是性交、怀孕与生殖的真正的框架体系。然而这是女性在理解了她所要成为之物，必须要通过她自己的礼物而给予她的时候，“所知道的”。简言之，拉康那个淘气的评论，即“不存在性关系”这一评论，只不过是将人类关系的原初性重新表达为生与死的发生学，并由关于生殖、婚姻与死亡的宗教性仪轨所标记。

然而，由于拉康将薛伯处理成为一位受蒙蔽而误以为自己可以通过变为女人而填补那错失的父性隐喻，所以忽略了薛伯的发生学焦虑（*genealogical anxiety*）。这就错过了那个文化性神话即怀孕并非由于性交而是来自于上帝的重点。毋宁说，拉康忽略了婚姻。在婚姻中，性交受到了儿童的庇佑 / 祝福，并让家庭事关生死。弗洛伊德与拉康只能通过弑父与在儿子心中的谋杀性死亡而思考这一发生学。而这一谋杀性死亡最终只能被儿子转向自己，将自己的欲望同性恋化以拥有他注定要拥有的孩子。同性恋欲望是一种想要成为第一个（或唯 209
一的）孩子的欲望。这种欲望环绕着关于替代（replacement）、缺席（absence）与差异（difference）的同性恋秩序。然而弗洛伊德认为，秩序来自于那位—父—之—名义，还可以同样认为，那个想要成为第一个的孩子，将会尊奉俄狄浦斯秩序为令其成为第二或第三个的源泉。或者，毋宁说，正如弗洛伊德的自我分析所表明的，第一个孩子会将他的弑父愿望投射到家庭秩序之上，甚至会投射到全体的文明之上，以便保存他那关于母亲—身体的乱伦愿望。拉康借取了那个父性隐喻，以及天使报喜的隐喻，然而他重新又在弗洛伊德的瓶子中清空了这些信息。天使报喜乃是主对于接受这名孩子礼物的家庭的祝福。在此，我们这些彼此相爱之人，又被一种即我们称之为的上帝、更大的爱所爱，上帝父亲（God-the-Father）、我们的女士（Our Lady）、上帝之母（Mother-of-God）的爱。这样才能承认这一爱的礼物。在我们的儿童期，我们或许经历过这一大爱的乞灵，无论是上帝的还是玛利亚的，无论是在家庭里还是在学校中。在家庭里或者在学校中的严厉性，或许会超过其仁爱，又或者，严厉与仁爱会以某些令孩子困惑的方式交替出现。而这孩子也会被视为是婴儿耶稣（Infant Jesus），既受到崇拜又会被责难。显然，薛伯就居于这样一个基督教家庭中。

弗洛伊德仅仅允许这个家庭建筑在一个关于阉割与弑父的希腊神话之上。不过，这一基督教式家庭乃是基于一种关于生殖的神话之上的，而且还带有其关于圣母玛利亚、婴儿上帝与所有人类的肖像。这是伯利恒人攻克罗马的神话。然而弗洛伊德却只能通过汉尼拔来思考，亦即通过权力之间的冲突来思考，而非通过大能（Power）与大爱（Love）之间的冲突来思考。第一个冲突乃是对于英雄－崇拜者们的迷恋。然而这一在大能与大爱之间的冲突，乃是弗洛伊德所鄙视的这些人民的希望。弗洛伊德的孩子踌躇满志，而且由于其本身的全知全能，它谋杀了自己的父母——那王国不属于此世的父母。在此，弗洛伊德只看到了政治，因为他自己一叶蔽目而不见宗教。另一方面，拉康又玩弄着神秘主义，以便与那些女士调情，而不是以神圣家庭之名来补足这一家庭。在该神圣家庭中，这一父性隐喻在上帝之爱的礼物中，自我闭合了。当然，这一大爱会发现，自己仅仅是在教会权力的侧方祭坛上得到崇拜的。然而，千百年来，最为普通的男人和女人一直都在照料着它。而这些人的绵延，才是真正的生命之河。确实

如此。这种情况与拉康关于事物之所是——*c'est cela*——的任何结论
都有同等的权力得到承认。在他的《研讨课III》之中，拉康（1981）
奚落了琼斯的观点，即指环（*anneau*）表征了婚姻，因为在实质上，
它表达了一个女人的性器官，然而其恰当的衍生物却是肛门（*anus*）
(Lacan, 1981)！不过，拉康又辩论说，并非所有的符号都会以此 210
方式推出。毋宁说，就好像彩虹一样，他们仅仅是其展示而在—*c'
est cela*！但是阳具也同样如此。如果菲乐斯是阴茎的话，那它几乎
无法支持从男性到男性的发生学。菲乐斯是在代与代之间（*between
generations*）的耦合，这就是全部！

但是如果必须要在拉康的彩虹与海洋之星玛利亚之间作出选择，那为何不选择玛利亚呢？玛利亚的名字代表了我们所有人的母亲，而前者仅仅是一种闪耀的名字。在拉康的霓虹与上帝的恩泽之间，薛伯来到了一座湖泊之前，在湖水的反映中，他看到了自己，正如一个孩子在其母亲的脸上看到自己，然而却没有希冀着那父亲的死亡之星，正如拉康会让我们做的一样。因为这对已婚伴侣也会在这一湖泊之上反映出来，正如薛伯和他的妻子彼此反映出来一样。然而拉康（1981）却以一种回忆结束了他关于薛伯的研讨课。这一回忆是关于纪尧姆·阿波利奈尔的《朽坏的幻术师》(Apollinaire, *Rotting Enchanter*）这部作品的。这首诗歌被雕刻于他的墓碑上。在他的墓穴上坐着那位湖畔女士（lady of the lake）[①]，那位曾经诱惑着他带着那个他可以轻易出来的许诺而进入的女士。幻术师极为出色地歌唱着、说着，与此同时也一直都在朽坏着：

> 我痛哭着，痛哭着，我只遇到了号叫着的猫要向我确保他是死的。我永远不会生育。然而那些能够生育的具有某些品质。我承认我在我自身中从未看到任何品质。我是孤独者。我饥饿，我饥饿。在这里我在我自身中发现了一种品质；我饿坏了。让我找点吃的。能吃的人从不孤单。(Apollinaire, 1972: 86)

① 湖畔女士是阿波利奈尔在《朽坏的幻术师》这首诗歌中的形象。

同薛伯一样，阿波利奈尔，也是中世纪风格的诗人，是神话学与未来主义者的鸟儿，是斯芬克斯，是凤凰与塞壬（sirens），通过这些形象，他表达出了艺术家的饥渴，以及如果他的男性与女性灵魂仍然分裂、各方都作为另一方的坟墓而带来的失败之生殖的朽亡危险。无可否认，那位湖畔女士被描绘成了这一结合之爱的幻觉源泉。这一结合之爱，正是那些路过之人纷纷表示，与身体的愉悦不可分离的爱。然而我们不必用我们的身体来埋葬这一爱，也不必忍受我们的两种性别在渴求爱的时候所感受的孤独与寂寞，经年以来，我们各属其身，也都明了，爱无法治疗其自身的伤痕。如此，在我们这两种灵魂之中的虚饰，在这首诗歌的构造中就结合在一起，克服了其自身的不忠、厌女症与绝望，为了照顾这位诗人无法满足的领养需要，而清空坟墓，在宇宙间种植上诗意，为月亮着色，为星辰歌唱，让我们这个世界中的小小灯光，成为遥远宇宙中的星光。精神疾病？

结语后记：精神分析之债

弗洛伊德的生活之谜并不在于他是如何转向了精神分析实践，而 211
是他如何在无法离开自己的理论激情的情况下，去实践精神分析。而这一理论激情反过来又驱动了精神分析在未来的变迁兴衰。在这里，弗洛伊德本人的癔症或强迫性官能症，是他命中注定要作为女性的探索者的本质性与偶然性因素（O’Neill, 1996b）。弗洛伊德所有的旅程，由此都是离开又返回了在他自己的幼年与老年之间的那条道路。这条道路由他那达·芬奇式的关于苦难与升华的才能所设。而这一才能，构成了对于分析之抵抗的基础。这一抵抗，只有在分析之中才能得到治疗。

在他的生命后期，弗洛伊德提出了精神分析的有限性与无限性的问题。我们可以将这一问题理解为与精神分析的工作实践相关的技术性问题（SE XIII: 211–253），也就是说，它自己要掌控时间的意志。然而弗洛伊德关于有限（*endlich*）与无限（*unendlich*）的讨论从其最初的冲突中转移，转而开启了关于残留、碎片，以及关于灵魂的地下墓室中仍然保留着对于分析的抵抗及其成功的终结的讨论。弗洛伊德的写作意志，正如薛伯的一样，是他自己那愉悦仍然超出于铭刻之外的女性化的见证。然而精神分析式的发现却不能在没有身体的情况下书写，或者是在不将某些身体部位或身体关系拜物教化的情况下书写；这种身体部位或身体关系维持着欲望本身，使其在与自身的无意识性距离之中，如同语言一样结构其自身（O'Neill, 1989; 2001）。这种关于欲望与语言的双重分裂，被带到了写作之中，同时决定了其有限与无限，其关于读者的安置与作者的缺席；读者与作者由此各自都在一种关于风格的拜物教化之中被引诱——经过这一拜物教化，某位作者会使得某位读者目眩神迷，各自都成为对方的不可救赎的债务。

弗洛伊德的母亲在厨房中向他说明了所有的生命都具有死亡之债，因此而用缩短生命的方法减少了在她的爱之礼物中的快乐。在弗洛伊德关于美惠三女神（*The Three Graces*）的梦中[①]，母亲就是
212 护士、诱惑者与死神，用三种分别是子宫、阴道和坟墓的形象，将（男）人的三种年龄编织在一起。如此，弗洛伊德的最后岁月形同亡者，唯恐他自己死于母亲之前，唯恐过早面临丧子之痛，他自己直到最终接受了来自于安娜与他的舒尔（Schur）大夫的“温柔的护理”之后，才在极端痛苦中死去：

> 一位老人对于当初来自于母亲的那种女性之爱的渴望是徒劳的；命运女神的第三位，那位沉默的死亡之神，会独自将他揽入她的臂弯。（SE xii: 301）

在此，我们要重新讨论在一种记述的实质中发挥作用的债务（Weber, 1987: 101–131）。讲故事的人们——不仅仅是历史学家们——受惠于那些事件；而如我们所说，那些事件反过来又要求他们用手艺来关联起自身，来获得公平对待。如此，弗洛伊德使用了一种军事与法律隐喻的混合来公平对待在他所报告的这些案例史中的冲突、抵抗与策略。在超验心理学的层面上，弗洛伊德再度运用了考古学、经济学与网络隐喻，以便将现象移入问题之中。最终，在精神神

① 见于弗洛伊德《释梦》第五章第二节，PFL (4) : 294，SE iv: 204，中文商务译本第 202 页。

话学（psychomythology）的层面上，我们再次在受到那母性记忆所统治的爱欲（Eros）与死欲（Thanatos）的斗争中，发现了战争与财政的隐喻。这一母性记忆就是，我们欠死亡一条生命。实际上，弗洛伊德完全可以被视为一位关于身体性与心理性成本的历史学家。这两种成本事关我们的军事与经济攻击性的双重分类账目，其中还有其关于积累与结算、通货膨胀 / 自大（inflation）与通货紧缩 / 抑郁（depression）的参与式循环。在这一体系中，最大的不公在于，它在老年人死去之前要吸取年轻人的生命，它为了满足利润与胜利的要求，而将年轻人弄伤致残、吸吮干净。这一体系的失误就在于，它那种永远也无法完全偿还的债务，令日常生活如负重担。每个个体所拥有的，总是能够被他 / 她所没有之物超越。与此同时，这一系统要求每个个体补足这一不同。如此，这一关于欲望的系统，就将那基于每个人都具有独一无二价值的关于需求的体系非人化了。另外，在社会各个阶级之间缺乏互惠性，作为这一军事性经济的标志，在代与代之间缺少互惠性这一现象中得到了重复，而这又消解了在他们之间所有的爱与仁慈。在此，被破坏的乃是关于该礼物的选择性经济。在这种经济中，一个人承担债务是为了返还礼物，换句话说，必须要去欢庆互惠性。

弗洛伊德关于多拉、鼠人和狼人之案例史的后记（*Schlussowrt*）
的意义到底为何？为什么他认为有必要再补充，就好像要把事情办
好、要符合什么标准一样？我们知道，对于弗洛伊德来说，写作这些
案例史是为了对抗两种主要冲突的背景：第一次世界大战以及弗洛伊 213
德与荣格及阿德勒的论战。死亡充斥于空气之中，也弥散在这些分析
家们的心灵之中。鼠人从他在分析之中所进入的“苦难学校”里幸存
之后，死于战争；狼人家财散尽，却在战争中幸免于难，尽管他从未
离开过这个他甚至需要从中获取经济资助的分析学校。无论弗洛伊德
如何声辩，这两个案例可以说都未得到解决。毋宁说，弗洛伊德被迫
认识到，疾病与现实具有极度的交织性，于其中，现实的力量可以同
等程度地影响治疗与精神分析。简言之，我们可以在这些案例史的后
记中看到弗洛伊德对于命运的极度迁就，也可以看到一种忏悔：关于
人类的境况，不存在什么结语。关于多拉、鼠人与狼人的历史还暴露

了弗洛伊德对于精神分析之货币（*the currency of psychoanalysis*）的痴迷——粪便、金钱、婴儿们、珠宝。我们无法用一种简单的、在这一分析式偶遇之中的技术与越轨特征之间的区分来解决这一问题。这会让弗洛伊德本人成为他自己的科学的外行并失去资格；除此之外，这一区分还制造了一种关于病人与分析师的心灵经济的一种不可能的双重框架，于其中，对于（而非来自于）分析师的付款，维持了其边界。病人欠他们自己一次分析，并且将钱置于他们的口舌应该在的地方（或者是将他们的口舌置于他们的金钱所应该在的地方），这是一种契约。这种契约承认了精神分析的第二律法，即“自由联想”。另一方面，这名分析师，为了精神分析而不去闯入自己的心灵——在他那荣耀科学的梦想前提下。

弗洛伊德在放弃将医学或神经—机械论模型作为其自我分析的催化剂，以及在放弃它与集体性神话学之间的关系以前，在精神分析上并无建树。在这一集体性的神话学之中，俄狄浦斯与潘多拉、雅典娜、美杜莎、汉尼拔、哈姆雷特、摩西与关于群狼、老鼠、马、狗以及木乃伊的动物寓言集复现了他自己的婴儿史，以便能够发现一部成人的、文明化的、在其自身的废墟之上建构起来的历史。为了这一旅程，弗洛伊德将他自己武装为英雄、悲剧性人物、潜在的罪犯以及可能是在精神分析的所有案例中最为知名的神经学家。同样，他把他自己的形象分裂为“父亲”与“母亲”，以满足精神分析的要求。因此，他会喂养鼠人，资助狼人，却陷入与多拉的爱恋，并像一位年轻姑娘一样被拒绝，更不必提小汉斯的反驳了！然而，弗洛伊德对于其病人的家庭化，却并非是一种技术性失败。这并不是由于他无法在尽可能早的时候就认识到移情与反移情的现象，正如他在多拉案例的后记中
214 所宣称的那样。毋宁说，我相信，这种双重家庭化所牵涉的弗洛伊德自己的家庭，一点也不比他病人的家庭要少，在小汉斯与鼠人案例中极为明显。这一点是精神分析之“技术”的必要越轨，因为它允许弗洛伊德发现那关于*爱与死亡的家庭经济*（*a domestic economy of love and death*）的源泉。这意味着，每一个案例史都属于弗洛伊德自己的案例史，而他为这些案例史所笼罩上的面纱，在以一定程度的谦虚

写作中，遮蔽了他自己的家庭及其对于弗洛伊德自己作为母亲而加以哀悼的精神分析的牺牲。这一苦难的核心，是弗洛伊德的恐惧。这一恐惧为鼠人所重复，即他可能会在他自己的母亲去世之前死去。我们现在知道，她失去了其他的孩子，而弗洛伊德曾在内心深处亦希望他们死去。我们也知道，弗洛伊德自己也饱受丧子之痛，正如薛伯为了想要一个孩子而发疯一样。这一苦难的源泉何在？是对于诸神的嫉妒吗？那些神灵可以在一个生命开始之前就宣告其存在。就好像乱伦一样，而且，我们可以说，就好像任何其他针对儿童的犯罪一样，一名儿童的死亡反转了代际的秩序，破坏了那个礼物，并且留下了那本可能偿还的生命之债而尚未还清。如此，一个家庭的悲伤就好像一个国家在战争中的悲伤一样，孩子在未经历其生命之前就被杀死，而本来父亲是注定要死在孩子之前的。背负这一十字架的，正是安娜。

所有我们的那些神之术语——生命、语言、上帝、社会、救世主、他者，都表达了部分对于整体之债的这一事实，或者是整体对于部分之债，或者是开始对于结局之债与结局对于开始之债。在人的术语中，这是人类所欠生命的债务，是（男）人对于女人的债务，是女人对于（男）人的债务，是儿童对于父母的债务与父母对儿童的债务，是生命对于死亡的债务与死亡对于生命的债务，是四季对于自然的债务与自然对于四季的债务。所有的这些，都包含在我们的宗教与礼仪之中，在我们的神话与艺术之中，铭刻在我们的心灵与身体之中，年复一年，表达为人类所表达的任何关于自身对于其传统与传承的债务之中。如此，真理、美与正义就成了我们彼此相欠并因此而欠我们自己的这一债务的别名。它们出现在麻烦之前，因此我们或可将其视为治疗方法。所有可以被区隔、分离、分裂、异化或个体化的东西，最初都是一个整体。在部分与整体之间的债务，就是其关于生命、语言与社会的礼物的另外一面；在这一生命、语言与社会中，部
分与整体在性别的区分中，在家庭与代际的区分中，彼此享受、互相 215
为难（O’Neill, 2004）。

以债务与礼物的同样方式，我们的任何窘境都可以符号化（聚合在一起）我们窘境的全部。每一个标记也就是一个符号，而每一个符

号都属于一种关于本体与种系发生学的神话。在每一个神话中，问题就是答案，答案就是问题，即，我是谁——孩子、女人、男人、天使还是野兽？这就是梦的材料。它是关于排泄物与礼物、关于儿童与菲乐斯的无意识等童话，正如将代与代之间的礼物与债务精确接合一样。这一家庭神话被婴儿所继承，并强加给他 / 她一种首要的诠释学约束，将其与其肉体性符号约束在一起。所有这些都在梦中向我们呈现。梦向符号化与各种语言的层级打开了无意识的大门。而符号化与各种语言的层级又从母亲身体奔往了上帝、社会与那个负载了所有的意义与无意义的家庭。如此，我们的梦既是一种礼物也是一种债务，这样一来，也就不存在任何关于其自身的悖谬或无意义之处了。毋宁说，我们的梦迫使我们自己成为其解读的学徒。这允许我们重返关于我们的第一个梦之身体的考古学。这个梦之身体在睡眠中，作为一种欲望铭刻于其上的神秘文本，向我们献身。这个梦之身体或灵魂——心理——构成了一种关于女性或男性气质身体的结合；后者在带着那个孩子的那个处女的肖像之中，或者在那个女士与独角兽（Unicorn）的肖像之中表现了出来。而那独角兽生殖器的神秘性，同时暗示了女性与男性的身体。既然在这一神话中或者经由这一圣处女神话而代表了身体与灵魂的结合，并且它奋力向此方向寻求，至死方休，那么我们也就不去过度寻求这一神话的意义了。由于这一神话，我们的身体被它们所触及之物触及，正如那努力想要变为肉体、感觉、苦难与愉悦（*jouis-sens*）的灵魂，以及想要享受视觉、听到赞扬的声音、渴求着上帝的精神的芬芳被身体所触及一样。不过，我们文明的边缘仍然黑暗，我们的死亡迫近了比太阳更加明亮之处，在我们的身后所留下的，不过是那些我们置于词语之中的闪烁摇曳的光点。阿门。

参考文献

Abraham, Nicholas and Maria Torok, Nicholas Rand (trans.), Foreword by Jacques Derrida (1986) *The Wolf Man's Magic Word: A Cryptonomy*. Minneapolis, MN: University of Minnesota Press. 216

Allison, David B., in Eduardo Prado de Oliveira, Mark S. Roberts and Allen S. Weiss (eds) (1988) *Psychosis and Sexual Identity: Toward a Post-Analytic View of the Schreber Case*. Albany, NY: State University of New York Press.

Apollinaire, Guillaume (1972) L'enchanteur pourissant. Edition établie, presentée et annotée par Jean Burgos. Paris: Lettres Modernes Minard.

Appignanesi, Lisa and John Forrester (2005) *Freud's Women*. London: Phoenix.

Balmary, Marie (1982) *Psychoanalyzing Psychoanalysis: Freud and the Hidden Fault of the Father*. Baltimore, MA: The Johns Hopkins University Press.

Bégouin, Jean (1974) 'L'Anti-Oedipe ou La Déstruction Envieuse du Sein', in Janine Chasseguet-Smirgel (ed.), *Les Chemins de L'Anti-Oedipe*. Toulouse: Privat. pp. 139–158.

Bergeret, Jean (1987) *Le 'Petit Hans' et la réalité: ou Freud face à son passé*. Paris: Payot.

Bernheimer, Charles and Claire Kahane (eds) (1985) *In Dora's Case: Freud–Hysteria–Feminism*. New York: Columbia University Press.

Bettelheim, Bruno (1983) *Freud and Man's Soul*. New York: Alfred A. Knopf.

Billig, Michael (1999) *Freudian Repression: Conversation Creating the Unconscious*. Cambridge: Cambridge University Press.

Blondel, Eric (1977) 'Nietzche: Life as Metaphor', in David B. Allison (ed.) *The New Nietzche: Contemporary Styles of Interpretation*. New York: Dell pp. 150–175.

Bonaparte, Marie (1994) *Topsy: The Story of a Golden-Haired Chow*. New Brunswick, NJ: Transaction.

Bowie, Malcom (1987) *Freud, Proust and Lacan: Theory as Fiction*. Cambridge: Cambridge University Press.

Brooks, Peter (1985) *Reading for the Plot: Design and Intention in Narrative*. New York: Vintage.

Broser, Stephan (1982) 'Kästchen, Kasten, Kastration', *Cahiers Confrontation*, 8

(Autumn): 87–114.

Brunswick, Ruth Mack (1971) 'A Supplement to Freud's "History of an Infantile Neurosis"', in Muriel Gardiner (ed.) *The Wolf-Man by the Wolf-Man*. New York: Basic Books. pp. 263–310.

Chabot, Barry (1982) *Freud on Schreber: Psychoanalytic Theory and the Critical Act*. Amherst, MA: University of Massachusetts Press.

Charney, Leopold (1985) 'Modes of Lacanian Fragmentation in Three Texts', in Joseph Reppen and Maurice Charney (eds) *The Psychoanalytic Study of Literature*. Hillsdale, NJ: Analytic Press. pp. 235–253.

Chasseguet-Smirgel, Janine (1986) *Sexuality and Mind: The Role of the Father and the Mother in the Psyche*. New York: New York University Press.

217 Chasseguet-Smirgel, Janine (1988) 'On President Schreber's Transsexual Delusion', in Eduardo Prado de Oliveira, Mark S. Roberts and Allen S. Weiss (eds) *Psychosis and Sexual Identity: Towards a Post-Analytic View of the Schreber Case*. Albany, NY: State University of New York Press. pp. 158–168.

Cixous, Hélène (1983) 'Portrait de Dora', *Diacritics*, 13(1) (Spring): 2–32.

Cixous, Hélène and Catherine Clément, Betsy Wing (trans.) (1986) *The Newly Born Woman*. Minneapolis, MN: University of Minnesota Press.

Clément, Catherine, Arthur Goldhammer (trans.) (1983) *The Lives and Legends of Jacques Lacan*. New York: Columbia University Press.

Cohn, Dorritt (1999) 'Freud's Case Histories and the Question of Fictionality', in Dorritt Cohn, *The Distinction of Fiction*. Baltimore, MA, and London: The Johns Hopkins University Press. pp. 38–57.

Collins, Jerre, J. Ray Green, Mary Lydon, Mark Sachner and Eleanor Honig Skoller (1983) 'Questioning the Unconscious: The Dora Archive', *Diacritics*, 13(1) (Spring): 41.

Crapanzano, Vincent (1981) 'Text, Transference and Indexicality', *Ethos*, 9(2) (Summer): 122–146.

Cumont, Franz Valery Marie (1960 [1912]) *Astrology and Religion Among the Greeks and Romans*. New York: Dover.

Dadouan, Roger (1984) *Psychoanalyse entre chien et loup*. Paris: Editions Imago.

David-Ménard, Monique (1983) *L'hystérique entre Freud et Lacan: Corps et language en psychanalyse*. Paris: Editions Universitaires.

Davis, Whitney (1995) *Drawing the Dream of the Wolves: Homosexuality, Interpretation and Freud's 'Wolf Man'*. Bloomington, IN: Indiana University Press.

Decker, Hannah S. (1991) *Freud, Dora and Vienna 1900*. New York: Free Press.

Deleuze, Gilles and Félix Guattari, Robert Hurley, Mark Seem and Helen R. Lane (trans.) (1977) *Anti-Oedipus: Capitalism and Schizophrenia*. New York: Viking.

Deleuze, Gilles and Félix Guattari, B. Massumi (trans.) (1987) *A Thousand Plateaus: Capitalism and Schizophrenia*. Minneapolis, MN: University of Minnesota Press.

De Oliveira, Eduardo Prado (1979) 'Trois études sur Schreber et la citation', *Psychanalyse à l'Université*, 4: 245–282.

De Oliveira, Eduardo Prado (1981) 'La libération des hommes ou la création de la parthénogenèse', *Cahiers Confrontation*, VI (Automne): 187–195.

De Oliveira, Eduardo Prado (1988) 'Shreber, Ladies and Gentlemen', in David B. Allison, Eduardo Prado Oliveira, Mark S. Roberts and Allen S. Weiss (eds) *Psychosis and Sexual Identity: Toward a Post-Analytic View of the Schreber Case*. Albany, NY: State University of New York Press. pp. 169–179.

Fairbairn, W.D. (1955) 'Considerations arising out of the Schreber Case', *British Journal of Medical Psychology*, 29: 113–127.

Ferenczi, Sandor, H.A. Banker (trans.) (1968) *Thalassa: A Theory of Genitality*. New

York: Norton.

Ferguson, George (1961) *Signs and Symbols in Christian Art*. New York: Oxford University Press.

Fish, Stanley (1989) 'Withholding the Missing Portion: Psychoanalysis and Rhetoric', in Stanley Fish, *Doing What Comes Naturally: Change, Rhetoric, and the Practice of Theory in Literary and Legal Studies*. Durham, NC: Duke University Press. pp. 525–554.

Forrester, John (1980) *Language and the Origins of Psychoanalysis*. London: Macmillan.

Forrester, John (1984) 'Freud, Dora and the Untold Pleasures of Psychoanalysis', in 218
Desire. London: ICA Documents. pp. 4–9.

Forrester, John (1990) *The Seductions of Psychoanalysis: Freud, Lacan and Derrida*. Cambridge: Cambridge University Press.

Forrester, John (1995) *Truth Games: Lies, Money, and Psychoanalysis.* Cambridge, MA: Harvard University Press.

Freud, Sigmund, James Strachey (ed.) (1952–1974) *The Standard Edition [SE] of The Complete Psychological Works of Sigmund Freud*, (24 vols). London: Hogarth Press and the Institute of Psychoanalysis.

Freud, Sigmund (1900) *The Interpretation of Dreams*. SE IV; VI.

Freud, Sigmund (1901) *The Psychopathology of Everyday Life*. SE VI.

Freud, Sigmund (1901–1905) *Fragment of an Analysis of a Case Hysteria*. SE VII: 7–122.

Freud, Sigmund (1905) *Three Essays on Sexuality*. SE VII: 123–245.

Freud, Sigmund (1906–1908) *The Sexual Enlightenment of Children*. SE IX: 131–139.

Freud, Sigmund (1906–1908) *The Sexual Theories of Children*. SE IX: 207–226.

Freud, Sigmund (1908) *Hysterical Phantasies and their Relation to Bisexuality*. SE IX: 165–166.

Freud, Sigmund (1909) *Analysis of a Phobia in a Five-Year-Old Boy*. SE X: 2-149; PFL 8:165–305

Freud, Sigmund (1910) *The Interpretation of Dreams*. SE V.

Freud, Sigmund (1910) *Leonardo da Vinci and a Memory of his Childhood*. SE XI: 59–137.

Freud, Sigmund (1911) *Three Case Histories*. New York: Collier.

Freud, Sigmund (1913) *The Theme of the Three Caskets*. SE XII: 291–301.

Freud, Sigmund (1913) *The Claims of Psycho-Analysis to Scientific Interest*. SE XIII: 165–190.

Freud, Sigmund (1917) *Transformations of Instinct as Exemplified in Anal Eroticism*. SE XVII: 125–133.

Freud, Sigmund (1918[1914]) *From the History of an Infantile Neurosis*. SE XVII: 3–122; PFL 9 :227–366.

Freud, Sigmund (1923) *The Infantile Genital Organization*. SE XIX:141–145.

Freud, Sigmund (1925–1926) *Inhibitions, Symptoms and Anxiety*. SE XX: 87–175.

Freud, Sigmund (1930) *Civilization and its Discontents*. SE XXI: 59–145.

Freud, Sigmund (1937) *Analysis Terminable and Interminable*. SE XXIII: 211–253.

Freud, Sigmund (1940) *Medusa's Head*. SE XVIII: 273–274.

Freud, Sigmund (1957) *Cinq Analyses*. Paris: Presses Universitaires de France.

Freud, Sigmund (1960) 'Freud to Martha Bernays (December 20, 1883)', in Ernst Freud, (ed.) Tania and James Stern (trans.) *Letters of Sigmund Freud*. New York: Basic Books.

Freud, Sigmund (1963) *Three Case Histories.* New York: Collier.

Freud, Sigmund (1974) *L'Homme aux rats: Journal d'une analyse*. Paris: Presses Universitaires de France.

Freud, Sigmund (1997) *Case Histories I*. London: Pelican Freud Library (PFL).

Freud, Sigmund (1979) *Case Histories II*. London: Pelican Freud Library (PFL).

Gallop, Jane (1982) 'Keys to Dora' in Jane Gallop, *The Daughter's Seduction: Feminism and Psychoanalysis*. Ithaca, NY: Cornell University Press. pp. 132–150.

Gardiner, Muriel (ed.) (1971) *The Wolf-Man by the Wolf-Man*. New York: Basic Books.

Gasché, Rudolphe (1986) *The Train of the Mirror: Derrida and the Philosophy of the Mirror*. Cambridge, MA: Harvard University Press.

219 Geller, Jay (1994) 'Freud v. Freud: Freud's Readings of Daniel Paul Schreber's *Denkwürdigkeiten eines Nervenkranken*', in Sander L. Gilman, Jutta Birmele, Jay Geller and Valerie D. Greenberg (eds) *Reading Freud's Reading*. New York: New York University Press.

Gottlieb, Richard M. (1989) 'Technique and Countertransference in Freud's Analysis of the Rat Man', *Psychoanalytic Quarterly*, LVIII: 29–62.

Granoff, Wladimir (1976) *La Pensée et le Feminin*. Paris: Les Editions du Minuit.

Graves, Robert (1955) *The Greek Mythos* (Vol. 1). Baltimore, MA: Penguin.

Grigg, Kenneth A. (1973) 'All Roads Lead to Rome: The Role of the Nursemaid in Freud's Dreams', *Journal of the American Psychoanalytic Association*, 21(1): 108–126.

Gunn, Daniel (1988) *Psychoanalysis and Fiction: An Exploration of Literary and Psychoanalytic Borders*. Cambridge: Cambridge University Press.

Halprin, L.S. (1990) 'On Freud's Notes on a Case of Obsessional Neurosis (1909)', *The Boston Exchange*, VI(1)(June): 12–32.

Hubaux, Jean and Maxime Leroy (1939) *Le Mythe du Phénix dans Les Littératures Grèque et Latine*. Paris: Librairie E. Droz.

Israel, Hans (1992) *Schreber: Soul Murder and Psychiatry*. Hillsdale, NJ: Analytic Press.

Jacobsen, Paul B. and Robert S. Steele (1979) 'From present to Past: Freudian Archeology', *International Review of Psycho-Analysis*, 6: 349–362.

Jacobus, Mary (1986) '*Dora* and the Pregnant Madonna' in Mary Jacobus, *Reading Woman: Essays in Feminist Criticism*. London: Methuen. pp. 137–196.

Jacobus, Mary (1990) 'In Parenthesis: Immaculate Conceptions and Feminine Desire', in Mary Jacobus, Evelyn Fox Keller and Sally Shuttleworth (eds) *Body/Politics: Women and the Discourses of Science*. New York: Routledge. pp. 11–28.

Jardine, Alice A. (1985) *Gynesis: Configurations of Woman and Modernity*. Ithaca, NY: Cornell University Press.

Jones, Ernest (1974) 'The Madonna's Conception Through the Ear' in Ernest Jones, *Psycho-Myth, Psycho-History: Essays in Applied Psychoanalysis* (Vol.2). New York: Hillstone. pp. 266–357.

Kaës, René (1985) 'L'hystérique et le groupe', *L'Evolution Psychiatrique*, 50(1): 129–156.

Kanzer, Mark (1979) 'Sigmund and Alexander Freud on the Acropolis', in Mark Kanzer and Julius Glenn (eds) *Freud and his Self-Analysis*. New York: Jason Aronson.

Kartiganer, Donald M. (1985) 'Freud's Reading Process: The Divided Protagonist Narrative and the case of the Wolf Man', in Joseph Reppen and Maurice Charney (eds), *The Psychoanalytic Study of Literature*. Hillside, NJ: Analytic Press. pp. 3–36.

Katan, M. (1949) 'Schreber's Delusion and the End of the World', *The Psychoanalytic Quarterly*, 18: 60–66.

Katan, M. (1950) 'Schreber's Hallucinations About "Little Men"', *International Journal of Psychoanalysis*, 31: 32–35.

Katan, M. (1952) 'Further Remarks About Schreber's Hallucinations', *International Journal of Psychoanalysis*, 33: 429–432.

Katan, M. (1953) 'Shreber's Pre-psychotic Phase', *International Journal of Psychoanalysis.* 34: 43–51.

Katan, M. (1959) 'Schreber's Hereafter: Its Building-Up (*Aufbau*) and His Downfall', in Ruth S. Eissler, Marianne Kris, Heinz Hartmann and Aund Frend (eds), *The Psychoanalytic Study of the Child* (Vol. XIV). New York: International Universities Press. pp. 314–382.

Kittler, Friedrich A., Michael Metteer, with Chris Cullens, trans. (1990) *Discourse* 220
Networks 1800/1900. Stanford, CA: Stanford University Press.

Kirkpatrick, E.M. (ed.) (1983) *Chambers Twentieth Century Dictionary*. Edinburgh: Chambers.

Klein, Melanie, Paula Heimann and R.E. Money-Kyrle (eds) (1977) *New Directions in Psycho-Analysis: The Significance of Infant Conflict in the Pattern of Adult Behaviour*. Preface by Ernest Jones. London: Maresfield Reprints.

Kofman, Sarah, Catherine Porter (trans.) (1985) *The Enigma of Woman: Women in Freud's Writings*. Ithaca, NY: Cornell University Press.

Kristeva, Julia (1980) 'Motherhood According to Giovani Bellini', in Julia Kristeva, *Desire Language: A Semiotic Approach to Literature and Art*. New York: Columbia University Press. pp. 237–270.

Krüll, Marianne (1987) *Freud and His Father*. London: Hutchinson.

Lacan, Jacques (1966) 'Intervention sur le transfert', in Jacques Lacan *Ecrits*. Paris: Aux editions du Seuil. pp. 215–226.

Lacan, Jacques, Alan Sheridan (trans.) (1977a) *Ecrits: A Selection*. New York: Norton.

Lacan, Jacques (1977b) 'The Direction of Treatment and the Principles of its Power' in Jacques Lacan, Alan Sheridan (trans.), *Ecrits: A Selection*. New York: Norton. pp. 226–280.

Lacan, Jacques (1977c) 'On a question preliminary to any possible treatment of psychosis', in Jacques Lacan, Alan Sheridan (trans.) *Ecrits: A Selection*. New York: Norton. pp. 197–198.

Lacan, Jacques (1977d) 'What is a picture?', in Jacques-Alain Miller (ed.), *The Four Fundamental Concepts of Psychoanalysis*. Harmondsworth: Penguin. pp. 105–122.

Lacan, Jacques (1977e) 'The function and field of speech and language in psychoanalysis', in Jacques Lacan, Alan Sheridan (trans.), *Ecrits: A Selection*. New York: Norton. pp. 30–113.

Lacan, Jacques, Jacques-Alain Miller (ed.) (1981) *Le Seminaire de Jacques Lacan*. Paris: Éditions Du Seuil.

Lacan, Jacques (1983) 'God and the *Jouissance* of the Woman: A Love Letter', in Joan Mitchell and Jacqueline Rose (eds) *Feminine Sexuality: Jacques Lacan and the École Freudienne*. New York: Norton.

Lacan, Jaques (1985) 'Intervention on transference', in Charles Bernheimer and Claire Kahane (eds) *in Dora's Case: Freud–Hysteria–Feminism*. New York: Columbia Press. pp. 92–104.

Laguardia, Eric (1982) 'The Return of Childhood in Autobiography: Freud's "Screen Memories"', *Psychoanalysis and Contemporary Thought*, 5: 293–305.

Lanouzière, Jacqueline (1990) 'Schreber et le sein', *Psychanalyseàl' universitaire*, 15(57): 23–55.

Laplanche, Jean, Jeffrey Mehlman (trans.) (1976) *Life and Death in Psychoanalysis*. Baltimore, MA: The Johns Hopkins University Press.

Laplanche, Jean and B. Pontalis (1964) 'Fantasme originaire, fantasme des origines, origine du fantasme', *Les Temps Modernes*, 215: 1833–1868.

Leach, Edmund (1969) 'Virgin Birth', in Edmund Leach, *Genesis as Myth and Other Essays*. London: Jonathan Cape. pp. 108–109.

Lecercle, Jean-Jacques (1985) *Philosophy Through the Looking Glass: Language, Nonsense, Desire*. London: Hutchinson.

Le Rider, Jacques (1990) *Modernité viennoise et crises de l'identité*. Paris: Presses

Universitaires de France.

221 Lesourne, Odile (1984) *Le Grand Fumeur et sa Passion*. Paris: Presses Universitaires de France.

Lewin, Bertram D. (1970) 'The Train Ride: A Study of One of Freud's Figures of Speech', *The Psychoanalytic Quarterly*, 39: 71–89.

Lingis, Alphonso (1988) 'The Din of the Celestial Birds or Why I Crave to Become a Woman', in David B. Allison, Eduardo Prado de Oliviera, Mark S. Roberts and Allen S. Weiss (eds) *Psychosis and Sexual Identity: Toward a Post-Analytic View of the Schreber Case*. Albany, NY: State University of New York Press. pp. 130–142.

Lothane, Zvi (1989a) 'Schreber, Freud, Flechsig and Weber Revisited: An Inquiry into Methods of Interpretation', *Psychoanalytic Review*, 76(2)(Summer): 203–262.

Lothane, Zvi (1989b) 'Vindicating Schreber's Father: Neither Sadist nor Child Abuser', *Journal of Psychohistory*, 16: 263–288.

Lubin, Albert J. (1967) 'The Influence of the Russian Orthodox Church on Freud's Wolf Man: A Hypothesis (With an Epilogue Based on the Visits with the Wolf Man)', *The Psychoanalytic Forum*, 2(1)(Spring): 145–162.

Lukacher, Ned (1981) 'Schreber's Juridical Opera: A Reading of the *Denkwürdigkeiten Eines Nerven Kranken*', *Structuralist Review*, 2(2): 3–24.

Lyotard, Jean François (1985) 'Vertigenous Sexuality: Schreber's Commerce with God', in David B. Allison, Eduardo de Oliveira, Mark S. Roberts and Allen S. Weiss (eds) *Psychosis and Sexual Identity: Toward a Post-Analytic View of the Schreber Case*. Albany, NY: State University of New York Press. pp. 143–154.

Mahoney, Patrick J. (1984) *Cries of the Wolf Man*. New York: International Universities Press.

Mahoney, Patrick J. (1986) *Freud and the Rat Man*. New Haven, CT: Yale University Press.

Mantegazza, Paolo, Victor Robinson (trans.) (1875 [1936]) *Physiology of Love*. New York: Eugenics.

Marcus, Steven (1984) 'Freud and the Rat Man' in Steven Marcus, *Freud and the Culture of Psychoanalysis: Studies in the Transition from Victorian Humanism to Modernity*. New York: Norton. pp. 87–164.

Masson, Jeffrey Moussaieff (ed. and trans.) (1985) *The Complete Letters of Sigmund Freud to Wilhelm Fleiss 1887–1904*. Cambridge, MA: Belknap.

McCaffrey, Phillip (1984) *Freud and Dora: The Artful Dream*. New Brunswick, NJ: Rutgers University Press.

McGuire, William (ed.), Ralph Mannheim and R.F.C. Hull (trans.) (1974) *The Freud/Jung Letters: The Correspondence Between Sigmund Freud and C.G. Jung*. Princeton, NJ: Princeton University Press.

Meisel, Perry (2007) *The Literary Freud*. New York: Routledge.

Meissner, W.W. (1976) 'Schreber and the Paranoid Process', *The Annual of Psychoanalysis*, 5: 23–74.

Meyer, C.F. (1872) *Huttens Letzte Tage: Eine Dichtung*. Leipzig: Heaffel Verlag.

Mirbeau, Octave, Andrea Juno and V. Vale (eds), Alvah C. Bessie (trans.) (1989) *The Torture Garden*. San Francisco, CA: Re/Search Publications.

Montrelay, Michele (1977) '*L'Ombre et le Nom: Sur la Femininité*. Paris: Les Editions du Minuit.

Nägele, Rainer (1987) *Reading After Freud: Essays on Goethe, Hölderin, Habermas, Nietzche, Brecht, Celan, and Freud*. New York: Columbia University Press.

Neiderland, William G. (1963) 'Further Data and Memorabilia Pertaining to the Schreber Case', *International Journal of Psycho-Analysis*, 44: 201–207.

Niederland, William G. (1984) *The Schreber Case: Psychoanalytic Profile of a Paranoid Personality* (expanded edition). Hillsdale, NJ: Analytic Press. 222

Nietzsche, Friedrich (1968) 'Thus Spoke Zarathustra', in Walter Kaufmann (trans.) *The Portable Nietzsche*. New York: Viking.

Nunberg, H. and E. Federn (eds) (1962) *Minutes of the Vienna Psychoanalytic Society* (Vol.1). New York: International Universities Press.

O'Neill, John (1982) *Essaying Montaigne: A Study of the Renaissance Institution of Writing and Reading*. London: Routledge & Kegan Paul.

O'Neill, John (1986) 'The Medicalization of Social Control', *The Canadian Review of Sociology and Anthropology*, 23(3)(August): 350–364.

O'Neill, John (1987) 'Vico *mit Freude* Re-Joyced', in Donald Phillip Verene (ed.) *Vico and Joyce*. Albany, NY: State University of New York Press. pp. 160–174.

O'Neill, John (1988) 'Deconstructing Fort/Derrida', in Hugh J. Silverman and Donn Welton (eds) *Postmodernism and Continental Philosophy*. Albany, NY: State University of New York Press. pp. 214–227.

O'Neill, John (1989) *The Communicative Body: Studies in Communicative Philosophy, Politics and Sociology*. Evanston, IL: Northwestern University Press.

O'Neill, John (ed.) (1992a) *Critical Conventions: Interpretation in the Literary Arts and Sciences*. Norman, OK: University of Oklahoma Press.

O'Neill, John (1992b) 'The Mother Tongue: Semiosis and Infant Transcription', in John O'Neill (ed.) *Critical Conventions: Interpretation in the Literary Arts and Sciences*. Norman, OK: University of Oklahoma Press. pp. 249–263.

O'Neill, John (1992c) 'Science and the Founding Self: Freud's Paternity Suit in the Case of the Wolf Man', in John O'Neill (ed.), *Critical Conventions: Interpretation in the Literary Arts and Sciences*. Norman, OK: University of Oklahoma Press. pp. 234–248.

O'Neill, John (1993) 'Foucault's Clinic: The Poetics of Mortality and Modernity', in Fabio B. DeSilva and Matthew Kanjirathunkal (eds) *Politics at the End of History*. New York: Peter Lang. pp. 49–74.

O'Neill, John (ed.) (1996a) *Freud and the Passions*. University Park, PA: Penn State Press.

O'Neill, John (1996b) 'Leonardo's Love of Knowledge: Freud and the Passion for Error', in John O'Neill (ed.) *Freud and the Passions*. University Park, PA: Penn State Press. pp. 181–200.

O'Neill, John (ed.) (1996c) *Hegel's Dialectic of Desire and Recognition: Texts and Commentary*. Albany, NY: State University of New York Press.

O'Neill, John (2001) *Essaying Montaigne: A Study of the Renaissance Institution of Writing and Reading*. Liverpool: Liverpool University Press.

O'Neill, John (2002) 'Women as a Medium of Exchange: Defamilization and the Feminization of Law in Late Capitalism', in John O'Neill, *Plato's Cave: Television and its Discontents*. Creskill, NJ: Hampton Press. pp. 75–96.

O'Neill, John (2004) *Civic Capitalism: The State of Childhood*. London: Sage.

Panofsky, Dora and Erwin Panofsky (1962) *Pandora's Box: The Changing Aspects of a Mythical Symbol*. New York: Pantheon.

Parker, Patricia (1987) *Literary Fat Ladies: Rhetoric, Gender Property*. London: Methuen.

Quinet, Antonio (1988) 'Shreber's Other', in David B. Allison, Eduardo Prado de Oliveira, Mark S. Roberts and Allen S. Weis (eds) *Psychosis and Sexual Identity: Toward A Post-Analytic View of the Schreber Case*. Albany, NY: State University of New York. pp. 30–42.

223 Rabant, Claude (1978) *Délire et théorie*. Paris: Augier Montaigne.

Ragland, Ellie (2006) 'The Hysteric's Truth', in Justin Clemens and Russell Grigg (eds) *Jacques Lacan and the Other Side of Psychoanalysis*. Durham, NC: Duke University Press. pp. 69–87.

Rank, Otto (1924) *The Trauma of Birth*. New York: Dover.

Rank, Otto (1952) *The Myth of the Birth of the Hero*. New York: Robert Brunner.

Reinach, Salomon (1908–1912) *Cultes, mythes et religions* (4 vols). Paris: E. Leroux.

Reiser, Lynn Whisnant (1987) 'Topsy – Living and Dying: A Footnote to History', *Psychoanalytic Quarterly*, LVI: 667–688.

Rickels, Lawrence A. (1988) *Aberrations of Mourning: Writing on German Crypts*. Detroit, MI: Wayne State University Press.

Ronell, Avital (1984) 'Gothezeit', in Joseph H. Smith and William Kerrigan (eds) *Taking Chances: Derrida, Psychoanalysis and Literature*. Baltimore, MA: The Johns Hopkins University Press.

Rose, Jacqueline (1985) 'Dora: Fragment of an Analysis', in Charles Bernheimer and Claire Kahane (eds) *Dora's Case: Freud–Hysteria–Feminism*. New York: Columbia Press. pp. 128–148.

Rose, Jacqueline (1986) 'Dora – Fragment of an Analysis', in Jacqueline Rose, *Sexuality in the Field of Vision*. London: Verso.

Rosolato, Guy (1969) *Essais sur le symbolique*. Paris: Gallimard.

Roustang, François (1982) *Dire Mastery: Discipleship from Freud to Lacan*. Baltimore, MA: The Johns Hopkins University Press.

Rudnytsky, Peter L. (1987) *Freud and Oedipus*. New York: Columbia University Press.

Rudnytsky, Peter L. (2002) *Reading Psychoanalysis: Freud, Rank, Ferenczi, Groddeck*. Ithaca, NY: Cornell University Press.

Safouan, Moustapha (1980) 'In Praise of Hysteria' in Stuart Schneidermann (ed. and trans.) *Returning to Freud: Clinical Psychoanalysis in the School of Lacan*. New Haven, CT: Yale University Press. pp. 57–58.

Santner, Eric L. (1996) *My Own Private Germany: Daniel Paul Schreber's Secret History of Modernity*. Princeton, NJ: Princeton University Press.

Sass, Louis A. (1987) 'Schreber's Panopticism: Psychosis and the Modern Soul', *Social Research*, 54(1)(Spring): 107–147.

Sass, Louis A. (1994) *The Paradoxes of Delusion: Wittgenstein, Schreber and the Schizophrenic Mind*. Ithaca, NY: Cornell University Press.

Schreber, D.G.M., Herbert Day (trans. from 26th edn) (1899) *Medical Indoor Gymnastics or a System of Hygienic Exercises for Home Use: To Be Practised Anywhere Without Apparatus or Assistance By Young And Old of Either Sex For The Preservation of Health And General Activity*. London: Williams & Norgate.

Schreber, Daniel Paul (1985) *Denkwürdigkeiten eines Nervenkranken* (mit Aufsatzen von Franz Baumeyer, einem Vorwort, einem Materialanhang und sechs Abbildungen herausgegeben von Peter Heiligenthal und Reinhard Volk). Frankfurt am Main: Syndikat.

Schreber, Daniel Paul, Ida Macalpine and Richard A. Hunter (trans. and eds) (1988) *Memoirs of My Nervous Illness*. Cambridge, MA: Harvard University Press.

Shengold, Leonard (1966) 'The Metaphor of the Journey in "The Interpretation of Dreams"', *American Imago*, 23 (Winter): 316–331.

Slochower, Harry (1970) 'Freud's *Déjà Vu* On The Acropolis: A Symbolic Relic of "*Mater Nuda*"', *The Psychoanalytic Quarterly*, 39: 90–102.

Slochower, Harry (1975) 'Philosophical Principals in Freudian Psychoanalytic Theory: Ontology and the Quest of *Matrem*', *American Imago*, 32(1) (Spring): 1–39.

Sprengnether, Madelon (1985) 'Enforcing Oedipus: Freud and Dora', in Charles 224
Bernheimer and Claire Kahane (eds) *In Dora's Case: Freud–Hysteria–Feminism*. New York: Columbia University Press. pp. 254–276.

Sprengnether, Madelon (1990) *The Spectral Mother: Freud, Feminism, and Psychoanalysis*. Ithaca, NY: Cornell University Press.

Stepansky, Paul E. (1976) 'The Empricist as Rebel: Jung, Freud, and the Burdens of Discipleship', *Journal of the History of the Behavioural Sciences*, 12: 216–239.

Sullivan, Ellie Ragland (1989) 'Dora and the Name-of-the-Father: The Structure of Hysteria', in Marleen S. Barr and Richard Feldstein (eds) *Discontented Discourses: Feminism/Textual Intervention/Psychoanalysis*. Champaign, IL: University of Illinois Press.

Swan, Jim (1974) '*Mother* and Nannie: Freud's Two Mothers and the Discovery of the Oedipus Complex', *American Imago*, 31: 1–64.

Thom, Martin (1981) '*Verneinung, Verwerfung, Ausstossung*: A Problem in the Interpretation of Freud', in Colin McCabe (ed.), *The Talking Cure: Essays in Psychoanalysis and Language*. London: Macmillan.

Viderman, Serge (1977a) *Le céleste et le sublimaire: La construction de l'espace psychoanalytique*, deux. Paris: Presses Universitaires de France.

Viderman, Serge (1977b) 'Retour à "L'homme aux loups"', in Serge Viderman *Le céleste et le sublimaire: La construction de l'espace psychoanalytique*, deux. Paris: Presses Universitaires de France. pp. 284–314.

Weber, Samuel (1987) 'The Debts of Deconstruction and Other, Related Assumptions', in Samuel Weber (ed.), *Institution and Interpretation*. Minneapolis, MN: University of Minnesota Press. pp. 102–131.

Weber, Samuel (1998) 'Introduction', in Ida Macalpine and Richard A. Hunter (trans. and eds.) *Memoirs of My Nervous Illness*. Cambridge, MA: Harvard University Press. pp. 1–28.

Winterstein, Alfred Freudrich (1912) 'Zur Psychoanalyse des Reisens', *Imago*, 1: 489–506.

索　引

（条目后数字为英文原书页码，即本书页边码）

① 在原文中并未出现，而只以参考文献格式给出的作者名字，中文版不进行翻译。

译后记*

一、社会与政治思想

2005 年，我从北京来到位于加拿大多伦多市郊的约克大学，在该校一个名为“社会与政治思想”（SPT, Social and Political Thought）的跨学科研究中心攻读博士学位。在加拿大学界，约克大学是一所以人文社科方面的研究而闻名的大学。作为该校人文教育之核心单位的“社会与政治思想”这种跨学科的机构设置，正是我所期待的博士生教育与研究的形式。

SPT 以博士教育为主，主要的研究领域以欧陆哲学和西方经典社会与政治理论为主。该机构没有自己独立的教授，而是聘请约克大学和加拿大其他几所大学里在人文社科领域中从事理论研究的教授们兼任教职。由于其独特的组织形式，这一机构理所当然成了约克大学最为核心的人文教育与研究中心之一。能够被 SPT 录取，不仅于我，

* 本文部分内容作为国家社科基金会青年项目“现象学社会学新流派及其对基层社会的应用研究（批准号 13CSH005）”的成果发表于相关研究性期刊。

即便是对于加拿大以及其他国家有志于社会与政治理论的年轻学生来说，也都意味着通往学问之路的上佳选择。

由于 SPT 本身的性质，教授们和学生们的研究方向当然各自都大相径庭。不过，这里最为重要的核心传统有两个，一个是马克思主义的政治经济学研究，还有一个是精神分析的研究传统。SPT 大部分的师生都是——或者至少都自称是——马克思主义者。约克大学堪称北美的马克思主义研究重镇，主要就是由于其政治学系和 SPT 所具有的马克思主义研究传统所致。在这里最为热门的研究生课程一般都是与马克思主义传统相关的课程，例如由戴维·麦克纳利（David Mcnally）这位同时既是马克思主义理论家又是活动家的教授所主持的《资本论》精读课。

从到达约克大学的第一天起，我就感受到了在此后五年多的时间里，一直都感受满怀的友善情谊。当时的主任雅各布斯（Lesley Jacobs），教学秘书朱迪（Judith）以及几乎所有在读的同学和我所认识的教授们，都在各个方面给予了我几乎超出想象的热情帮助，无论是在生活方面，还是在课业方面。一直到今天，我都无法忘记当初在受到各种帮助时的那些感动。

在各种课程、座谈会、指南会和私下的交谈中，我也在这里感受到了师生和同学彼此之间的文化：彼此之间团结互助、关心时事、勇于担当，同时又能够严肃认真地研究学问。与此同时，几乎所有师友都给了我这位新生一个共同的经验：去听约翰·奥尼尔的课，和他聊一聊。

后来我才知道，奥尼尔是 SPT 的创建人之一，也是 SPT 的文化与研究传统的开创者之一。然而在当时，我只是径直去了他的课堂，听了他的课，然后决定请他担任我的博士生导师。

我很幸运，成了他最后一位博士生，作为关门弟子而忝列门墙。

我决定拜他为师的原因，不仅因为在当时我对于现象学社会学的阅读和理解遇到了瓶颈，在很长的时间里苦于寻求出路却不可得，而他在课堂上轻描淡写地化解了我的问题。可能更为重要的原因是，我在奥尼尔身上见到了那种令人折服的、真正的大学教授的谈吐与风范。

无论是在课堂上、在家里还是在咖啡馆里，他的衣着与行动都是最典型的英伦教授的派头。尽管当时已经是一位年近八旬的老人，然而他在所有细节方面都努力做到一丝不苟。这一点不仅体现在他的行动与衣着，还表现在他的语言、写作和课程方面，然而更为重要的是，他在为人处事的态度方面。作为一位大牌教授，在读书、研究和为人处事方面，他对于学生和晚辈有着几乎堪称谦卑的态度，从来不会自以为是，可是除了给学生充分的自由以外，又有着与众不同的严格要求。

奥尼尔在当时所开设的课程，是与弗洛伊德的精神分析经典文本有关的文本精读课程。从 20 世纪 90 年代开始，他每个学期都会开设这门课程。课程的进度，就是他与学生们精读弗洛伊德文本的进度。由于他是加拿大皇家协会的会员，所以可以“teach to death”意即一直授课至死，永不退休。所以这门课似乎可以永无止境的一直开下去。在我认识他的时候，这一长达 15 年的精读文本工作已经进入到了最后的阶段——其标志就是，奥尼尔本人的书稿，也就是本书，即将完成。每次上课，奥尼尔都会带来一大堆手稿。在简短的寒暄之后，他就开始按照其手稿来授课。我们所上的这门课程的性质是研讨课。按照一般的要求，我们都要完成阅读量，做课堂报告，参与讨论。然而奥尼尔并不允许我们这么做。他每个学期只会给我们留出最后一节课的时间，让每位学生大概花上 15 分钟，报告自己的阅读和思考进展。所以他的研究生课程非常奇特：在这门课其余绝大部分的时间里，都是他在讲授，我们在默默地记笔记，努力跟上他的思考。很快，我就明白了他这么做的道理：作为年轻的学生，我们其实并没有能力做到真正意义上的学术讨论，许多时候，甚至连提问本身都有问题，所以最好的态度，就是以敬畏之心，跟着他精读经典文本。

“重返弗洛伊德”是拉康在 20 世纪 60 年代所提出来的口号。不过，作为一名社会学的教授，奥尼尔对于弗洛伊德的阅读，并不完全是拉康的路数。在我看来，他对于弗洛伊德的重新阅读与解读，是其基于既有的社会理论传统而作出的重返经典的实践之一。这一重返经典的实践气魄宏大。其工作的载体脉络是现代西方社会理论中最为重要的研究传统，包括西方马克思主义政治经济学，存在主义现象学影响下的社会理论思考对于日常分析的转向，以及精神分析运动的发展，等等。而其思考的资源则大大“溢出”了社会理论的传统，将社会理论的思考努力置于整个西方思想史的脉络之中，尤其是欧陆的哲学传统与文学艺术传统。奥尼尔授课的一个最大特点，就是同时既精读文本，将讨论的基础严格限定在文本中，又能够放开视域，以丰富浩瀚的知识与磅礴的气势打开在每一个案例的那些小小故事之中所潜藏无比丰富的文化、历史与社会性视域与意象，同时将其同社会与政治理论最为核心的问题结合在一起。奥尼尔一生的写作都追求这一特点，到了老年尤其炉火纯青，堪称已臻化境。这一特点，在本书之中体现得淋漓尽致。我想，每位真正读懂了本书的读者，一定会像读任何其他一本真正有内容、有深度和有激情的著作一样，心潮澎湃，夜不能寐。

奥尼尔在其晚年的这一工作，并非偶然。也就是说，他不是随意地挑选了弗洛伊德的工作作为其一生的社会理论工作的最后阶段的工作内容。这是一个漫长的故事，然而其内在的关怀却始终如一。

二、从波士顿到加州再到多伦多

奥尼尔于 1932 年生于伦敦郊区。1952 年至 1955 年在伦敦政治经济学院（London School of Economics and Political Science）学习社会学专业，1955 年至 1956 年在芝加哥圣母大学（University of Notre Dame）的政治学系攻读硕士学位。在 1956 硕士毕业之后至 1957 年暑期之前的几乎一年的时间里，他都在哈佛跟随帕森斯（Talcott Parsons）上研讨课。一个学期的研讨课结束之后，帕森斯问他，你希望将来做什么方面的研究？面对着这位巨人邀请，奥尼尔回答说：

“我想研究与爱（Love）有关的社会理论。”

半个世纪以后，奥尼尔告诉我，听到他的回答，帕森斯跟他玩笑说："你从伦敦来的？买一张船票，从哪儿来，回哪儿去！我教不了你这个！"

帕森斯随后将他介绍给了当时同在哈佛工作，被帕森斯称为"比我更懂得弗洛伊德"的马尔库塞（Herbert Marcuse），并由此开启了他们之间更为长久的友谊。《爱欲与文明》一书 1955 年发表。奥尼尔初识马尔库塞的时候，后者正在构思他那本《单向度的人》，并在同时准备转往同在波士顿的布兰代斯大学政治学系工作。

帕森斯的介绍对于奥尼尔后来的学术研究和学术活动影响极为深远，这其中包括奥尼尔在十年之后遵奉马尔库塞的建议而在约克大学创建社会与政治思想（SPT），以期在加拿大继承发扬法兰克福学派的社会研究所（Institute for Social Research）的研究传统，而这一点也确实成了迄今为止最令 SPT 成员自豪的精神传统。不过，奥尼尔本人对于精神分析的专业研究兴趣，显然也得益于帕森斯的授课。这不仅仅是因为他在后来的各种演讲之中以及在本书中所说的：

> "我在距离伦敦只有数英里之遥的地方长大成人，却曾经对其一无所知！"

奥尼尔在这里指的是伦敦弗洛伊德博物馆以及弗洛伊德本人在伦敦的生活及其毕生的工作。尽管在从伦敦政治经济学院毕业，前往芝加哥的时候，他已经通过对于梅洛·庞蒂的个人兴趣，而产生了对于马克思主义、现象学与精神分析的兴趣，然而在求学波士顿之前，奥尼尔并没有接触过这方面的专业训练。这还是因为在 60 年代的帕森斯，早已接受过波士顿精神分析研究所 (Boston Psychoanalytic Institute) 的分析，显然也已经将弗洛伊德的理论吸收进了他自己的工作之中。所以，对于奥尼尔来说，帕森斯本人的研讨课显然也是他为何那么回答帕森斯的理由之一。

不过，奥尼尔毕生孜孜以求的另外一个研究传统，即马克思主义的传统，同样也并不仅仅由于受到了马尔库塞的直接影响。除了马尔库塞和梅洛·庞蒂的影响之外，这一时期，在马克思主义方面对奥尼尔起到重要影响作用的，还有那位著名的美国马克思主义者保罗·斯威齐（Paul Marlor Sweezy）。在求学阶段，尽管帕森斯与马尔库塞都与奥尼尔熟识，然而真正对他进一步求学产生了决定性影响的，却是在当时已经失去哈佛教职、专心于那份著名的《每月评论》（*Monthly Review*）杂志的保罗·斯威齐。受到他的影响，奥尼尔希望能够寻找一个可以在博士生阶段从事马克思主义与精神分析研究的机构，以某种跨学科式的或者说非学科化的方式来攻读其博士学位。保罗·斯威齐将他推荐给了时在斯坦福大学社会思想史研究所工作的保罗·巴兰（Paul Alexander Baran）。在当时的美国，后者是仍然能够留在学界的仅有的几个马克思主义者之一。

当时是1957年，后来在历史上那个激动人心的60年代尚未到来，然而奥尼尔在这一年初夏的举动已经堪称开风气之先。他跟斯威齐借了一笔钱，买了一辆旧车，从波士顿一路开到了加州，中途都睡在车上。这位身无分文，唯有风华正茂的年轻人的如意算盘是，到了加州以后，立刻跟保罗·巴兰见面，并且自荐担任他的研究助手。如此一来，就可以获得稳定收入了。然而令他万万没想到的是，保罗·巴兰在第一次见他的时候，甚至都没有给他说话的机会，而只是简单地说："我三个月以后再见你。"

所以在1957年的暑假，这位来自伦敦郊区的爱尔兰人之子，只好在加州重新操拾起了他从小就熟悉的行当以求谋生：园艺。

对于有志从事马克思主义传统与精神分析传统研究的学生来说，这一际遇的象征性显然意义非凡，尤其在帮助我们理解奥尼尔的生平与他的工作方面。在半个世纪之后，他的一位好朋友，同为约克大学社会与政治思想教授的托马斯·威尔森（H.T. Wilson）在一篇论文里如此总结奥尼尔的童年生活背景：英国—爱尔兰式的工人阶级式的天主教起源。所以对于奥尼尔来说，这一重温劳工状态的际遇不仅是其童年的隐然复现，进而还以此方式隐约显露出了他此后毕生对于马克思主义传统的研究旨趣、以身体为载体将现象学与精神分析的传统熔为一炉，和打开生活世界这一"贴身"世界的不懈追求。

从 1957 年到 1962 年，奥尼尔跟着保罗·巴兰从事马克思主义的社会理论传统的研究，并且以《马克思主义与科学主义：论社会科学哲学》(Marxism and Scientism: An Essay in the Philosophy of Social Science) 获得了博士学位。这一段时间里，他不必再从事园艺工作。然而却依然保持着类似的“拙朴”习惯：用笔写作。

在他最早跟随保罗·巴兰工作的时候，巴兰曾经问他是否会打字，为了确保自己得到那份期待已久的助研工作，奥尼尔相当肯定地回复巴兰说，自己会使用打字机。然而事实上，一直到现在，奥尼尔也没有学会流利和“正确”地打字。在求学时，保罗·巴兰要求他打印自己的手写稿，他只好将自己的工资拿出一部分来，雇人打印，然后再将打印稿交给巴兰。在经济的意义上，这也许意味着从“手工业者”到“分包商”的“升级”。然而终其一生，奥尼尔所有的工作，全部都以手写的方式来完成，然后再由其他人（现在是他的夫人苏珊）帮助他用打字机打出来或者输入电脑。对于他来说，手写显然是一种更为贴近于“手艺”的、从事思考这门“手艺”的方式。

毕业之后，由于受到巴兰的鼓舞，奥尼尔前往古巴工作了一年。巴兰当时正与斯威齐合作《垄断资本》(*Monopoly Capital*) 这部著作。在全书成稿之前，也就是 1964 年，保罗·巴兰去世。对于奥尼尔来说，导师的去世不仅令他非常悲伤，而且还令他一度感到失去了人生的方向。不过，在去世之前，保罗·巴兰和他的学界朋友们给了奥尼尔另外一个建议：前往多伦多，寻求找 C.B. 麦克弗森（C. B. McPherson）的帮助。

在那一年，麦克弗森与他同在多伦多大学的同侪们，正在努力摆脱有着古老、强大且顽固之研究传统的多伦多大学，希望打造一个有着 60 年代气息的全新大学。在得到了来自朋友们的推荐之后，麦克弗森主动打电话与奥尼尔联系。随后，这位从未写过求职信的年轻人，于 1964 年打包驱车前往位于多伦多市郊的格林顿学院（Glendon College），也就是约克大学的前身，从此居住在多伦多，工作与生活至今。在这期间，他参与创建了约克大学的社会学系与 SPT，并长期担任这两个系所的主任职位，一手开创了其研究风格与传统取向。在这期间，除了从事其影响越来越广泛的社会理论工作之外，他还参与创建了约克大学的社会学系与“社会与政治思想”这一跨学科研究中心，为北美社会学界培养出了许多理论人才，诸如不列颠哥伦比亚大学（UBC）的托马斯·肯普(Thomas Kemple)、德克萨斯大学的本阿格尔（Ben Agger）等北美理论界的代表学者，都曾是他的博士生。

三、从现象学社会学到身体理论：野性社会学的努力

在关于当代西方社会理论的最新权威叙事例如《布莱克维尔社会理论指南》中，奥尼尔已经作为两个传统的交集而引人瞩目。一方面，他被视为现象学社会学传统之中在舒茨（Alfred Schütz）与古尔维奇（A. Gurwitsch）之后的四个新晋代表人物之一（维特库斯，2003）[①]；而另外一方面，他又因为自己在20世纪80年代以来的《身体五态》[②]以及《沟通性身体》[③]等代表作品，而被视为身体理论的开创者之一（特纳，2003）[④]。不过，通过对其工作的系统梳理，我认为，这两种对奥尼尔之研究的“权威界定”可能都忽略了其学术工作的真正起点与内在理路。

根据奥尼尔的好友，同为约克大学教授的托马斯·威尔森在2013年的总结（Wilson, 2013），从20世纪60年代至今的半个世纪的时间里，奥尼尔本人的工作大致可以分成四个面向。第一个面向是翻译工作。奥尼尔曾将法语学界中许多重要的工作从法语翻译到英语

---

① S. 维特库斯：《现象学与社会理论》，载特纳·布莱恩主编：《布莱克维尔社会理论指南》（第2版），李康译，上海人民出版社，2003年，第331–363页。

② O'Neill John（1985）*Five bodies: The Human Shape of Modern Society,* Cornell University Press; (2004)*Five bodies: Re-figuring Relationships*, Sage Publications.

③ O'Neill John（1989）*The Communicative Body: Studies in Communicative Philosophy, Politics, and Sociology.* Evanston: Northwestern University Press.

④ 特纳·布莱恩：《普通身体社会学概述》，载特纳·布莱恩主编：《布莱克维尔社会理论指南》（第2版），第577–600页。

学界，这其中的代表是对于梅洛·庞蒂的翻译与引介，如 *The Prose of the World*（1973），以及对于尚·希波利特（Jean Hyppolite）的 *Studies on Marx and Hegel* 等著作的翻译。第二个面向是对于法语和英语学界中大量文献的编辑与整理工作。奥尼尔长期担任许多学术期刊的编委，如 *Theory, Culture and Society*、*Body and Society*、*European Journal of Classical Sociology*、*The Journal of Classical Sociology*、*Philosophy of the Socia*l Sciences、*The Human Context*，等等在欧美学界的重要期刊，此外，他还是其他大量文集如 *Modes of Individualism and Collectivism*（1973, 1992）、*Phenomenology, Language and Sociology: Selected essays of Maurice Merleau-Ponty*、*Freud and the Passions* 的编者。威尔森所总结的奥尼尔的第三个面向是杰出的散文作家——威尔森主要是指在其工作中所受到蒙田（Montaigne）的影响。奥尼尔是一位蒙田散文的热爱者与研究者，相关的代表作品是 *Essaying Montaigne: A Study of the Renaissance Institution of Writing* and Reading。不过我认为，蒙田对奥尼尔的影响，更多的在于他几乎所有的学术作品，都保持了一种人文主义的散文体写作风格：既有饱满的激情与想象力，又不失带有古典风格的优雅与磅礴大气。第四个面向的奥尼尔则——最终还——是一位社会理论作家。这四个面向是互为一体的，很难区分出彼此。在其中，奥尼尔受到的影响主要来自于三个方面：梅洛·庞蒂的现象学、蒙田的散文写作和马克思主义的传统。在其长达半个世纪的学术生涯中，奥尼尔一共出版了 32 部著作与数百篇研究论文。从早期被视为现象学社会学新一代的代表人物，到后来被视为身体理论的开创者，以及在此期间对于社会科学方法论的持续反思与实践，直至在过去二十年间的重返经典的工作，他的勤奋与不懈努力使得他在每个时期都能够做到在紧紧把握住时代核心问题的视野下既开风气之先，同时又能有意识地继承与发展传统。

例如，在美国社会科学整体转向科学化和专业化的背景下，作为一名社会学的教授，奥尼尔坚定地站在了重返经典的一方，不惜因此而成为社会学的“化外之民”，继续将自己的理论工作放置于更为广泛的西方思想史传统之中，如哲学与文学艺术的传统，并坚持运用一种散文体的写作风格，坚持将学术写作视为一种在人类文明历史中自有其传统的文学艺术创作——无论这一风格在社会学界是否越来越显得桀骜不驯，甚或野性十足。终其一生，奥尼尔在写作过程中的问题意识、思考方式、写作方法与文明意义上的宏大视域，都与这一自我期许有关。这一研究的直接思想来源，是欧洲大陆哲学在20世纪的新进展。在其代表性作品《身体五态》的2009年新修版之中，奥尼尔如此简要回顾了他自己在20世纪60年代开始其学术生涯的背景、动机与思想资源：

> 我自己的身体研究的直接背景，就是在美加边境上体验到的20世纪60年代的那种身体政治（body politics）。当时我们正在通过欧陆的现象学、解释学和批判理论来重新审视社会科学，而这里发生的诸般事件，似乎既在对这样的社会科学构成挑战，又在为它大唱赞歌。同时我认为，依然有必要保留经典的秩序问题的那些宏大视角，从宇宙论的社会，到犹太－基督教的社会，并融入标志着现代性及其后果的工作、消费、生死等方面的工业化秩序之中。（O’Neill，2010: 3）

在1975年出版的早期作品《整合意义：野性社会学引介》（*Making Sense Together: An Introduction to Wild Sociology*）一书中，奥尼尔对于他自己的工作以及就社会学本身所提出的要求，更为鲜明地表明了这一宏大的视角是如何体现在日常生活之中的自然态度里的：

> 我们必须要知道人们在工作之中真正所做之事是什么，当他们在观看的时候，他们是如何感知的，他们在何种意义上需要钢铁、大理石或面包；以及这一切是如何变形进入日常生活、进入我们之间最为简单的交换之中的，是如何变形进入家庭、爱恋、恐惧、焦虑以及残暴之中的，是如何变形进入斗争与和解之中的。（O’Neill, 1975: 3–4）

奥尼尔将社会学研究，甚至任何其他一种研究，都视为某种呈现与提交，某种开始，某种照面。这就要求有其基础。在提交的同时，关注到提交的基础，并不意味着对于作为其基础的日常生活/生活世界的断裂，尽管这同时必然意味着某种乡愁（nostalgia）与理念的开始。然而，野性社会学的温柔之处，就在于它会环顾四周，发现那些不言而喻的，甚至是非理性的存在之现象。这是一种同时将自身安置于生活世界之中的、诗意的栖居——尽管这一栖居绝非意味着对于那些爱欲、忧愁以及苦难的无视，而是恰恰相反，置于世界之中，就意味着要用整体性的方式来看待事物本身，关注行动者的生死爱欲，恩义情仇，及其“建筑世界”（world-building）的过程。野性的社会学绝不愿意牺牲自己，而换回某种“合理的”、去身体化与去世界化的思考方式，因为后者尽管可能会获得某些在现代性制度中的发展前景，然而却往往对于最值得被注视之事件，熟视无睹。

所以，奥尼尔其实是将野性的社会学——或者毋宁说社会学的应有之义——视为一种日常的自我培育。这一培育并不会将作者本人从其日常生活之中抽离出来，而是令其受惠于“我们所居于其间的场景：街道上，集会里，劳动时，路途中，还有各种习俗与传统”(O’Neill, 1975: 8)。知识无法与道德相分离。因为人们在日常生活之中并非一个价值中立的存在。因此，“最简单的心灵，同时必然最为渊博，因为他/她知道如何以不同的方式来处理各类事物，与不同的人打交道”(O’Neill, 1975:9)。

野性的社会学的这一特征，绝不会减弱其社会学性质的力量。恰恰相反，我们反而在科学化的道路上遗忘得太多，诚如胡塞尔所言，这正是现代科学的危机。所以，奥尼尔要在上述美国社会学的大背景下，提出野性社会学的主张。这一主张是：

> 用社会学的方式去思考，就意味着讨论一个我们久已回答的问题：彼此截然不同的人们，是如何彼此属于对方的？这就是野性社会学的任务。也就是说，野性社会学要处理的，不过是那些关于习俗、偏见、处所以及爱恋的古老议题；从世界劳动的历史

> 之中来理解它们，将社会学扎根于那些形塑常人之神圣范畴的环境与具体性之中。因此，社会学的工作，就是要用家庭、习俗还有人类的愚行之中的灵光（epiphany）对抗科学那种了无激情的世界，除此之外，别无他法。这并不是要否认科学的社会学。这仅仅是要将其是为一种有待于去说服世界的可能性而已。野性社会学对于社会学的贫乏困顿、野心勃勃以及它那些唾手可得的同盟们都了然于胸……野性社会学的成功，有赖于它栖居于自己的关注对象，而非在于其劳动的分工之中。（O'Neill, 1975: 10–11）

奥尼尔在此找到了自己的声音，回答了将近二十年之前帕森斯的提问。研究要有情感，有爱，要去关注那些在学科化 / 科学化的过程之中被阉割了的实质内容。这绝非肤浅流俗意义上的小清新或者文艺范，这是对于人本身的真正关注。

这一研究既关于其对象，也关于研究者自身，关乎他们共同的自由与解放。这是奥尼尔关于现象学社会学之方法的诗意宣称（the poetic claims of method）。然而这是一种带有危险的宣称，因为方法打开 / 遮蔽了我们的眼睛，激发 / 形塑着我们的感知与激情，决定了我们所看到的是何种的世界。身处于现象学传统之中的奥尼尔，力图将现象学社会学的眼光与视域拓展至政治、道德与社会等传统大陆理论的领域。在这一努力之下，欧洲思想史传统之中的那些宏大浪漫而又严肃的、被无数现代性学问的宏大叙事所继承并发展的主题，那些曾经被奥德修斯的远征、俄狄浦斯的追寻所代表的“认识你自己”的古老箴言，现在都开始要在日常生活这一从未被发现的黑暗大陆之中，飘扬开自己的旗帜。

这一在其学术生涯早期的宣称，并非凭空捏造，反而尤其在思想史传统之中有其根源。在其第一部作品也是成名作的《作为一种贴身行当的社会学》（*Sociology as a Skin Trade*）之中，奥尼尔明确提出了他的师承渊源。除了前述的保罗·巴兰、保罗·斯威齐和麦克弗森等人所代表的北美马克思主义之外，另外一条对于奥尼尔产生重大影响的现代思想脉络是现象学的传统，尤其以梅洛·庞蒂、阿尔弗雷德·舒茨和彼得·伯格（Peter Berger）等人为主，此外，诸如马尔库塞、汉娜·阿伦特、戈夫曼（Erving Goffman）这些奥尼尔当时的交游群体以及米尔斯（C. Wright Mills）等人，都对他的初期工作产生了重要影响。在这些影响之中，除了马克思主义和现象学传统之外，作为一个 20 世纪 60 年代学术群体的“显学”，精神分析的传统显然也是其上述主张的核心。

在这其中，最为明显的影响仍然来自于梅洛·庞蒂与卡尔·马克思。不过阿尔弗雷德·舒茨以及加芬克尔对于日常生活“这一未被发现的宝岛”的勘察，首先为奥尼尔的野性社会学提供了入手之处。有趣的是，曾经追随帕森斯的奥尼尔，与加芬克尔等其他那些帕森斯往昔的学生们一样，都在阅读帕森斯的同时，开始对于阿尔弗雷德·舒茨的现象学社会学研究发生兴趣。帕森斯与舒茨的那段学界公案，迄今为止依然是讨论美国社会学历史的热点。而以加芬克尔为代表的帕森斯弟子的“倒戈”，则更是这段公案里的经典情节。与加芬克尔类似的是，奥尼尔最早也是以现象学社会学方面的工作而在北美学界为人所知。

在奥尼尔对于野性社会学的界定之中，诸如“自然态度”、“专家知识”、“关联系统”的直接讨论，以及对于“生活世界”这一胡塞尔在关于欧洲科学危机的讨论中的核心概念的隐而不彰的运用，都直接体现了现象学社会学对于他的直接影响。这一影响还进而体现在加芬克尔对于日常生活之中信任感与道德感的讨论之中——在舒茨的工作中，我们甚少发现此类直接讨论，尤其是关于道德的直接讨论。然而，在奥尼尔这里，日常生活，作为一个知识的世界与实在，同时也是一种道德现实，并具有责任感的要求。

对于自身既已然是一个自成一体的意义世界的日常生活来说，社会学研究与这一世界的遭遇所面临的天然问题，就是阐述的问题，或者用奥尼尔的话来说，是一种交互说明/责任（mutual accountability）。然而作为科学的社会学惯于关闭现实，而非呈现现实，惯于赋予日常生活中的人们过多他们所不具有的理性，让其成为理性化组织的合法成员。对此一无所知的社会学，绝不会意识到它正在受到“科学愚人”的诱惑。在日常生活中，理性的呈现方式可能要更为具体生动，同时更为隐秘而不可察寻。在这份野性社会学的宣言中，奥尼尔已经开始将世界看作身体性的世界。这是一种整体性的无处不在（omnipresence），无法简单地被科学化的目光在拉开一定距离的前提下注视。如果我们将社会学研究视为一种叙述，那么真正的叙述就不应该是空洞地去复述，而是灵魂的交谈，是倾注于我们的栖居之处，并且以此方式来栖居。奥尼尔说："这才是社会学的描述与探寻的真正基础，而野性社会学也因此而成了一种义无反顾的民俗艺术。为了遵守这一承诺，我们需要朝乾夕惕，持之以恒。"（O'Neill, 1975: 54）或者换句话说，作为贴身行当的野性社会学，本身恰好就是现代性紧张的体现。奥尼尔主张社会学需要除魅，需要以一种朴素直白的目光，在看待世界的同时，体会自己也身处其中的这个世界，需要以一种"照面"而非客体化的方式来写作。这是现象学传统之中的描述性"风格"。奥尼尔因此而在最初被学界视为现象学社会学在舒茨之后的代表人物之一，也因此而追随梅洛·庞蒂，并经由梅洛·庞蒂追溯经典，重返卡尔·马克思与尼采—弗洛伊德的传统。所以，奥尼尔在其现象学的视域之中，所看到的不仅仅是知识，还有权力、交换、经济以及爱欲，是整个世界的绽放与遮蔽，压抑与反抗。这是在舒茨之后对于生活世界这一概念的极大发展，是对于那些对现象学社会学之偏见与批评的最光明正大的回应，也是本书的出发点。

这一回应其来已久。因为现象学从来都不是一种冷冰冰地"客观知识"，不是有待于学生去学习或者教师去传授或者学者用来写教材的"对象"或"研究领域"。现象学与启蒙的本真含义一样，乃是一种生命性的运动，是源源不断地绽开、看见、发生与创造。在本书出版以前，奥尼尔对于作为贴身行当的野性社会学的研究，最杰出的成果要数《身体五态：重塑关系形貌》（1985）以及《沟通性身体：沟通性哲学、政治与社会学研究》（1989）这两部著作。在这两部作品中，奥尼尔提出要以"活生生的身体"为线索来理解生活世界以及人类社会，以"拟人论（anthropomorphism）实践"为起点，讨论了人类是如何通过身体来思考自然、社会与世界，以及其中的种种制度、历史、家庭甚至是道德、政治与社会问题。社会科学如果想要彻底理解世界，那么这一对于身体的理解就要成为其根基，因为这种彻底的拟人论是“常识的历史根基，而这样的常识对于任何更高层面的人类统一体而言都被视为一种至关重要的成就”（O’Neill, 1985:150）。从胡塞尔开始的现象学悬置与还原工作，在经过了舒茨的改造，将其应用到首先是对于日常生活之明证性疑问的悬置，以及对于日常生活之重大意义体系的还原之后，在奥尼尔这里走到了更具实质性意涵的层面。

就这一对于学术的理解和主张来说，最具有社会学气质的工作，其实是弗洛伊德的工作。从 20 世纪 90 年代开始，长期以来就对于弗洛伊德感兴趣的奥尼尔，开始重返其经典文本，尤其是构成其传奇历史与精神分析传奇历史的那五个重大的案例史文本。

对于文本的阅读和理解，并不仅仅是精读其本身，更为重要的是，将文本置于文本之中，也就是置于历史、文化、社会与个人的生死爱欲之中去加以理解，并将这一文本视为是一种作者与作者之间进行表达与理解的身体艺术——这是奥尼尔在《书写蒙田：一项关于写作与阅读的文艺复兴制度研究》（1982）一书中所做的讨论，也是奥尼尔写作本书的入手点与写作视域。最终，身体理论在其开掘者那里，在去蔽式写作的同时被实践着，或者说，在实践的同时被“理论着”。在其解读之中，奥尼尔力图构建起一套理解主体性的方法论框架。在这一关乎最为隐蔽的琐屑平常之事的叙事之中，开始融合尼采式哲学、精神分析、现象学社会学、结构主义人类学乃至神话学等等欧洲文明的宏大成就。然而，在穷究其思想史根源之前，从一开始，我们就需要将这一写作视为是一种身体艺术，一种通过其文本与读者沟通，在每一页的写作与翻阅、心跳与呼吸的过程之中，不断与世界——与奥尼尔曾经工作过的那些园圃中的花朵——共同盛开绽放的过程。

四、说明与致谢

如果不出意外的话，本著作将会是奥尼尔在长达半个世纪的学术生涯之中的总结性作品。这部写了20年的著作，虽然篇幅不长，然而堪称其集大成之作。我并不是一个聪慧的学生。由于知识储备和理解能力差距太大，时至今日，我也才稍微能够体会他在课上所说的那些话。这一份课后作业做得艰难，然而只有在完成之后，我才能稍稍敢说，我算是跟随奥尼尔读过书的学生。而这份翻译，则更像是一份迟到的课后作业了。

只不过这份作业并不是由我一个人完成。除了奥尼尔的直接回复之外，当年的课堂笔记和其他两位奥尼尔的学生也给予了我非常大的帮助：感谢温哥华大不列颠—哥伦比亚大学（UBC）的教授托马斯·凯普与英国基尔大学（Keele University）的教授马克·费泽斯通(Mark Featherstone)。在本书中文版的翻译过程中，有许多中文译者不甚明了的地方，都得到了他们的耐心帮助。汤姆与马克都曾经跟随奥尼尔攻读博士学位，并且在毕业之后各自开创了其富有原创性工作的同时，继续与奥尼尔保持着密切的关系。其中，托马斯·凯普还是本书英文版在出版过程中实际上的编辑，所以我们还讨论了一部分文本上的问题。

最后，我还要再次感谢奥尼尔。我从他那里所学到的东西远非仅只有知识。我从他那里得到和学到了太多太多的东西，无论是为人、为学还是为师——这实际上是三位一体的事情。

奥尼尔将学生看成是自己的孩子。他并不仅仅和学生谈论学术，也从来不强求学生写作与发表论文、参加学术研讨会、申请校际交流，等等。学界中人基本都能够明白，对于研究生来说，这类活动的真正意味往往都不在学术本身。他甚至对于某些貌似重大的场合也都淡然视之。我还记得他在2008年带着我参加在多伦多举行的梅洛·庞蒂诞辰100周年纪念会/研讨会的时候，在某些无聊的发言过程中，悄悄和我说：你不必一直坐在这里。这种在当时的场合下略显荒诞的言传身教，实际上对于学生的意义不亚于他在课堂上的工作。

这当然并不是对于学术没有敬畏之心，恰恰相反。除了课堂和日常研究中的种种模范作用之外，他还每每以最为诚挚的态度，向我表明应该如何对待学问。我仍然记得在2009年的某个下午，奥尼尔在他的办公室里与我讨论读书与写作的时候，顺手拿起放在他桌子上一本刚出版的著作。那是一本研究在当今欧洲极为“热门”的某位学者的会议论文集，其中收纳了该学者以及其他研究该学者之“思想”的若干篇论文。该著作的背面有着奥尼尔为本书所做的背书。奥尼尔拿起书来，先向我读了他所写的背书：“本著作深刻地研究了……广泛地讨论了……是又一部研究现代性的力作！”在读完之后，奥尼尔将手往书背一拍，断然说：“它并不是！”然后解释说，“这段背书是我写的。出版社知道我和他是好朋友，所以付给我30美元，让我写这么一段话。我写了，可是我知道这并不是一本好的书。开一个研讨会，召集一群教授，每人提交一篇论文，然后就出一本书。这不是研究。”说完之后，他将书往我手里一塞，说：“留着这本书，但是不要去读它。我给你是为了让你记住，不要这么做研究！”

在所有这些无论如何都无法令我终篇的回忆之中，这篇后记还是要结束。最后需要做一点说明的是，我翻译这部著作的过程，同时也是我和我妻子的孩子孕育、诞生、成长的过程。他出生于2014年1月。早在多伦多的时候，我们与奥尼尔夫妇就已经约定，要用奥尼尔的名字约翰来为他在英文的世界里命名。这不仅仅是为了纪念、回报与荣耀，更是对于其学术理念与实践的最佳体现。在奥尼尔那里，我学到了太多的东西，也错失了太多的东西。作为一名才智极为普通而际遇又很幸运的求学之人，我又由于需要花费太多的时间在工作上面，而错失了太多与家人共处的机会。无论如何弥补，身处这些重重叠叠的“债务”之中，我都明白自己的幸运与所有那些的“错失”，其实也都不存在回报或挽回的可能性，而是必须要承担着所有的这些日常生活之中的幸运、债务、自责与错失，勇敢而有担当的前行。在其早期研究的梅洛·庞蒂的作品《知觉、表达与历史：梅洛·庞蒂的社会现象学》（Perception, *Expression and History: The Social Phenomenology of Maurice Merleau-Ponty*, 1970）之中，时为学界新秀的奥尼尔在前言里引用梅洛·庞蒂的话来表达自己对于他人的感激之情：“梅洛·庞蒂教导我避开哲学的姿态与孤独而理解哲学。‘我从他人那里借来我自己；我从自己的思想中创造出他者。这并非对他人失于察觉，这是对于他人的知觉……哲学是在我们之中的本性，是他人在我们之中，而我们在他们之中’。”（O’Neill,1970: xi）我想，这样的话语，我也应该借用过来，呈献给本书的作者，以及与我有关的所有人。

参考文献

本·阿格尔：《从多元的欧洲到单一的美国——美国社会理论的学科化、解构与流散》，载吉拉德·德朗蒂主编：《当代欧洲社会理论指南》，李康译，上海：世纪出版集团，上海人民出版社，2009 年，第 445-460 页。

布莱恩·特纳编：《布莱克维尔社会理论指南》（第 2 版），李康译，上海：世纪出版集团，上海人民出版社，2003 年。

O’Neill, John (1972) *Sociology as a Skin Trade: Essays towards a Reflexive Sociology*. London: Heinemann Educational Books Ltd.

O’Neill, John (1982/2001) *Essaying Montaigne: A Study of the Renaissance Institution of Writing* and Reading. Liverpool: Liverpool University Press.

O’Neill, John (1989) *The Communicative Body: Studies in Communicative Philosophy, Politics, and Sociology.* Evanston: Northwestern University Press.

O’Neill, John (2004) *Five Bodies: Re-figuring Relationships*. London: Sage Publication. 中译本《身体五态——重塑关系形貌》，李康译，北京：北京大学出版社，2010 年。

O’Neill, John (1975) *Making Sense Together: An Introduction to Wild Sociology*. London: Heinemann Educational Books Ltd.

O’Neill, John (1992) *Critical Conventions: Interpretation in the Literary Arts and Sciences*. Norman and London: University of Oklahoma Press.

O’Neill, John (1996) Ed. *Freud and the Passions. University Park*. Pennsylvania: The Pennsylvania State University Press.

Wilson. H. T. (2013) *O’Neill’s Can(n)ons: An Interrogative Inquiry with Special Reference to his Sociology of the Body*.

图书在版编目（CIP）数据

灵魂的家庭经济学：弗洛伊德五案例研究 /（加）奥尼尔著；孙飞宇译. —杭州：浙江大学出版社，2016.5

书名原文：The Domestic Economy of the Soul：Freud’s Five Case Studies

ISBN 978-7-308-15795-7

Ⅰ. ①灵… Ⅱ. ①奥… ②孙… Ⅲ. ①弗洛伊德，S.（1856～1939）—精神分析—案例 Ⅳ. ①B84-065

中国版本图书馆CIP数据核字（2016）第089974号

灵魂的家庭经济学：弗洛伊德五案例研究

[加] 约翰·奥尼尔 著　孙飞宇 译

责任编辑　王志毅
文字编辑　王　雪
装帧设计　骆　兰
出版发行　浙江大学出版社
（杭州天目山路148号　邮政编码310007）
（网址：http:// www.zjupress.com）
制　　作　北京大观世纪文化传媒有限公司
印　　刷　北京天宇万达印刷有限公司
开　　本　635mm×965mm　1/16
印　　张　20.25
字　　数　292千
版 印 次　2016年5月第1版　2016年5月第1次印刷
书　　号　ISBN 978-7-308-15795-7
定　　价　52.00元

浙江大学出版社发行中心联系方式：（0571）88925591；http://zjdxcbs.tmall.com

The Domestic Economy of the Soul: Freud's Five Case Studies

by John O'Neill

English language edition published by SAGE Publications of London, Thousand Oaks, New Delhi and Singapore,

浙江省版权局著作权合同登记图字：11-2015-200 号